空间结构系列图书

索结构典型工程集

（2013—2022）

主　编　张毅刚

副主编　罗　斌　王泽强
　　　　宁艳池　孙国军

中国建筑工业出版社

图书在版编目（CIP）数据

索结构典型工程集：2013—2022 / 张毅刚主编；
罗斌等副主编. — 北京：中国建筑工业出版社，2023.9
（空间结构系列图书）
ISBN 978-7-112-29087-1

Ⅰ. ①索… Ⅱ. ①张… ②罗… Ⅲ. ①悬索结构—建
筑工程—中国 Ⅳ. ①TU351

中国国家版本馆 CIP 数据核字（2023）第 161668 号

　　索结构是指由拉索作为主要承重构件而形成的预应力结构体系。近年来，索结构体系的创新不断，而且在索结构设计技术与施工技术方面的进步更大。本书收录了 2013—2022 十年期间各类型索结构工程项目 76 项，其中有：国家重大科技基础设施项目 1 项、体育场工程 22 项、体育馆工程 24 项、其他类公共建筑 14 项、环保封闭建筑 7 项和景观建筑 8 项，各章分别按项目完成时间进行了排序，从中也能看出各类索结构建造技术的发展特色。书中许多项目的索结构体系是国内乃至世界上首次应用。

　　本书可供土木工程、结构工程相关专业的设计和研究人员以及从事空间索结构分析的设计人员参考使用，也可作为上述研究领域内硕士和博士研究生的专业参考书。

责任编辑：刘瑞霞　梁瀛元
责任校对：芦欣甜

空间结构系列图书

索结构典型工程集（2013—2022）

主　编　张毅刚
副主编　罗　斌　王泽强
　　　　宁艳池　孙国军

*

中国建筑工业出版社出版、发行（北京海淀三里河路 9 号）
各地新华书店、建筑书店经销
国排高科（北京）信息技术有限公司制版
临西县阅读时光印刷有限公司印刷

*

开本：787 毫米×1092 毫米　1/16　印张：29½　字数：697 千字
2023 年 9 月第一版　　2023 年 9 月第一次印刷
定价：298.00 元
ISBN 978-7-112-29087-1
（41811）

空间结构系列图书

编审委员会

序 言

　　中国钢结构协会空间结构分会自1993年成立至今已有二十多年，发展规模不断壮大，从最初成立时的33家会员单位，发展到遍布全国各个省市的500余家会员单位。不仅拥有从事空间网格结构、索结构、膜结构和幕墙的大中型制作与安装企业，而且拥有与空间结构配套的板材、膜材、索具、配件和支座等相关生产企业，同时还拥有从事空间结构设计与研究的设计院、科研单位和高等院校等，集聚了众多空间结构领域的专家、学者以及企业高级管理人员和技术人员，使分会成为本行业的权威性社会团体，是国内外具有重要影响力的空间结构行业组织。

　　多年来，空间结构分会本着积极引领行业发展、推动空间结构技术进步和努力服务会员单位的宗旨，卓有成效地开展了多项工作，主要有：（1）通过每年开展的技术交流会、专题研讨会、工程现场观摩交流会等，对空间结构的分析理论、设计方法、制作与施工建造技术等进行研讨，分享新成果，推广新技术，加强安全生产，提高工程质量，推动技术进步。（2）通过标准、指南的编制，形成指导性文件，保障行业健康发展。结合我国膜结构行业发展状况，组织编制的《膜结构技术规程》为推动我国膜结构行业的发展发挥了重要作用。在此基础上，分会陆续开展了《膜结构工程施工质量验收规程》《建筑索结构节点设计技术指南》《充气膜结构设计与施工技术指南》《充气膜结构技术规程》等编制工作。（3）通过专题技术培训，提升空间结构行业管理人员和技术人员的整体技术水平。相继开展了膜结构项目经理培训、膜结构工程管理高级研修班等活动。（4）搭建产学研合作平台，开展空间结构新产品、新技术的开发、研究、推广和应用工作，积极开展技术咨询，为会员单位提供服务并帮助解决实际问题。（5）发挥分会平台作用，加强会员单位的组织管理和规范化建设。通过会员等级评审、资质评定等工作，加强行业管理。（6）通过举办或组织参与各类国际空间结构学术交流，助力会员单位"走出去"，扩大空间结构分会的国际影响。

空间结构体系多样、形式复杂、技术创新性高，设计、制作与施工等技术难度大。近年来，随着我国经济的快速发展以及奥运会、世博会、大运会、全运会等各类大型活动的举办，对体育场馆、交通枢纽、会展中心、文化场所的建设需求极大地推动了我国空间结构的研究与工程实践，并取得了丰硕的成果。鉴于此，中国钢结构协会空间结构分会常务理事会研究决定出版"空间结构系列图书"，展现我国在空间结构领域的研究、设计、制作与施工建造等方面的最新成果。本系列图书拟包括空间结构相关的专著、技术指南、技术手册、规程解读、优秀工程设计与施工实例以及软件应用等方面的成果。希望通过该系列图书的出版，为从事空间结构行业的人员提供借鉴和参考，并为推广空间结构技术、推动空间结构行业发展做出贡献。

中国钢结构协会空间结构分会　理事长
空间结构系列图书编审委员会　主　任
薛素铎
2018 年 12 月 30 日

前　言

回顾前一本索结构典型工程集，当时成立了索结构典型工程集编辑委员会（以下简称索结构委员会），汇聚了国内索结构领域的知名专家学者和工程技术领军人才，收集了100个索结构典型工程，记录了自20世纪末以来我国十年索结构建造技术的发展历程，总结了单向张弦结构、双向张弦结构、空间张弦结构、弦支穹顶结构、管内索结构、悬索结构、索穹顶结构、拉索拱结构、斜拉结构和幕墙索结构共十种类型的索结构代表性工程，从中能看出各类索结构建造技术在前一个十年的快速发展。近十年以来，建筑索结构的发展创新更是丰富多彩，在国家重大科技基础设施、体育场馆、公共建筑、环保封闭建筑以及景观建筑等领域得到了更广泛的应用，因此索结构委员会决定编写续集，以记录索结构这十年来的高度创新应用与迅猛发展历程。

2013—2022年的十年期间，各类型索结构工程实践项目数远远多于前一个十年，索结构体系的创新不断，而且在索结构设计技术与施工技术方面的进步更大，我们尽量在已有的工程实践中选择了各种不同类型的有特点的典型索结构汇集成本书，希望能向读者全面展现近十年建筑索结构的创新特点与工程应用发展特色。

本书收录了2013—2022十年期间各类型索结构工程项目76项，其中有：国家重大科技基础设施项目1项、体育场工程22项、体育馆工程24项、其他类公共建筑14项、环保封闭建筑7项和景观建筑8项，各章分别按项目完成时间进行了排序，从中也能看出各类索结构建造技术的发展特色。书中许多项目的索结构体系是国内乃至世界上首次应用，比如，FAST主动反射面的主要支承结构——索网是世界上跨度最大、精度最高的索网结构，也是世界上第一个采用变位工作方式的索网体系，还有许多项目实现了国内乃至世界上同类型索结构的最大跨度，另外还有四个项目是在国外建成的。工程设计师们在对已有索结构类型发扬光大的同时，从受力更合理的角度不断地进行在结构形式以及体系上的优化，比如：椭圆平面马鞍形索穹顶、金属屋面索穹顶、马鞍形单层正交索网等悬索类屋盖，以及拉梁弦支穹顶、弦支马鞍形网壳、无环索弦支网壳、五肢双索张弦桁架、张弦木结构等混合结构屋盖等，充分体现了我国工程科技人员在索结构体系创新方面的探索与实践。同时，结构体系的创新也推动了施工技术在工程实践中的巨大进步，因此，在许多项目中还首创了适用于实际工程的施工方法。收录的项目中还包含了两种新型索——内嵌光纤光栅的智慧拉索以及碳纤维板带拉索的应用实践,为将来新型索能够广泛应用到工程实践中打下了坚实的基础。

读者在阅读时会发现各项目文稿在写作上的不同风格,这是因为设计单位执笔人偏重于设计理念与技术创新,而施工单位执笔人则更偏重于施工技术创新,二者结合同时存在也算是本书的一个特色,既有在结构体系上的创新,又可以展现施工技术创新,更可以反映我国索结构繁荣的创新发展现状,充分展示了索结构工程日新月异的进步。

索结构委员会在中国钢结构协会空间结构分会的指导支持下努力开展工作,全体委员为本书均贡献了力量,所有项目均由各位委员带领本单位同事或合作单位的同行撰写完成,并且在文末标注了项目的撰稿人。

索结构委员会集体讨论了编写大纲,具体由参与索结构工程施工或咨询的委员组织并撰写,尽可能列出工程的设计、总包、钢结构和索结构施工、索具生产等单位,张毅刚受委员会委托担任主编,完成了全书的统稿工作。孙国军担任了委员会的联络组稿和秘书工作,承担了大量的具体工作。

本书在各项目后增加了相关的参考文献,便于有兴趣的读者更加详细地了解该项目。我们相信,本书将为索结构工程师、学生和研究人员提供宝贵的参考资料和指导,帮助他们更好地理解和应用索结构工程的知识和技能。本书疏漏之处在所难免,敬请广大读者批评指正。本书的出版得到了巨力索具股份有限公司的大力支持,在此表示感谢。本书承载了在索结构发展的道路上每个索结构人的美好愿景,同时也更加希望本书能够对推动索结构的进一步蓬勃发展做出积极的贡献。

中国钢结构协会空间结构分会

索结构主任委员

陈志华

2023 年 5 月 26 日

目　录

3 体育馆

④ 公共建筑

⑤ 环保封闭建筑

⑥　景观建筑

1

国家重大科技基础设施

国家重大科技基础设施也称大科学装置，是指为提升探索未知世界、发现自然规律、实现科技变革的能力，依托高水平创新主体建设，面向社会开放共享的大型复杂科学研究装置或系统，是为高水平研究活动提供长期运行服务、具有较大国际影响力的国家公共设施。它不同于一般的基本建设项目，具有鲜明的科学和工程双重属性。它也不同于一般的科研仪器中心或者平台，是需要自行设计研制的专用设备，具有明确的科学目标，是国家科技实力、经济实力的重要标志。

"中国天眼"——500m 口径球面射电望远镜（Five-hundred-meter Aperture Spherical radio Telescope，FAST）工程概念于 1994 年 7 月提出，2011 年 3 月正式开工建设。FAST 主动反射面的主要支承结构——索网是反射面主动变位工作的关键，它是世界上跨度最大、精度最高的索网结构，也是世界上第一个采用变位工作方式的索网体系。国内外均没有可借鉴的经验或资料作为参考，需要攻克的技术难题贯穿索网的设计、制造及安装全过程。凝聚多家单位进行了多年的预研攻关，经历了反复的"失败-认识-修改-完善"过程，不断攻克技术难题，形成了多项自主创新性的成果，对我国索结构工程水平起到了巨大的提升作用。

2016 年 9 月，"中国天眼"落成启用。习总书记发来贺信，要求高水平管理和运行好这一重大科学基础设施，早出成果、多出成果、出好成果、出大成果。2021 年 2 月，总书记在贵阳亲切会见项目负责人和科研骨干，视频连线装置现场，亲切慰问科研人员，听取建设历程、技术创新、科研成果、国际合作等情况介绍，指出"天眼"是国之重器，实现了我国在前沿科学领域的重大原创突破。

本章用较多篇幅介绍了该工程，索结构能够成功应用于国家重大科技基础设施，值得索结构人为之自豪与骄傲。

1.1 中国天眼
——500m 口径球面射电望远镜主动反射面索网

设 计 单 位：北京市建筑设计研究院有限公司
建 设 单 位：中国科学院国家天文台
钢结构安装单位：江苏沪宁钢机股份有限公司
索结构施工单位：柳州欧维姆机械股份有限公司
索 具 类 型：欧维姆·外包 HDPE 环氧涂层钢绞线和镀锌钢丝索
竣 工 时 间：2016 年

1. 概况

500m 口径球面射电望远镜（Five-hundred-meter Aperture Spherical radio Telescope，FAST）位于贵州省平塘县，是中国科学院国家天文台组织实施的国家重大科技基础设施项目，为世界最大单口径、最灵敏的射电望远镜，被誉为"中国天眼"，如图 1.1-1 所示。该项目由我国天文学家南仁东先生于 1994 年提出构想，由主动反射面系统、馈源支撑系统、测量与控制系统、接收机与终端系统四大部分构成。

图 1.1-1　500m 口径球面射电望远镜（FAST）

2. 索结构体系

1）FAST 结构体系
FAST 主体反射面系统由反射面单元和反射面主体支承结构组成。其中反射面单元由穿孔铝板和三角形铝合金网架组成；反射面主体支承结构为格构柱、圈梁、索网和促动器组成的可主动变位的超大空间结构，如图 1.1-2 和图 1.1-3 所示。反射面单元支承于索网结构上。具体组成如下：

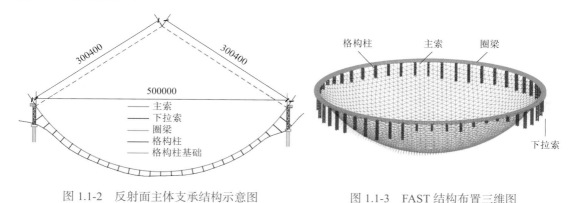

图 1.1-2 反射面主体支承结构示意图   图 1.1-3 FAST 结构布置三维图

①格构柱与圈梁

圈梁内径 500.8m、外径 522.8m，支承在 50 根格构柱上，用于支承 FAST 索网。

②索网

索网包括主索网和下拉索，分别为：

主索网：开口口径为 500m，按照三角形网格方式编织，用于支承反射面单元。主索网节点位于以 O 点为球心、半径 300.4m 的球冠上，共计 6670 根。其中，反射面单元包括单元式铝合金网架和反射面板，铝合金网架为三角形，边长 10.2～12.4m，与主索网网格对应，简支于主索网节点上；反射面板为 1mm 厚的穿孔铝板，穿孔率 50%，支承于铝合金网架上，如图 1.1-4 所示。

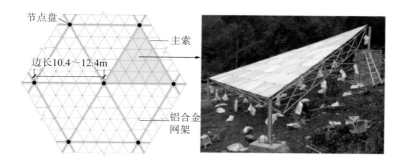

图 1.1-4 反射面单元

下拉索：每个主索节点对应一根下拉索，共计 2225 根。下拉索沿径向（部分索的方向有微调）布置。下拉索下端连接促动器，通过促动器拉伸或者放松下拉索，可使索网变形，形成不同的抛物面，促动器现场试验照片如图 1.1-5 所示。

③格构柱基础和促动器

格构柱基础为独立柱基，促动器基础为受拉锚杆。

图 1.1-5 下拉索和促动器

2）索网结构布置

FAST 索网由主索网和下拉索组成。主索网由 6670 根钢索采用 1/5 对称的短程线型三角形网格编织而成，沿球面径向划分 28 个网格，图 1.1-6 给出了 1/5 区域的主索网布置。为简化索网与圈梁的连接构造，对与圈梁相邻的主索网网格进行调整，使每个内部网格仅通过一根主索与圈梁连接，整个索网共通过 150 根边界主索连接于圈梁。边界钢索索长变化较大，在 2.897～12.433m 之间，钢索间夹角从 44.9°到 51.8°不等；内部主索网索长相对均匀，在 10.393～12.418m 之间变化，钢索间夹角从 54.0°到 59.9°不等。

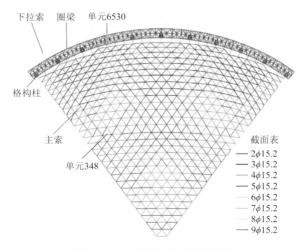

截面表

— 2ϕ15.2
— 3ϕ15.2
— 4ϕ15.2
— 5ϕ15.2
— 6ϕ15.2
— 7ϕ15.2
— 8ϕ15.2
— 9ϕ15.2

图 1.1-6 主索网 1/5 区域布置

除与圈梁连接的边界索节点外，主索网共计 2225 个节点，每个主索网节点均设有一根下拉索，下拉索下端设有促动器，通过促动器锚接于基础，下拉索长度变化较大，大部分在 4m 左右，边缘处最长可达 60m。主索与主索之间、主索与下拉索之间通过节点盘连接，如图 1.1-7 所示，最内圈索网节点盘连接 4 根主索和 1 根下拉索，外圈与圈梁相邻节点盘连接 4～6 根主索和 1 根下拉索，其他节点盘连接 6 根主索和 1 根下拉索。

FAST 采用的钢索由 1860MPa 级ϕ15.2 的低松弛环氧涂层钢绞线和直径 5mm 的低松弛环氧涂层钢丝组成，如图 1.1-8 所示，拉索规格参数如表 1.1-1 所示。主索截面共 8 类，最小为 2 根钢绞线索，最大为 9 根钢绞线索；每类钢索有两种形式：一种为纯钢绞线索；另一种在钢绞线基础上增加 3 根钢丝，以减小不同类型钢索的面积差。

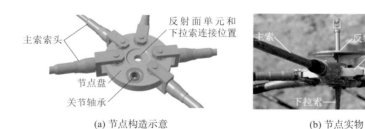

(a) 节点构造示意   (b) 节点实物

图 1.1-7　索网节点

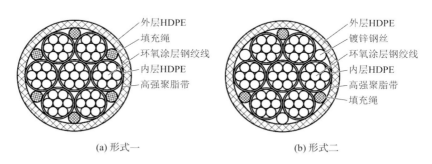

(a) 形式一   (b) 形式二

图 1.1-8　钢索剖面形式

拉索规格参数表　　　　　　　　　　　　　　　表 1.1-1

拉索型号	公称截面积/mm²	索体单位重量/（kg/m）	拉索外径/mm	标准极限索力/kN
OVM.ST15-2	280.0	3.29	44	520.0
OVM.ST15-2J3	338.8	3.65	44	629.5
OVM.ST15-3	420.0	4.52	47	782.0
OVM.ST15-3J3	478.8	4.87	47	891.5
OVM.ST15-4	560.0	5.71	51	1040.0
OVM.ST15-4J3	618.8	6.07	51	1149.5
OVM.ST15-5	700.0	7.29	62	1300.0
OVM.ST15-5J3	758.8	7.75	62	1409.5
OVM.ST15-6	840.0	8.29	62	1560.0
OVM.ST15-6J3	898.8	8.75	62	1669.5
OVM.ST15-7	980.0	9.29	62	1820.0
OVM.ST15-7J3	1038.8	9.75	62	1929.5
OVM.ST15-8	1120.0	11.22	74	2080.0
OVM.ST15-8J3	1178.8	11.68	74	2189.5
OVM.ST15-9	1260.0	12.52	80	2340.0
OVM.ST15-9J3	1318.8	12.99	80	2449.5

3）索网形态与功能

为实现 FAST 跟踪观测功能，在工作过程中反射面可以在任意 300m 范围内变为抛物面，即 FAST 反射面具有主动变位功能，这是 FAST 反射面最显著的创新。为实现主动变位功能，FAST 索网存在两类形态——球面基准态和抛物面态（图 1.1-9），其具体含义为：

①球面基准态

索网拼装完成后，通过促动器张拉下拉索，使索网节点位于半径 300.4m 的球冠上，即为球面基准态。

②抛物面态

为实现观测功能，基于球面基准态，通过促动器调节下拉索长度，反射面形成连续变化的 300m 口径的抛物面，即索网的抛物面态。索网具有主动变位功能，是具有多目标形态的索网结构，这是同其他土木工程索网结构最大的区别。以球面基准态球心为坐标系原点，坐标系 z 轴沿竖直方向向上，当抛物面顶点位于球面最低点时，反射面所在的抛物面方程为 $x^2 + y^2 + 2pz + c = 0$，其中 $p = -276.6470$，$c = -166250$。

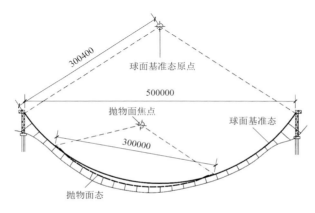

图 1.1-9　FAST 索网形态示意图

4）索网球面基准态的确定

明确索网结构的球面基准态需要确定两个方面的内容：一是结构在索网张拉完毕后主索网各个节点所在的几何位置；二是索网中各根拉索的预应力水平。针对 FAST 索网不同形态分析要求，提出"目标位形初应变补偿法"，用于确定索网的球面基准态和抛物面态。该方法"初始态"时的主索节点几何位置固定不变，作为确定的控制目标，需要确定的是"零状态"时主索与下拉索中的初始应变。通过调整主索与下拉索"零状态"时的初始应变，实现"初始态"时主索网各个节点与"零状态"吻合。在"找力"迭代计算过程中，允许主索网节点的变形在 1mm 以内，作为迭代计算的精度控制要求。主要计算结果为：①圈梁水平变形 140.97mm；②主索网内部节点的位移为 0.01～0.87mm，满足 1mm 的精度要求，如图 1.1-10 所示；③主索网内力为 60.1～764.3kN，应力为 214.6～641.8MPa；如图 1.1-11 所示；④下拉索内力为 28.0～35.8kN，应力为 199.9～255.5MPa。

5）索网抛物面形态的确定

为满足观测要求，FAST 索网主动在 500m 直径范围内连续变位形成抛物面，将连续变位的抛物面简化为 550 个独立的抛物面，其中心对应 550 个索网节点。中国科学院国家天文台提供了 FAST 天文观测模式、预计科学目标和轨迹点分布，据此生成抛物面中心点随时间变化的轨迹，轨迹点共计 3410008 个。

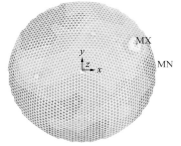

0.010136　0.202273　0.39441　0.586547　0.778684 位移/mm
　0.106205　0.298342　0.490479　0.682616　0.874753

图 1.1-10　基准态主索网节点位移

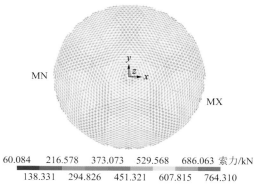

60.084　216.578　373.073　529.568　686.063 索力/kN
　138.331　294.826　451.321　607.815　764.310

图 1.1-11　基准态主索网内力

0　105.683　211.367　317.05　422.734 变形/mm
　52.842　158.525　264.209　369.892　475.576

图 1.1-12　典型抛物面形态

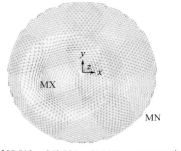

56.553　209.819　363.084　516.350　669.616 索力/kN
　133.186　286.452　439.717　592.983　746.248

图 1.1-13　主索网内力

抛物面的形态分析同样采用"目标位形初应变补偿法"，通过调节工作区域内的下拉索无应力长度，使工作区域呈现抛物面，得到 550 种抛物面工况的索网应力分布。图 1.1-12 为抛物面中心位于球面左边中间区域的变位，变形最大值为 475.6mm；图 1.1-13 为该工况下索网的内力状态，主索的最大内力为 746.2kN。

6）索网疲劳性能

FAST 通过促动器拉伸或放松下拉索实现索网抛物面形态，不同形态之间的变位带来结构的疲劳问题，需要对索网进行疲劳性能研究。《钢结构设计规范》GB 50017—2003 关于变幅疲劳的公式基于雨流计数法，此算法根据载荷历程得到全部的载荷循环，分别计算出全循环的应力幅值，并根据这些幅值得到不同幅值区间内对应的疲劳频次。采用雨流计数法，可以统计出每根钢索的疲劳性能，图 1.1-14 是典型钢索由于索网变位引起的应力变化曲线，图 1.1-15 是通过雨流计数法分析得到的疲劳性能，图中 x 轴为半应力幅、y 轴为应力均值、z 轴为应力循环次数，统计总的疲劳次数为 311305 次。

分析结果表明，主索最大应力幅为 459.1MPa，30 年应力循环的最大次数为 780641 次；下拉索最大应力幅为 242.4MPa，30 年应力循环的最大次数为 818189 次。

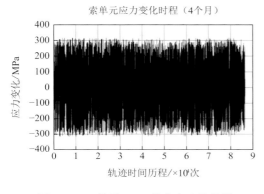

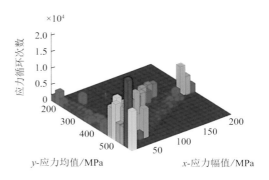

图 1.1-14 单元 4282 的应力变化曲线　　　图 1.1-15 单元 4282 疲劳应力分布

7）超高疲劳性能钢索研制

FAST 要求钢索满足 500MPa 疲劳应力幅要求，而目前规范仅要求钢索应力幅满足 250MPa，为满足使用要求，采取了以下工艺措施：

①拉索锚具采用等强度原理设计，以锚固接触面为最薄弱环节，各部分构造乘以 1 倍以上的安全系数，采用有限元分析方法对各结构部件进行了设计计算、优化。

②拉索锚固段尽可能使最大剪应力趋同，钢丝的咬合压紧力随着拉应力减小而反向加大；降低接触面应力集中，使得锚具可以达到很高的锚固性能，锚固效率系数接近于 1.0。采用挤压工艺实现钢绞线锚固段最大剪应力趋同。

③钢丝在锚具内部尽可能无损伤累积。让锚固段钢丝表面与锚具内部握裹材料充分接触，并且确保在动荷载作用下，两者接合紧密无错动位移，尽可能避免钢丝疲劳损伤累积。拉索锚具类似于冷铸锚，其中的环氧铁砂填料与钢绞线的钢丝充分接触握裹，并采用超张拉工艺检验拉索锚固性能并消减钢绞线的松弛。

④拉索用钢丝和钢绞线间完全隔离，消除微动磨损。钢绞线的钢丝表面进行静电环氧喷涂，涂抹防腐油脂并用 HDPE 护套单根防护；拉索中钢丝与钢绞线束完全平行不扭绞，预应力筋不相互接触，减少钢丝间的微动磨损，为拉索满足应力幅为 500MPa 的疲劳性能要求奠定基础。

⑤优选拉索用钢丝和钢绞线原材料，保证有一定的疲劳强度储备。选用国内质量最稳定的材料，钢丝疲劳强度可以稳定地通过公称应力上限 $0.4f_{ptk}$、应力幅为 600MPa 的疲劳试验；钢绞线可以稳定地通过公称应力上限为 $0.4f_{ptk}$、应力幅为 550MPa 的疲劳试验。如图 1.1-16 所示。

图 1.1-16 拉索疲劳试验

3. 索结构施工

FAST 索网结构拉索通过盘式节点板连接，索网采用长度控制为主。在施工过程中，索网安装跨度 500m，高差约 130m，共 2225 个主索节点、6670 根主索和 2225 根下拉索，合计索根数 8895 根，总质量约 1300t，面索索网体量大、分布广，同时受地形制约，无法进行地面组装或搭设满堂架平台，必须借助圈梁进行空间牵引安装。

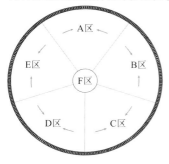

图 1.1-17　索网分区示意图

施工措施要满足以下要求：

①在 500m 范围内面索组装全部要在空中完成；

②安装时要保证五分之一对称，防止圈梁变形过大；

③挂索施工过程中，面索要在无应力状态下安装；

④索网通过圈梁 150 根边缘主索进行调节。

整个索网按照分批次、基本对称安装的原则施工，索网主索无应力长度安装，通过边缘拉索调整以及张拉下拉索，调整索网成形。根据工程实际情况，索网安装按对称轴划分为 5 + 1 个区域，如图 1.1-17 所示，其中 A、B、C、D、E 五个主区同时同步对称施工。F 区为索网中心 80m 范围，利用支撑胎架独立安装索网。索网安装顺序如图 1.1-18 所示。

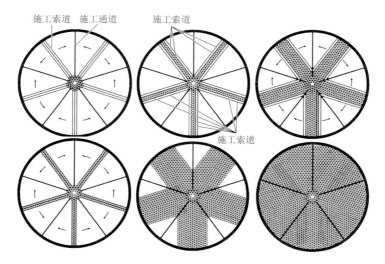

图 1.1-18　索网安装顺序示意图

F 区的面索和下拉索采用支撑胎架安装，然后在 F 区直径 80m 的圆周上对称为五个区设置独立塔架，同时在圈梁上设置高空圆周移动式缆索起重机系统，如图 1.1-19 所示，包括移动台车、门式起重机、猫道、施工索道和 V 形区动态锚固平台（图 1.1-20）等。五个区主索采用塔式起重机垂直运输到圈梁顶部的运索小车，由其沿圈梁运输到五区对称轴位置的猫道索上方，通过设在圈梁顶部的门式起重机，单件下放到猫道上方的溜索索道，由其溜滑到下端，通过串联拉索沿导索空中牵引累积滑移的方法进行安装。首先安装对称轴位置的拉索，然后对称向两侧扩展施工。主索和下拉索安装完成后，促动器张拉下拉索给结构提供预应力。

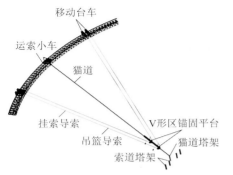

图 1.1-19 高空圆周移动式缆索起重机系统

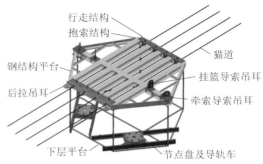

图 1.1-20 V形区动态锚固平台

边缘索调节的主要作用是调节整个索网结构的几何位型，调节顺序是按五大区域（A、B、C、D、E区）对称进行。以A区（其他4个区同步进行）为例，从A区的中间开始，对称向两边依次展开直至A区的两端，如图1.1-21所示。完成第一遍调索后，根据实测数据，通过计算确定是否进行下一次调索，直至索力和节点位置都达到设计要求。

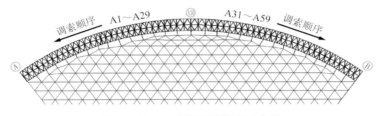

图 1.1-21 边缘索调节顺序示意图

4. 工程图片

图 1.1-22 索网安装完成

图 1.1-23　FAST 俯视

图 1.1-24　FAST 侧视

参考文献

[1]　南仁东. 500m 球反射面射电望远镜 FAST[J]. 中国科学: G 辑, 2005, 35(5): 449-466.

[2]　朱忠义, 张琳, 王哲, 等. 500m 口径球面射电望远镜索网结构形态和受力分析[J]. 建筑结构学报, 2021, 42(1): 18-29.

[3]　朱忠义. 500m 口径球面射电望远镜 FAST 主动反射面主体支承结构设计[M]. 北京: 中国建筑工业出版社, 2021.

撰稿人： 北京市建筑设计研究院有限公司　　张　琳　朱忠义　白光波
柳州欧维姆机械股份有限公司　　　　　　　　　　　　雷　欢

2

体育场

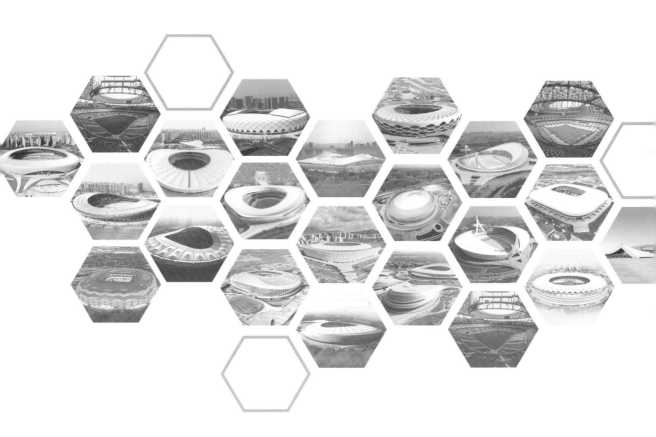

早期的体育场一般在主席台上方设置挑篷，多采用钢桁架或网架悬挑 10～20m。随着大型体育场普遍要求更大面积覆盖看台以提高观众的舒适度，挑出长度往往要求在 30～70m。工程师们研发了能够跨越 250～300m 的巨型拱桁架，支承次方向桁架以形成挑篷，实现了两侧主看台的覆盖，成为一段时间的主流结构形式。

2000 年浙江黄龙体育场挑篷成功地采用高塔加斜拉网壳的体系，克服了巨型拱桁架的笨重感。随之利用塔桅的斜拉结构被广泛地运用于体育场挑篷，进一步发展出四桅杆甚至多桅杆斜拉体系。

近年来，覆盖周圈看台的罩棚日益被人们青睐，利用外围结构圈梁作为压力环，在看台上方布置大开口索系日益成为体育场罩棚的首选。结合内环拉索，2006 年佛山世纪莲体育中心体育场的辐射布置双层索系和 2010 年深圳市宝安体育场的辐射布置索桁架体系，使得索结构更为轻盈、力流更清晰的特点尽显。

工程师们一直在不断地探索新的适用于体育场罩棚的索结构体系。比如：刚性内拉环索穹顶的实践，辐射布置单双层组合索网的应用，在正交索网中间引入环索实现大开口的要求，将索桁架上下弦交叉实现鱼腹造型以满足体育场的建筑功能，将辐射布置的索桁架调整为斜向交叉布置实现新的建筑造型，使用单层辐射布置索网使罩棚结构更为轻盈，利用体育场围护与屋盖的刚性杆件与拉索结合形成索承网格结构，将刚性外压环内移至屋盖的中部以适应内圆外方的建筑造型等。

结构体系创新的同时也推动了施工技术的进步。如：更为精准地模拟索结构安装与张拉过程的方法，根据力流确定张拉子结构以保证建立的预应力分布与设计目标相符，合理确定支撑胎架的卸载时机与措施，针对索承网格结构的无支架施工方法、V 形斜撑后装的反向张拉法等。

本章收录了部分具有设计或施工技术创新的工程实践，同时还介绍了碳纤维板带拉索的首次应用。值得一提的是，拉索钢-混凝土拱壳结构作为体育场罩棚的应用是个难能可贵的个例。

2.1　绍兴县体育中心体育场罩棚——双向张弦桁架

设　计　单　位：北京市建筑设计研究院有限公司

建　设　单　位：绍兴县体育中心投资开发经营有限公司

钢结构安装单位：浙江精工钢结构有限公司

索结构施工单位：北京市建筑工程研究院有限责任公司

索　具　类　型：巨力索具·钢拉杆

竣　工　时　间：2014 年

1. 概况

绍兴县体育中心体育场，坐落在绍兴市柯北新城，体育场采用四心圆平面，正南北布置，设双层看台，40000 座中型乙级体育场（其中包括场地内 5000 个活动座位），可承接省级综合运动会，举办地方级足球、田径等比赛及群众性运动会，专业运动队训练及群众性全民健身。建筑提供标准八道田径及足球场地，场心区域 21623.52m² 可改造为展厅，设置标准展位 1116 个（图 2.1-1）。

图 2.1-1　绍兴县体育中心体育场

2. 索结构体系

体育场主体建筑由钢筋混凝土看台、钢结构固定屋盖和活动屋盖组成，立面造型呈莲花状。固定屋盖投影接近椭圆形，长轴方向为 267m，短轴方向为 206m，屋盖外边缘为四心圆，投影总面积为 44036.37m²，其中固定部分 33818.57m²，开口面积 10217.80m²。活动屋盖分为两块，水平投影面积 11849.28m²，为当时国内开合面积最大的活动屋盖。

体育场内场及看台柱网为四心圆，下部结构采用钢筋混凝土少墙框架结构，基础形式为柱下和墙下钻孔灌注桩，桩端后注浆，8-2层圆砾作为持力层，桩径800mm。

固定屋盖主要受力构件为布置成"井"字形的4榀双向张弦立体主桁架、28榀次桁架、周边环向桁架、水平支撑及支座五部分组成。主桁架安装高度47.1m，断面为鱼腹形，矢高5～19m。长轴主桁架跨度230m，整榀质量1500t；短轴主桁架跨度176m，整榀质量1200t。主桁架通过固定铰支座支承在8个混凝土筒上。活动屋盖采用平面桁架结构，沿跨度方向共设置14道主桁架，四周设置水平支撑保证活动屋盖的整体性（图2.1-2）。总用钢量18578t。

该工程外立面及罩棚采用膜结构一体设计，固定屋盖部分为双层吸声结构，内膜为微孔吸声膜，外膜为PTFE膜材，与整体立面统一。

体育场固定屋盖张弦主桁架下弦设有4根并排的预应力钢拉杆，共计192根，直径规格为ϕ200mm，单根最大长度19m，强度为650MPa（图2.1-3）。钢拉杆主要用于调整桁架内力分布，控制屋盖变形量。如果钢拉杆张拉不能实现均匀、对称，将引起固定屋盖结构内力分布不均和变形。高强度大直径钢拉杆预应力张拉是该工程的难点。

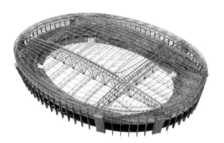
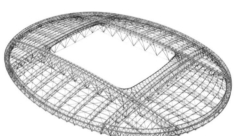

图2.1-2　体育场整体结构图　　　　图2.1-3　体育场固定屋盖结构图

3. 索结构施工

1）钢拉杆

ϕ200mm的650MPa大直径高强度的钢拉杆为当时国内规格最大、强度最高的钢拉杆产品。钢拉杆产品4根一组，采用销轴与下弦铸钢节点相连接。钢拉杆中间设有调节套筒，用于钢拉杆长度的调节和张拉（图2.1-4）。

2）钢拉杆的安装

①由于钢拉杆规格较大，单根钢拉杆最大质量约9t，同时由于钢拉杆所处下弦位置距离地面较高，需在钢拉杆安装位置下方设置专用安装平台（图2.1-5）。

4根ϕ200钢拉杆　　铸钢节点

图2.1-4　单根钢拉杆示意　　　　图2.1-5　钢拉杆及铸钢节点安装位置示意

②钢拉杆需在地面专用胎架上组装，按照下弦铸钢件的实际尺寸调整钢拉杆长度，长度调好后，按4根一组进行摆放固定，之后进行吊装。

③为防止吊装时损坏杆体，应制作专用的吊装工具进行安装，根据现场设备情况，选用160t汽车起重机进行成组吊装（4根一组），如图2.1-6所示。

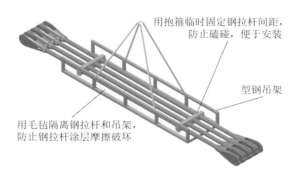

图 2.1-6 钢拉杆吊装示意

④钢拉杆吊装到适宜位置后，将两端配套的销轴穿好，用链条管钳旋紧调节套筒。钢拉杆安装示意和现场安装完成效果如图2.1-7和图2.1-8所示。

图 2.1-7 钢拉杆安装示意

图 2.1-8 钢拉杆现场安装完成

3）钢拉杆的张拉

①由于钢拉杆为4根一组，同时作用于屋盖下弦结构，根据结构要求，钢拉杆必须4根为一组整体进行张拉。

②张拉钢拉杆会对固定屋盖内力分布、变形量造成影响，故在张拉钢拉杆时必须对固

定屋盖部分进行内力和位移监测，以控制固定屋盖整体的稳定性（图2.1-9）。

图 2.1-9　钢拉杆张拉时屋盖结构监测图片

4. 工程图片

图 2.1-10　体育场内景

图 2.1-11　钢拉杆实景

撰稿人：巨力索具股份有限公司　　　宁艳池
北京市建筑设计研究院有限公司　　张　胜

2.2 苏州园区体育中心体育场罩棚
——辐射布置单层索网

设 计 单 位：上海市建筑设计研究院
总 包 单 位：中建三局建设集团有限公司
钢结构安装单位：中建科工集团有限公司
索结构施工单位：南京东大现代预应力工程有限责任公司
索 具 类 型：瑞士法策·高钒镀层密封索
竣 工 时 间：2016 年

1. 概况

苏州工业园区体育中心是苏州市社会公共事业跨世纪标志性精品工程，规划总面积近60hm²，总建筑面积约 36 万 m²。作为体育中心中规模最大的单体建筑，体育场建筑面积约8.3 万 m²，设计容量约 45000 座席。体育场屋盖在国内首次采用马鞍形单层索网膜结构，V 形柱支承的轮辐式马鞍形单层索网，轻盈大气、简约现代，蕴含建筑美学，屋盖结构尺寸为 260m × 230m，外环马鞍形高差为 25m。钢结构除在混凝土结构三层设置铰接柱脚及于上层看台侧向设置连杆外，自成平衡体系。混凝土看台高度 31.8m，钢结构屋面高度52.0m，能够满足足球、田径、大型演艺等活动需求（图 2.2-1）。

图 2.2-1 苏州工业园区体育中心体育场

2. 索结构体系

1）结构整体概况
苏州工业园区体育中心体育场屋盖（图 2.2-2）采用的轮辐式马鞍形单层索网结构包括

结构柱、外压环、径向索以及内环索。索网支承于外侧的受压环梁与内侧受拉环之间，由内环索和径向索构成，索网上覆 PTFE 膜材。外圈的倾斜 V 形柱在空间上形成了一个圆锥形空间壳体结构，从而形成刚性良好的屋盖支承结构，直接支承顶部的外侧受压环，所有的屋盖结构柱支承在下部混凝土结构上。

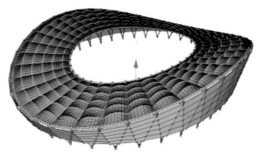

图 2.2-2　苏州工业园区体育中心体育场屋盖

轮辐式马鞍形单层索网结构，属于预应力自平衡的全张力结构体系，必须通过张拉，在结构中建立必要的预应力，才具有结构刚度，以承受荷载和维持形状。

体育场的屋盖外边缘压环几何尺寸为 260m×230m，马鞍形的高差为 25m，体育场的立面高度在 27m 到 52m 间变化，形成了轻微起伏变换的马鞍形内环，屋盖上的轴线是基于体育场看台的轴线而相应布置的，如图 2.2-3 所示。

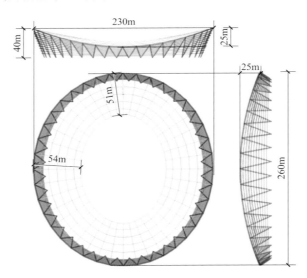

图 2.2-3　体育场平立面尺寸示意图

钢结构 V 形立柱截面外直径为 950～1100mm，壁厚 16～35mm，锥形端部壁厚 20～35mm，加强板厚 25～35mm，结构用钢 Q345-C。压环梁截面外直径为 15000mm，壁厚为 45～60mm，结构用钢为 Q345-C。

结构拉索由 40 根径向索和 1 圈环向索组成，径向索根据不同的受力部位共有三种直径：100mm、110mm、120mm。内环索 1 圈由 8 根直径为 100mm 的拉索构成，每根环索均分为两段,用锥形索头和螺纹拉杆连接(表 2.2-1)。所有拉索均采用 1670 级全封闭 Galfan 钢绞线(外三层为 Z 形钢丝,内部为圆钢丝),钢索防腐处理:内层采用热镀锌连同内部填充,外层采用锌-5%-铝混合稀土合金镀层。

拉索材料和规格表

表 2.2-1

拉索			索体			索头		
			级别/MPa	规格/mm	索体防护	锚具 (固定端)	连接件 (固定端)	调节装置
索网 结构	径向索	9/10/11/12/13 29/30/31/32/33 轴	1670	100	GALFAN	热铸锚	叉耳式	无
		5/6/7/8 14/15/16/17 25/26/27/28 34/35/36/37 轴	1670	110	GALFAN	热铸锚	叉耳式	无
		1/2/3/4 18/19/20/21 22/23/24 38/39/40 轴	1670	120	GALFAN	热铸锚	叉耳式	无
	环索		1670	8×100	GALFAN	热铸锚	叉耳式	无

2)结构设计与施工技术创新

该工程在设计和施工过程中需要解决以下关键问题:

①单层索网需要边缘支承结构平衡索网预拉力,而传统支承结构形式较为单一,附加弯矩内力大,外观笨重,与柔性单层索网在建筑整体效果上不匹配;

②单层索网由双向拉索构成,易应用于体育馆等封闭屋盖中,但难应用于体育场等大开孔屋盖中;

③高应力状态下密封索防腐蚀性能无法预测,缺少适应高效建造、轻巧可靠的新型索夹节点;

④缺少高精度成形的绿色建造成套技术,大跨空间结构的传统施工方法、控制标准及其过程分析方法不再适用于单层索网。

针对本工程的上述关键问题,系统深入研究结构体系、拉索抗腐蚀、索夹节点、施工等创新技术,形成大柔性轻型单层索网结构设计与施工成套应用技术:

①提出"外倾 V 形柱 + 马鞍形外压环 + 单层索网"整体结构体系、"马鞍形大开孔轮辐式单层索网"及基于改进遗传算法的轮辐式单层索网形态优化分析方法,V 形柱脚设可滑动关节轴承和柱顶设临时缝,适应基础不均匀沉降和优化结构柱受力,采用新型直立锁边屋面和柔性马道适应索网大变形,实现大尺度体育场建筑的应用突破。

②适用于轮辐式单层索网的无支架绿色施工方法。采用整体提升、分批逐步锚固的施工方法,通过斜向牵引径向索将整个索网从低空提升至高空,过程中从外压环低点至高点分批逐步将各径向索与外压环锚接。极大地减少支架量、高空作业量和大吨位提升系统数量,拉索保护容易,施工效率高,措施费少,工期短。

③仿真柔性索网施工过程的精细化分析方法。(a)确定索杆系静力平衡状态的非线性动力有限元法:跟踪分析确定各施工步骤的工装索长度、牵引力和位形等重要参数;(b)基

于正算法的零状态找形迭代分析方法：在每次位形迭代中都顺施工过程分析，相比反算法具有普遍适用性，对复杂施工能得到正确结果。

④确定施工控制标准的耦合随机误差分析方法。能同时考虑索长、张拉力和外联节点坐标三种主要误差的非线性耦合效应，特别适用于类似单层索网的具有显著几何非线性的结构。

3. 索结构施工

苏州工业园区体育场钢结构部分包括：外环钢构（V形柱和环梁等）、索网结构、屋面膜结构和幕墙等附属结构。总体施工顺序为：①外环钢构安装。待下部混凝土结构达到一定强度后开始支撑胎架的安装，然后在支撑胎架上拼装外环钢构，包括V形柱和环梁等。②预应力索网施工。索网低空组装，牵引提升，高空分批锚固。在拉索提升过程中，当索头达到锚固点时进行拉索的锚固，最终达到张拉成形状态。此时钢结构支承胎架均已卸载，可自由拆架。③屋面膜结构施工。④幕墙结构等其他附属设施的安装。

其中索结构施工详细顺序如下：

1）索网低空组装

索网低空组装的原则有：自内向外和自上而下对称安装相同位置的构件、耳板后焊以消除拉索制作长度误差和外联钢结构安装误差、地面组装时应严格控制拉索长度和索夹位置等。索网低空组装施工顺序：拉索展开→铺设环索→铺设径向索→安装环索连接夹具→安装索头→安装牵引设备和工装索→准备牵引提升。

首先，将拉索展开，拉索采用卷盘运输至现场，为避免拉索展开时索体扭转，环索采用卧式卷索盘。用起重机将索盘运至环索投影位置，在放索过程中，因索盘绕产生的弹性和牵引产生的偏心力，开盘后，应按照索体表面的顺直标线将拉索理顺，防止索体扭转，拉索在地面展开。

然后，铺设径向索和环索，由于环索每根总长较长，运输和现场铺设展开较为困难，因此要求每根环索均分为两段，即8根环索一共分为16段进行运输和现场铺设，环索分段如图2.2-4所示，其中环索连接端部距环索索夹中点为700mm，环索连接锥形索头长1370mm。

最后，安装牵引设备和工装索。通过施工力学分析，根据索网组装状态下的结构位形，确定所需的工装索长度。

2）索网牵引提升与分批锚固

索网牵引提升的原则有：分级牵引上径向工装索，使各牵引索逐渐向上环梁靠近，牵引过程中应以控制索网整体位形为主，以控制工装索的牵引长度和牵引力为辅。牵引过程中索网整体位形的控制标准为：整体位形与理论分析基本相符，几何稳定，拉索不出现扭转。索网牵引提升步骤为：搭设操作平台→安装和调试牵引设备→初步牵引提升→正式牵引提升→第一批拉索锚固就位→继续牵引提升→第二批拉索锚固就位→继续牵引提升→第三批拉索锚固就位。

首先，搭设操作平台，耳板处采用脚手架吊挂架作为操作平台，搭设时在环梁上对应位置外包布条，防止对环梁产生磨损。

其次，安装和调试牵引设备，采用连续牵引提升设备，将通用预应力工程施工装备中张拉千斤顶、精轧螺纹钢筋和钢绞线自动工具锚通过加工的多块平台钢板连接件组装成能满足提升安装需要的连续提升千斤顶，其重量轻、组装拆卸灵活，设备改造费用低。其使用精轧螺纹钢筋作为立柱支撑架，不仅保证了千斤顶改造后具有较好的强度和刚度，且其在拆卸后仍可用作张拉预应力钢棒进行预应力施工，达到"一顶多用"的目的。

根据施工方法，将牵引工装索分成三部分：QYS1、QYS2 和 QYS3，索网结构和牵引工装索布置如图 2.2-5 所示。

首先，结构索网和工装索在低空组装，QYS1、QYS2、QYS3 整体同步提升；其次，QYS1 提升到位、固定，并撤去该位置提升设备，QYS2 和 QYS3 继续提升；然后，QYS2 提升到位、固定，并撤去该位置提升设备，QYS3 继续提升；最后，QYS3 提升到位、固定，索网施工步骤如图 2.2-6 所示。

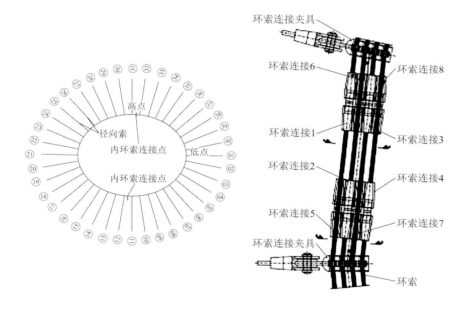

图 2.2-4　环索分段平面图

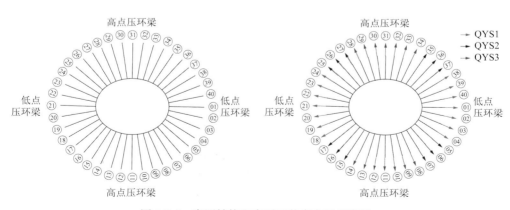

图 2.2-5　索网结构和牵引工装索布置示意图

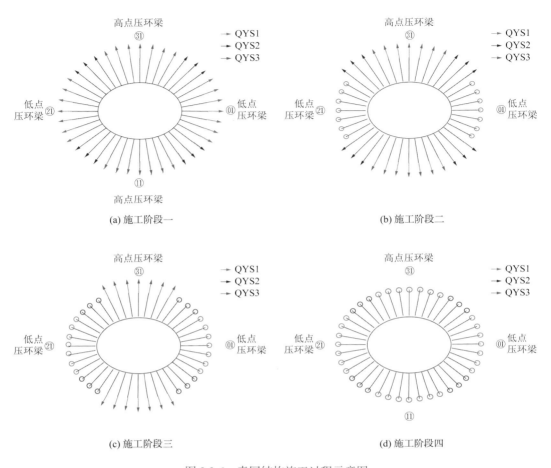

(a) 施工阶段一　　　　　　　　　　　　　　　(b) 施工阶段二

(c) 施工阶段三　　　　　　　　　　　　　　　(d) 施工阶段四

图 2.2-6　索网结构施工过程示意图

4. 工程图片

图 2.2-7　拉索铺设和组装现场

图 2.2-8　索牵引提升过程

图 2.2-9　索牵引提升到位

图 2.2-10　膜面安装完成

图 2.2-11　体育场内景

撰稿人：东南大学　罗　斌　阮杨捷

2.3 枣庄市民中心体育场罩棚——上径向索斜交索网

设 计 单 位：上海联创设计集团股份有限公司

上海建筑设计研究院有限公司

总 包 单 位：中国建筑第八工程局有限公司

钢结构安装单位：江苏沪宁钢机股份有限公司

索结构施工单位：北京市建筑工程研究院有限责任公司

索 具 类 型：巨力索具·高钒拉索

竣 工 时 间：2017 年

1. 概况

枣庄市市民中心是枣庄市建市以来最大的公共服务设施，位于新城金沙江路以南、长江路以北、黄山路和庐山路之间，濒临京沪高铁枣庄站，项目总占地约 785 亩。体育场馆的建筑设计融合了水乡、运河文化特色，成为当地的标志性建筑，彰显了传统与当代并容的山水文化（图 2.3-1）。其中体育场建筑面积约 54000m²，固定座位数 25000 个，临时座位 5000 个，体育场平面尺寸为 260m×238m，呈椭圆形布置。体育场由看台结构、外围拉花结构和屋盖结构组成，屋盖结构由支撑结构、受压钢环梁和索膜结构构成。

图 2.3-1 枣庄市市民中心体育场

2. 索结构体系

屋盖索膜结构形式为双层马鞍形索网结构，最大高度 39m，高点和低点高差约 4.3m，悬挑长度约 43m。整个索系由中间上/下环索通过上/下径向索与外围压环形成张拉整体结构，上下环索各有 48 个索夹与径向索相连，上环索每个索夹与两个斜向的径向索相连接，每根上径向索与另外 5 根上径向索编织成网状，总计 96 根上径向索双向交叉编织成索网体系，下径向索由 48 根拉索沿径向轴线布置（图 2.3-2）。上下环索之间由受压飞柱相连接，为了最大限度地保证马鞍形高差，飞柱之间设置斜拉索。该体育场是国际首个上径索斜交的超大跨悬索结构（图 2.3-3）。

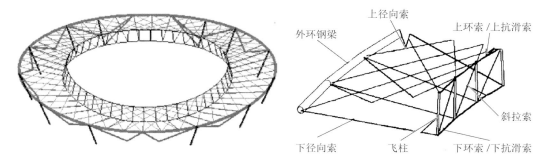

图 2.3-2 索网屋盖结构体系示意

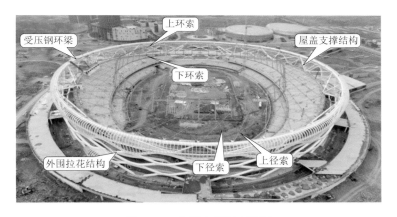

图 2.3-3 上径向索斜交索网

屋盖结构索系中环索采用进口全封闭索,其余拉索为国产高钒索,规格及数量列于表 2.3-1。

主要拉索规格与数量 表 2.3-1

位置	规格	单根长度/m	数量/根
上径索	ϕ98	69	96
下径索	ϕ98	44	48
上环索	6ϕ85	462	8
上环抗滑移索	ϕ68	11.5	48
下环索	6ϕ95	487	8
下环抗滑移索	ϕ68	11.5	48
内环斜拉索	ϕ88	17.23	48

3. 索结构施工

枣庄市市民中心体育场屋盖采用全新索结构体系，不同于国内同类型辐射布置索桁架结构，其上径向索采用斜向交叉索网，内环索上、下环之间设置斜拉索，使铸钢节点产生较大的不平衡力，对环索索夹抗滑移性能提出较高要求，增加了施工难度。针对索系施工方案的探讨与分析，研究索整体张拉、下料精度控制、索夹抗滑移措施等关键技术，选择最优方案，并成功用于该项目。

1）施工总体安装步骤

整个索系的安装采用地面组装，整体提升的思路。总体安装步骤为：铺放下环索和下径向索→铺放上环索和上径向索→张拉上径向索使上环索离开胎架→张拉上径向索使上环索离开胎架 14m，安装飞柱→张拉上径向索使下环索离开胎架 0.5m，安装飞柱斜杆→张拉下径向索使下环索离开胎架 0.5m，安装飞柱斜杆→张拉下径向索使上环索与环梁等高→张拉上径向索就位→张拉第 1 组下径向索就位→张拉第 2 组下径向索就位。

2）施工过程图示（图 2.3-4～图 2.3-13）

图 2.3-4　步骤 1：铺放下环索和下径向索

图 2.3-5　步骤 2：铺放上环索和上径向索

图 2.3-6　步骤 3：张拉上径向索使上环索离开胎架

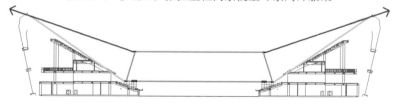

图 2.3-7　步骤 4：张拉上径向索使上环索离开胎架 14m，安装飞柱

图 2.3-8　步骤 5：张拉上径向索，使下环索离开胎架 0.5m

图 2.3-9　步骤 6：张拉下径向索，使下环索离开胎架 0.5m，安装飞柱斜索

图 2.3-10　步骤 7：张拉下径向索，使上环索与环梁等高

图 2.3-11　步骤 8：张拉上径向索就位

图 2.3-12　步骤 9：张拉第 1 组下径向索就位

图 2.3-13　步骤 10：张拉第 2 组下径向索就位

其中下径向索提升张拉就位分两组，每组 24 根拉索，如图 2.3-14 所示。

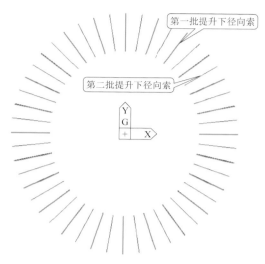

图 2.3-14　下径向索分组示意图

3）索施工关键技术

采用大型通用有限元分析软件 ANSYS 对整个拉索施工过程进行初步施工全过程仿真分析，按照施工顺序对每个施工工序进行仿真计算，得到各状态拉索索力、结构位移、提升钢绞线长度，以保证施工质量和施工过程安全。

为解决索夹抗滑问题，对索夹进行创新性设计，同时进行单索索夹抗滑试验、整体索夹抗滑试验。由试验结果可知，单索索夹抗滑能力达 500kN 以上，整体索夹抗滑能力达到设计要求。

工程张拉点较多，张拉力很大，对提升过程的要求高，合理的提升工装既可保证提升过程的安全，也会提高施工效率，保证施工质量并节约施工造价。根据类似工程施工经验，设计适合该工程的工装形式，综合考虑工装受力要求和构造要求，做到工装有足够的受力储备，结构形式轻巧，易安装和拆卸。对每种工装均采用三维建模，并进行有限元受力分析，确保有足够的荷载储备系数。

4. 工程图片

图 2.3-15　索网就位局部

图 2.3-16 索网提升就位全景

图 2.3-17 索网张拉成形

参考文献

[1] 曹国宗. 枣庄市市民中心体育场索结构工程施工技术[J]. 施工技术, 2020, 49(8): 52-55.

撰稿人: 北京市建筑工程研究院有限责任公司　鲍　敏　王泽强

2.4 郑州市奥林匹克中心体育场罩棚——索承网格结构

设　计　单　位：中建西南建筑设计研究院
总　包　单　位：中建八局建设集团有限公司
钢结构安装单位：中建科工集团有限公司、浙江东南网架股份有限公司
索结构施工单位：南京东大现代预应力工程有限责任公司
索　具　类　型：坚宜佳·高钒镀层密封索
竣　工　时　间：2017 年

1. 概况

郑州市奥林匹克体育中心体育场方圆中正的建筑形体充分结合了赛事功能需求与结构特点。场馆外立面采用折线形肌理，虚实结合，在南北两端形成标志性开口，打通南北视线通廊，在平时作为内场遥望城市景色的取景框，将城市景色引入体育场；在赛时则可作为临时座席的搭建场地，进一步扩充体育场观众容量（图 2.4-1）。体育场为 6 万座席（5 万固定座席 + 1 万临时座席）大型甲级综合体育场，总建筑面积约 21.9 万 m²，建筑总高度54.39m。罩棚创新地采用"三角形巨型桁架 + 立面桁架 + 网架 + 大开口车辐式索承网格结构"的组合结构体系，最大悬挑长度 54.1m，为目前全球最大悬挑罩棚。该工程造型新颖，结构复杂，工程体量大，多项参数创国内之最，如：82m 跨度弧形上人连廊、130mm 直径密封拉索、6t 单体索夹均属国内最大。

图 2.4-1　郑州市奥林匹克中心体育场

2. 索结构体系

1）结构整体概况

郑州市奥林匹克中心体育场结构体系由上弦网格结构、内环悬挑网格结构、内环桁架、

下弦索杆四部分组成（图 2.4-2），具有能发挥结构力学作用的优势：①体系优：结构由强度控制而非稳定控制；②效率高：屋盖结构做到自平衡，减小了对支座边界的依赖性；③系统优：充分发挥高强材料的优势，减少用材量；④绿色节材的优势。

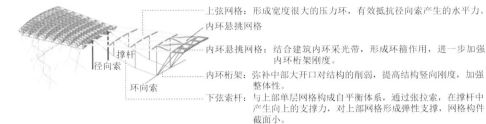

上弦网格：形成宽度很大的压力环，有效抵抗径向索产生的水平力。

内环悬挑网格

内环悬挑网格：结合建筑内环采光带，形成环箍作用，进一步加强内环桁架刚度。

内环桁架：弥补中部大开口对结构的削弱，提高结构竖向刚度，加强整体性。

下弦索杆：与上部单层网格构成自平衡体系，通过张拉索，在撑杆中产生向上的支撑力，对上部网格形成弹性支撑，网格构件截面小。

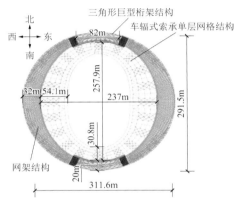

图 2.4-2　复杂边界超大跨径大开口索承网格结构体系

郑州奥林匹克中心体育场结构体系的受力机制为：上弦为刚性单层网格结构；通过张拉下弦拉索在撑杆中产生向上的支撑力，对上部单层网格结构形成弹性支撑，改善其受力状况；上弦单层网格结构本身形成一个宽度很大的压力环，且看台外部的网架及南北向三角形巨型空间桁架受力上成为环梁的一部分，进一步增大了网格的水平刚度，有效地抵抗径向索产生的水平力，结构为一自平衡体系；内环桁架为刚度很大的竖向立体桁架，弥补中部巨大开口对结构的削弱，提高结构的刚度，加强整体性；内环悬挑网格结构形成环箍效应，进一步提高结构的受力性能。该结构体系以张拉索杆为主要承重构件，充分发挥了拉索的高强材料特性，也大幅减小对主体结构的作用，可经济有效地跨越较大的跨度（图 2.4-3）。

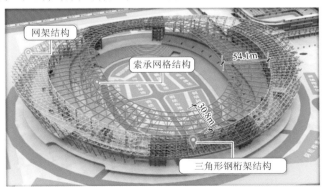

图 2.4-3　体育场钢结构组合体系图

2）结构重难点

①国内首次采用"大开口车辐式索承网格＋三角形巨型弧形桁架＋网架＋立面桁架"组合结构。

②悬挑长度54m的索承网格结构屋盖为世界最大；82m跨度弧形上人连廊、130mm直径密封拉索、6t单体索夹均属国内最大；一次整体提升质量达800t为国内之最。使得大直径柔性环索整体提升和超大跨径索承网格结构施工面临巨大挑战。

③工程结构体系活、受力复杂，施工过程中，各阶段不同工况情况下，其结构受力状态变化复杂，其体系面临多次内力重分布，结构"力"与建筑"形"双控难度大。

3）设计施工关键技术

针对本工程面临的设计施工难点，提出了一系列设计施工关键技术：

①超大跨径复杂边界大开口索承网格结构设计技术

提出了适用于复杂边界的超大跨径大开口索承网格结构体系，具有体系优、效率高、系统优、绿色双碳、节材环保的优势；建立了超大跨径大开口索承网格结构设计方法，探究了各部分的刚度贡献，通过性态研究获得最优的结构体系；发展了现有刚柔杂交结构的找形理论；发明了适合复杂边界大开口索承网格结构的找形方法。

研究巨型大跨度弧形桁架作为大开口索承网格的边界支承结构，发展了其应用范围，研究巨型弧形桁架竖向、水平刚度的敏感度，实现了水平跨越并作为屋盖索承网格结构的竖向支承，拓展了大开口索承网格结构在平面、立面双重复杂边界条件下的应用范围。

②超大跨径复杂边界索承网格结构施工关键技术

研发了"竖向提升、限位斜拉"的大型柔性环索整体提升技术，实现了重量800t、周长420m环索的整体提升及安装。创新地提出了"径向索张拉＋端部顶撑"的索承网格结构预应力综合建力法，实现了42台千斤顶一次同步顶撑6500t索承网格结构；研发了"伸缩套筒＋补装段"的可转V形斜撑，实现了结构内力、位移与设计目标态吻合。

研发了索夹拉索抗滑移性能试验方法，实现了试验工况与实际施工和使用状态的一致性，揭示了索夹抗滑性能的机理，优化了索夹的安装工艺参数，保证了长期使用阶段的索夹抗滑性能。

开发了索承网格结构施工全过程仿真模拟分析系统，建立了完整的"硬件开发—系统集成—并行采集—损伤识别—安全评价"结构健康监测体系，实现了对施工期和使用期结构安全状态实时监控。

3. 索结构施工

该工程使用了多种创新技术最终达到了良好的施工效果。

1）大直径柔性索体整体提升技术

针对柔性索体提升过程中与马道吊盘和支撑胎架的干涉碰撞问题，研发了"竖向提升、限位斜拉"的大直径柔性索体整体提升技术，设置双垂直提升点位消除马道吊盘影响，通过模拟仿真优化确定外张式水平约束点和水平牵引力，确保环索提升平稳，实现了柔性大直径索体的整体安全提升及安装。

2）索承空间网格结构预应力综合建力方法

为缩小撑杆高度避免影响观众视线，同时保证屋盖结构形态，设置V形支撑（图2.4-4），形成了稳定的立体内环刚性桁架结构，传统方法无法直接张拉成形。

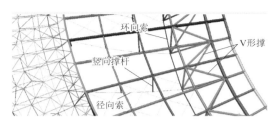

图 2.4-4 V 形撑示意图

针对无张拉设备满足初始态 1500t 索力的环索和最高 18m 竖直撑杆顶升失稳难题，创新地提出了"径向索张拉 + 端部顶撑"的预应力综合建力法（图 2.4-5），通过先径向索分批分级同步张拉，共分 2 批、6 级（预紧 10%→30%→50%→70%→90%→100%）循环张拉，实现结构内力、位移与成形态的目标吻合（图 2.4-6）。

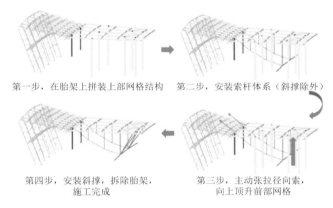

第一步，在胎架上拼装上部网格结构　　第二步，安装索杆体系（斜撑除外）

第四步，安装斜撑，拆除胎架，　　　第三步，主动张拉径向索，
施工完成　　　　　　　　　　　向上顶升前部网格

图 2.4-5 索承网格结构张拉施工过程

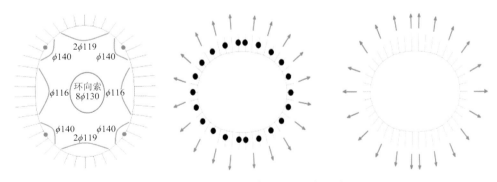

图 2.4-6 索承网格结构分级张拉顺序

3）环桁带 V 形斜撑顶撑施工技术

针对"径向索张拉 + 端部顶撑"的预应力综合建力法，端部顶撑网格时 V 形支撑需具有可调功能，发明了伸缩套筒 + 补装段的可调 V 形支撑，具有"可伸缩、可转动"的特点，研发了"环桁带 V 形斜撑同步顶撑施工技术"，即通过液压控制系统同步顶撑上部网格结构，42 台千斤顶一次同步顶撑网格重量达 6500t，为国内首次应用，通过"顶撑找形"的

施工方法，以"形控为主、力控为辅"为原则，利用胎架作为反力架同步顶撑上部网格结构至设计位置，再焊接补装段固定 V 形支撑，实现了稳定的屋盖结构，达成了屋盖的目标形态，克服了传统工艺结构"建力"与建筑"找形"难以两全的难题。

4）大开口（82m）空中连廊罩棚支撑结构设计与施工一体化技术

结合建筑造型和功能的特点，结构设计在体育场南北两侧创造性地采用了巨型桁架结构跨越大开口（82m 宽）的建筑空间，既满足了空中连廊内部大空间建筑使用功能和观景要求，还作为体育场屋盖索承网格结构的支承构件，确保了整体张拉式的屋盖索杆结构体系的实现，用合理的结构成就建筑之美。

创新采用了基于液压整体同步提升设计与施工一体化技术，分析提升过程中对结构性能的影响，合理优化设计杆件和提升吊点位置，实现了大跨偏心三角形巨型桁架顺利安装。

4. 工程图片

图 2.4-7　马道吊盘

图 2.4-8　双垂直吊点及限位斜拉

图 2.4-9　提升过程

图 2.4-10　提升就位

图 2.4-11　V 形斜撑节点成形

图 2.4-12　索承网格张拉完成

图 2.4-13 三角桁架整体提升完成

图 2.4-14 郑州市奥林匹克中心体育场内景

参考文献

[1] 张旻权. 内压环索承网格结构施工精细化分析及索夹抗滑试验[D]. 南京: 东南大学, 2020.

[2] 张旻权, 罗斌. 内压力环索承网格结构环索提升分析[J]. 施工技术, 2020, 49(2): 17-20.

[3] 冯远, 向新岸, 王立维, 等. 郑州奥体中心体育场钢结构设计研究[J]. 建筑结构学报, 2020, 41(5): 11-22.

撰稿人： 东南大学 罗 斌

2.5 卡塔尔教育城体育场罩棚——索承网格结构

设　计　单　位：BURO HAPPOLD ENGINEERING
总　包　单　位：上海建工集团有限公司
钢结构安装单位：上海共赢钢结构有限公司
索结构施工单位：南京东大现代预应力工程有限责任公司
索　具　类　型：浦江缆索·PE钢丝束索
竣　工　时　间：2018年

1. 概况

卡塔尔教育城体育场是卡塔尔2022年第一个获得全球可持续发展评估系统（GSAS）五星级设计和建造评级的比赛场馆。其设计极具伊斯兰建筑风格，内部使用了环境友好型材料和节能的LED照明系统。建筑灵感源自"钻石"，采用了镶嵌细工的几何立面，照射到阳光时颜色会发生改变，被誉为"沙漠钻石"（图2.5-1）。体育场内部由三层看台组成，可容纳40000名球迷同时进场观赛。卡塔尔教育城体育场屋盖平面投影为类椭圆形，南北方向约为225m，东西向约为196m，最大悬挑长度为55m。屋盖挑篷采用了索承网格结构。

图2.5-1 卡塔尔教育城体育场

2. 索结构体系

1）结构整体概况

根据建筑造型、空间使用功能和视觉美观要求，结合结构受力特点，体育场屋盖结构的挑篷采用了轮辐式索承网格结构，体育场结构的整体三维轴测图见图2.5-2。

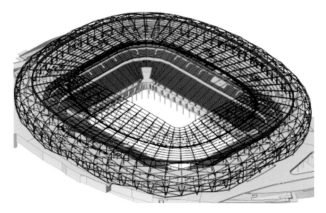

图 2.5-2 卡塔尔教育城体育场结构整体三维轴测图

卡塔尔教育城体育场的结构组成较清晰简单，可简要分为以下几个部分：结构柱，外压环梁，索杆系，上部主要钢构件，上部次要钢构件。索杆系由径向索、环向索、撑杆构成，其中径向索为一段直线布置，共有 56 榀；环索成空间曲线，45°角处标高高于短轴和长轴处，平面投影成环形。通过在径向索和环索中施加预应力，平衡上部网格的重量。将原结构拆分显示，各部分的三维轴测示意图如图 2.5-3 所示。拉索规格见表 2.5-1。

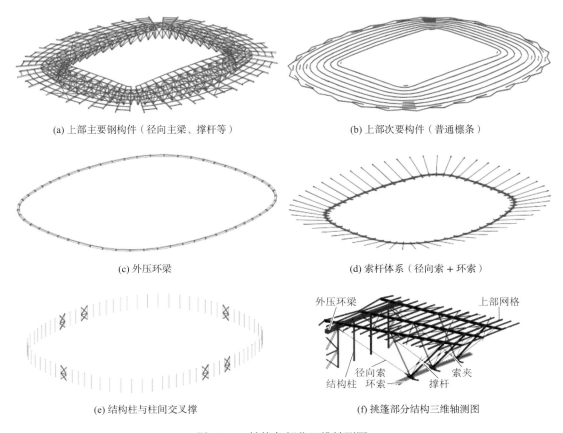

(a) 上部主要钢构件（径向主梁、撑杆等）　　　　(b) 上部次要构件（普通檩条）

(c) 外压环梁　　　　(d) 索杆体系（径向索 + 环索）

(e) 结构柱与柱间交叉撑　　　　(f) 挑篷部分结构三维轴测图

图 2.5-3 结构各部分三维轴测图

拉索规格 表 2.5-1

结构索	规格	索截面/mm²	索线重/（kg/m）
环索	8D110	67680（8 根索）	544（8 根索）
径向索	D75	3890	31.3
	D80	4420	35.5
	D90	5600	45
	D115	9280	74.5
	D135	12920	104

2）结构设计与施工的主要创新技术

①索网的牵引提升以及工装下拉索的张拉

在索网牵引提升时，结构仅包含钢立柱、外压环梁以及索网。在牵引张拉之前，拉索处于松弛状态，不具备结构刚度，存在超大机构位移和拉索松弛。施工阶段静力平衡态下的索杆系位形与结构成形状态的差异大。另外，由于柔性拉索仅能受拉，不能受压和受弯，因此施工过程中部分或者全部拉索还会处于松弛状态，由于存在超大位移且包含机构位移和拉索松弛，采用针对常规结构的线性静力有限元分析已无法实现。

该工程仿真分析采用确定索杆系静力平衡态的非线性动力有限元法。该方法基于非线性动力有限元，通过虚拟动力过程获得动能峰值点来更新位形，经多次迭代达到静力平衡。通过建立结构整体非线性有限元运动方程，结构整体同时振动，动能峰值具有结构整体性，分析稳定，并通过系列措施可提高其分析效率，最终实现了对索网的牵引提升以及工装下拉索的张拉的精确有限元分析。

②结构的外压环梁零状态安装位形分析

卡塔尔教育城体育场对施工的精度要求很高，为了达到较高的施工精度，需要确定合理的误差控制目标，否则，不仅设计成形的目标难以实现，甚至可能会存在安全隐患。

该工程通过独立误差和耦合误差的影响分析，确定施工误差的控制指标。

结构外压环梁需要建立预压应力，因此，钢结构的安装位形并不等同于设计初始位形，需要进行零状态安装位形分析。分析中，柱间交叉撑的存在会影响结构的变形，进而影响零状态安装位形，工程对比分析了柱间交叉撑和横撑先装、后装两种情况，最终确定正确的安装顺序。

③安装并张拉下拉索时的外压环梁稳定性

屋盖钢构安装前，结构构成只有外压环梁、结构柱，后续提升索网和张拉工装下拉索。另外，结构柱的上下端均为铰接。因此，此时的结构稳定性较弱，在施工中为了保证结构安全，需要对结构做额外加强，于是，建立四种分析模型，确定了合适的结构加强方式。

最终通过实现了无支架施工，显著改善了工作条件，加快工程进度，节省支架的费用。

3. 索结构施工

该工程结合索承网格结构的受力特点以及卡塔尔教育城体育场的现场施工条件，采取无支架施工方案，这不同于传统胎架施工方法，不仅对结构设计要求高，还要求有对应的施工流程，这对施工过程计算分析的要求也高。

施工的总体思路为：首先，安装钢立柱以及外压环梁；接着，将径向索以及环索在看台上铺展开并安装索夹；然后，牵引径向索，将索网提升至高空，并将径向索与外压环梁连接；之后，在环索索夹节点上安装工装下拉索，并与地面连接，并将索夹向下拉至设计标高；接着，开始原位吊装网格结构分块（含撑杆），同时调整工装下拉索索力，使环索索夹节点保持在设计标高；待屋盖网格结构吊装完成，卸除工装下拉索；最后，安装屋面、马道等（图 2.5-4）。

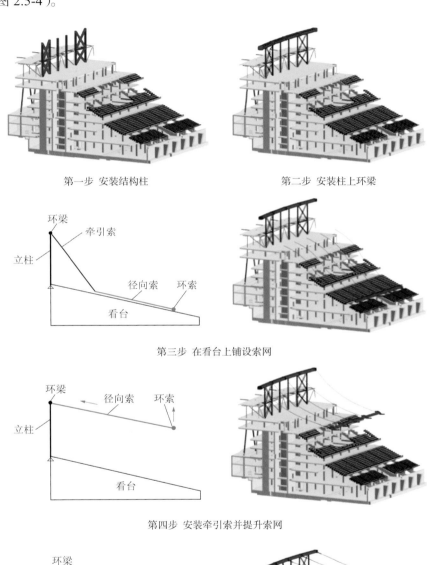

第一步 安装结构柱　　　　　　　　　　第二步 安装柱上环梁

第三步 在看台上铺设索网

第四步 安装牵引索并提升索网

第五步 安装并张拉工装下拉索，使得环索节点处于设计标高（即竖向位移为 0）

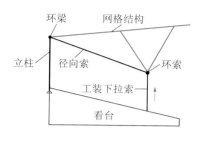

第六步 安装上部钢结构与屋面，同时调整下拉索，使得环索节点处于设计标高（竖向位移为 0）

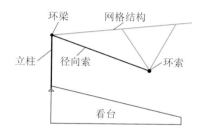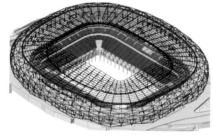

第七步 卸除下拉索，结构成形

图 2.5-4 施工步骤示意图

4. 工程图片

图 2.5-5 外置压力环梁安装

图 2.5-6 环索和径向索铺设

图 2.5-7 索网牵引提升

图 2.5-8 下拉工装索张拉

图 2.5-9 上层网格吊装（无支架）

图 2.5-10 屋面安装

图 2.5-11　体育场建成后外景

图 2.5-12　体育场建成后内景

参考文献

[1]　朱峰. 基于无支架施工的环形索承网格结构设计与施工一体化研究[D]. 南京: 东南大学, 2018.

[2]　顾浩. 环形索承网格结构的无支架施工关键技术研究[D]. 南京: 东南大学, 2019.

[3]　罗斌, 郭正兴, 高峰. 索穹顶无支架提升牵引施工技术及全过程分析[J]. 建筑结构学报, 2012, 33(5): 16-22.

撰稿人： 东南大学　罗　斌

2.6　海口五源河体育场罩棚——月牙形布置索桁架

设　计　单　位：上海联创设计集团股份有限公司
总　包　单　位：绿地控股集团有限公司
钢结构安装单位：浙江中南钢构有限公司
索结构施工单位：北京市建筑工程研究院有限责任公司
索　具　类　型：巨力索具·高钒拉索、密封索
竣　工　时　间：2018 年

1. 概况

五源河文化体育中心位于海口市中心组团和长流组团连接地带,用地面积287.7hm²,规划定位为甲级体育中心及文化休闲中心，能够承办国际单项比赛及国内大型比赛的竞赛基地。其中体育场建筑面积 6 万 m²,可容纳 4 万人,是中国最大的国际型体育场馆之一（图 2.6-1）。

海南独特的气候要求体育场结构可以抵御台风、地震、强降雨等多种极端天气状况，一座非对称半月形索膜屋面覆盖于西看台上方，整个屋面跨度 270m,深度 65m,面积超过10000m²。半透明的屋面膜材料为赛场内引入充足的自然光线。全张拉的屋盖由两条外侧抗压环和一条内抗拉环构成。

图 2.6-1　海口五源河体育场

2. 索结构体系

海口体育场罩棚工程的索结构体系由上径向索、下径向索、内环索以及上下径向索之

间的悬挂索组成，外环钢结构体系由上下压环梁和腹杆组成，剖面图及节点如图2.6-2所示。

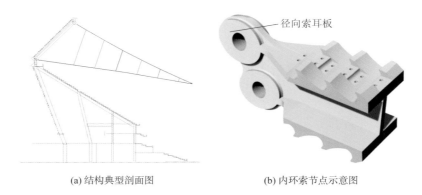

(a) 结构典型剖面图　　　　　　　(b) 内环索节点示意图

图 2.6-2　体育场剖面图和节点图

3. 索结构施工

1）施工总体安装步骤

该工程屋面主受力构件为上下径向索、内环索及外环钢结构体系。整体施工过程如下：

①外环钢结构安装；

②将上下径向索、内环索在放索通道上展开，并安装相关连接节点；

③安装内环索，将拉索锚固端与其连接节点相连；

④使用千斤顶同步提升上径向索，同时同步提升下径向索，根据提升高度安装悬挂索；

⑤使用张拉千斤顶将上径向索安装并张拉到位；

⑥使用张拉千斤顶将下径向索安装并张拉到位；

⑦安装屋面膜结构系统，施工完成。

2）索网安装过程

第1步：搭建内环索和径向索放索通道（图2.6-3）。

第2步：将内环索与径向索沿放索通道铺设，并安装内环相关节点（图2.6-4）。

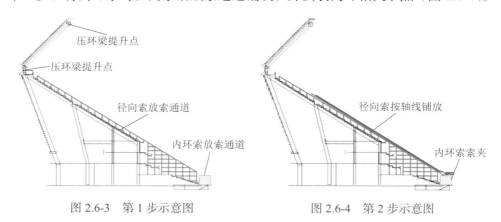

图 2.6-3　第1步示意图　　　　　　图 2.6-4　第2步示意图

第3步：安装牵引拉索，并逐步牵引上层径向索和下层径向索（图2.6-5）。

图 2.7-14　第 11 步安装吊索

4. 工程图片

图 2.7-15　张拉过程全景

图 2.7-16　张拉过程局部

图 2.7-17　索结构张拉成形局部

参考文献

[1]　吴小宾，陈强，周劲炜，等. 铜仁奥体中心体育场车辐式张拉索膜罩棚结构设计研究[J]. 建筑结构，2020, 50(19): 8-14.

撰稿人： 北京市建筑工程研究院有限责任公司　鲍　敏　王泽强

2.8　上海浦东足球场罩棚——中置压力环索承网格结构

设　计　单　位：上海建筑设计研究院有限公司

　　　　　　　　sbp 施莱希工程设计咨询有限公司

总　包　单　位：上海建工集团股份有限公司

钢结构安装单位：上海机械施工集团有限公司

索结构施工单位：南京东大现代预应力工程有限责任公司

索　具　类　型：巨力索具、瑞士法策·高钒镀层密封索

竣　工　时　间：2020 年

1. 概况

上海浦东足球场项目位于上海市浦东新区，锦绣东路以南，规划金滇路以东，金葵路以北，规划金湘路以西。项目总建筑面积 135511m²，其中地上建筑面积 60726m²，地下建筑面积 74785m²，固定座席 33765 个，定位是能够满足 FIFA 国际 A 级比赛要求的专业足球场。其造型概念来源于中国传统的瓷器，上层网格采用白色金属外面板，内悬挑网格采用透明材料，保证场内部日照充足（图 2.8-1）。上海浦东足球场屋盖平面短轴向约为 173m，长轴向约为 211mm，看台罩棚短轴向悬挑长度为 50.0m，长轴向悬挑长度为 48.3m。屋盖内部挑棚采用中置压力环索承网格结构。

图 2.8-1　上海浦东足球场

2. 索结构体系

1）结构整体概况

根据看台的形式，屋盖钢结构和看台结构形成了轻微的马鞍形，高差为 2.5m。足球

场由地下室＋地上看台钢结构＋屋盖钢结构组成。地下室结构采用框架-剪力墙体系，地上足球场主体结构采用钢框架＋屈曲约束支撑体系。看台钢结构顶标高+21.015m，屋盖钢结构顶标高+37.900m，足球场的三维模型如图 2.8-2 所示，屋盖钢结构的主要尺寸如图 2.8-3 所示。

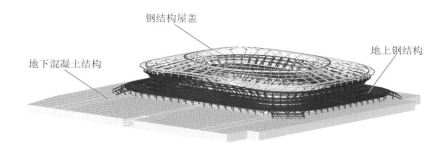

图 2.8-2　上海浦东足球场三维模型

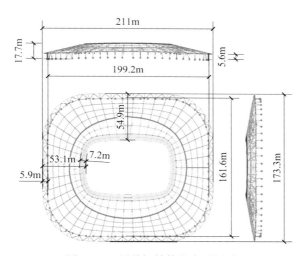

图 2.8-3　屋盖钢结构的主要尺寸

　　根据建筑造型、空间使用功能和视觉美观要求，体育场屋盖结构内部的挑篷采用了中置压力环索承网格结构，形成近 200m 的大跨度无柱空间。挑篷由立柱、中置压力环、上层网格和索杆系构成，其中索杆系包括径向索、环向索和 V 形撑。拉索由高强钢材制成，通过在索网中施加预应力，平衡上部网格的重量。径向索的水平力由内压力环平衡，从而形成了预应力自平衡体系（图 2.8-4）。径向索为一段直线布置，共有 46 榀；环索成空间曲线，45°角处标高最高，平面投影成环形。

　　图 2.8-5 为屋盖结构组成，主要由屋面板、屋面支撑、上弦钢结构、V 形飞柱、下弦索网、柱及抗侧力支撑组成。通过 V 形飞柱将上层刚性钢结构和下层柔性索网体系连接成为一个水平及竖向刚度均匀分布、刚度较好的轮辐式结构，并通过下部支承柱及抗侧力支撑将竖向荷载和水平荷载传递到下部结构。

　　屋盖结构体系的受力原理是由自行车轮受力体系发展而来的高效自锚式预应力钢结构体系。刚度较大的受压外环，通过沿径向布置的拉索连到中心受拉内环索，径向索的张拉力与外环的压力平衡，整个结构属于自平衡受力体系（图 2.8-6）。该结构形式简洁、轻盈，传力明确，具有空间张力感。既充分发挥了拉索高强度，又减小了挑篷网格截面，具有结构轻巧、节省钢材、建筑美观的优点。具体拉索材料和规格见表 2.8-1。

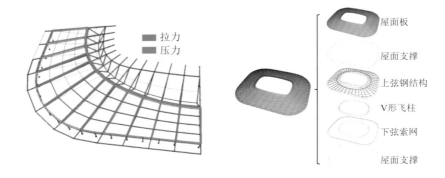

图 2.8-4　上海浦东足球场典型结构单元　　图 2.8-5　屋盖结构体系组成

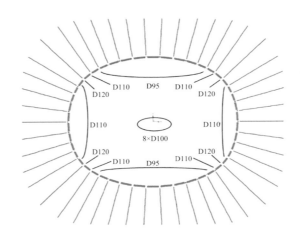

图 2.8-6　上海浦东足球场拉索平面布置图

拉索材料和规格　　　　　　　　　　　　　　　表 2.8-1

拉索	级别/MPa	规格	索体防护	锚具	连接件	破断力/kN
环索	1670	$8 \times \phi100$	GALFAN	热铸锚	叉耳式	8×10100
径向索	1670	$\phi110$	GALFAN	热铸锚	叉耳式	12200
	1670	$\phi120$	GALFAN	热铸锚	叉耳式	14500
	1670	$\phi95$	GALFAN	热铸锚	叉耳式	9110

2）结构重难点

该工程在设计和施工过程中存在以下问题：

①上海浦东足球场作为专业足球场不设田径跑道，其建筑与使用功能要求结构外形及内开孔均为矩形平面。若采用索承网格结构且设置外压环，由于结构存在直边段，此处曲率为0，

截面内力以弯矩为主，压力传递效率低。直边界与四个角部的曲率半径相差甚远，意味着角部径向索受力更不利。德国汉堡 Volkspark 体育场为解决此设计难题，在结构四个角部设置多根径向索来满足角部受力，但并没有从根本上解决直边界的不利影响（图 2.8-7 和图 2.8-8）。

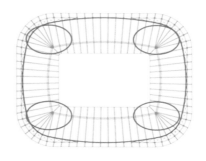

图 2.8-7　德国汉堡 Volkspark 体育场　　图 2.8-8　四个角部设置多根径向索

②内环索的索夹节点是轮辐式索网结构中最重要的节点，是保证径向索和环索共同工作的关键节点。铸钢材料有强度较低，脆性较为明显，且自重较大等缺点。

③影响索结构施工成形态的主要因素包括：零状态位形、施工过程及预应力。以往有关索结构的零状态找形分析、施工过程分析和成形态找力分析研究是分开独立进行的，而结构满足设计位形的预应力分布与前两者密切相关，为使结构成形态（内力和位形等）高精度地达到目标状态，需综合三者进行分析。

④上海浦东足球场屋盖结构，径向索预拉力水平分力主要由压力环承担，在施工过程中如何保证预拉力能够准确地传递给压力环，使得预应力分布能够与设计目标准确相符，是一个重难点。

⑤由于上海浦东足球场在拉索张拉时的结构为非完整结构，存在子结构稳定性的问题。

⑥对于中置压力环索承网格结构，首先与外置压力环结构体系相同，"在多圈支撑架上先安装全部上部网格，后张拉拉索"的施工方法会带来结构预应力流分布与设计不符的问题；其次，多圈支撑架也会阻碍结构索网的牵引提升。

针对本工程的上述关键问题，系统深入地研究了结构体系、索夹节点、施工等创新技术，形成大跨度中置压环索承结构体系的设计应用和关键技术研究。

①为缓解结构边界带来的传力效率的不利影响，相比常规索承网格结构，上海浦东足球场挑篷结构的设计思路具有明显的创新性：将一般放置在柱顶的压力环向内移到了 V 形撑上，成为空间的曲线中压环，巧妙地适应了直线形建筑轮廓，大大改善了结构性能。为索承网格结构增添了活力，扩大了索承网格结构的应用范围。在结构内外轮廓之间设置一个曲率较大的椭圆形中置压力环，同时在径向桁架的下弦设置径向索以及与压力环几何相似的下拉环，从而拉环和压环平面形状不受外廓直边的约束，而形成有效受力的"环"，从而改善了大开孔矩形结构的预应力形态（图 2.8-9）。

②为减少铸钢重量，优化节点受力性能，降低造价，该工程的索夹有所创新。新型索夹主要由中间耳板、加强耳板以及铸钢板组成，中间耳板经加强耳板补强后（加强耳板位于中间耳板两侧，通过角焊缝连接），再将铸钢板与耳板焊接形成整体。其中，焊缝形成 U

形卡槽，加强二者之间的机械连接强度，U 形焊缝长度更长，焊缝强度更高。可延缓焊缝位置率先破坏的趋势，增强索夹可靠性。索夹构造如图 2.8-10 所示。

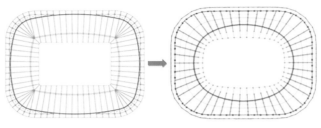

直边界：内力弯矩为主，压力传递效率低；
结构角部设多根径向索：未能从根本上解决直边界的不利影响

中置压力环：将一般性放置在柱顶的压力环内移至 V 形撑上，成为空间的曲线内压环，巧妙地适应了直线形建筑轮廓

图 2.8-9 创新的中置压力环索承网格结构

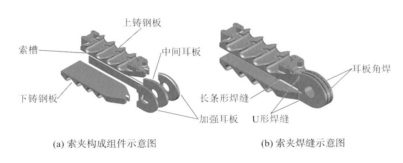

(a) 索夹构成组件示意图   (b) 索夹焊缝示意图

图 2.8-10 索夹构造示意图

③上海浦东足球场运用了"基于全结构施工过程的整体自平衡预应力找力分析方法"，对整体结构进行施工全过程找力分析，得到满足施工要求的结构零状态和施工全过程分析结果。

④预应力建立的力流控制技术首先将全结构划分为张拉子结构与后装构件，张拉子结构通常只包含压力环、拉索等预应力构件和少量普通构件，其中预应力构件通过零状态找形分析确定加工制作和安装位形，对于张拉子结构中影响预应力流的普通构件通过端部释放或设置合拢段等措施，避免索张拉时预应力传递至普通构件上，保证了子结构中预应力分布明确，便于在索张拉子结构施工中按照设计目标实现预应力流的精准控制。而后装构件安装时，可采用下拉索或拉压支撑架保证安装位置的准确性。上海浦东足球场中置压力环索承网格结构的张拉子结构和后装构件的划分见图 2.8-11。

张拉子结构
（立柱、径向主梁、中压环、圈梁、外肢撑杆、径向索、环索和临时柱间撑）

后装构件
（圈梁合拢段、径向悬挑梁、内肢撑杆等）

完整结构
（卸除临时柱间支撑）

图 2.8-11 创新的中置压力环索承网格结构

⑤提出"以确保预应力流为优先，控制张拉子结构稳定性的原则"，即：张拉子结构中的结构构件和增设的临时稳定措施，应不影响预应力流传递且不阻碍子结构张拉应有的变形。根据该原则，通过特征值稳定分析和几何非线性稳定分析，优化结构构件的安装时机和临时稳定措施的布设方案，实现理想预应力形态的同时保证结构稳定性。

⑥提出了"基于拉压控制支架的中置压力环索承网格结构建造技术"：中置压力环和径向主梁在可调控拉压的支架上拼装并安装圈梁，除中置压力环封闭成环外其他圈梁均对称设置合拢段；地面组装提升环索与外撑杆连接后，空中牵引同步张拉径向索，并通过张拉支架中的工装索维持中置压力环标高不变；然后在设计标高安装圈梁合拢段构件和悬挑段构件，最后通过释放支架中的工装索实现支架卸载。其中竖向拉压控制支架采用可水平滑动的上部转换钢架支撑中置压力环，通过穿心式千斤顶、钢绞线、锚具等与压环梁销轴连接，形成外压立杆内拉索的集成化配置。

3. 索结构施工

上海浦东足球场为国内首例采用中置压力环索承网格结构的大型体育场，其结构形式新颖、空间规模大、索段数量多、索力大。根据工程特点和现场条件，采取的总体施工步骤示意见图 2.8-12。

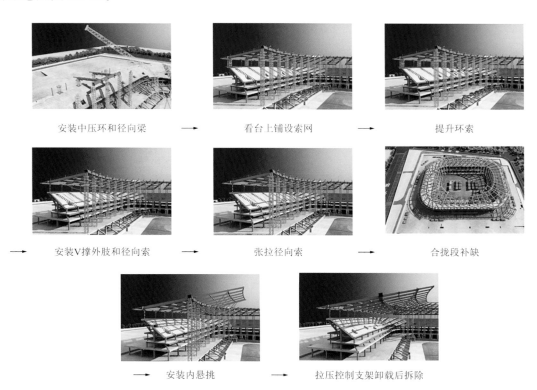

安装中压环和径向梁 → 看台上铺设索网 → 提升环索

→ 安装V撑外肢和径向索 → 张拉径向索 → 合拢段补缺

→ 安装内悬挑 → 拉压控制支架卸载后拆除

图 2.8-12 上海浦东足球场总体施工步骤示意图

在胎架上安装压环梁及其外侧圈梁时预留八个合拢段，合拢段平面布置示意见图2.8-13。该施工方法有以下优点：

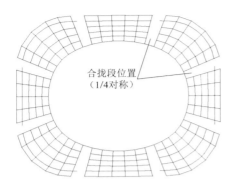

图 2.8-13　上海浦东足球场结构合拢段（8 个）
布置示意图

①将胎架锚固在地面上，使其既可受压也可受拉，有利于拉索张拉时压环梁的标高控制和后续施工的精度控制；同时在胎架顶端设有水平滑移装置，使胎架不会限制上部网格结构的水平位移，避免了施工过程中中置压环受力过大的情况。

②通过设置均匀分布的 8 个合拢段并在拉索张拉后安装，使拉索拉力主要由中置压环平衡，有利于减少圈梁的受力，建立有效的预应力自平衡三角区。

③先安装屋面系统，后卸除胎架，有利于减少胎架在卸除时的拉力和胎架卸除后结构的变形。

总之，该施工方法符合中置压环索承网格结构的力学特性，且有利于高效和高精度的施工成形。

4. 工程图片

图 2.8-14　压力环预拼装

图 2.8-15　在拉压支撑架上安装中置压力环和径向梁

图 2.8-16 环索铺设和提升

图 2.8-17 径向索张拉（圈梁设预应力隔断措施）

图 2.8-18 上海浦东足球场外景　　　图 2.8-19 上海浦东足球场内景

参考文献

[1] 刘海霞. 内置压力环索承网格结构的力学性能及施工全过程分析研究[D]. 南京: 东南大学, 2020.

[2] 张旻权. 内压环索承网格结构施工精细化分析及索夹抗滑试验[D]. 南京: 东南大学, 2020.

撰稿人： 上海建筑设计研究院有限公司　　徐晓明　史炜洲
东南大学　　　　　　　　　　　罗　斌　阮杨捷

2.9 成都凤凰山足球场罩棚——刚性内拉环索穹顶

设　计　单　位：中建西南建筑设计研究院
总　包　单　位：中建八局建设集团有限公司
钢结构安装单位：浙江精工钢结构有限公司
索结构施工单位：南京东大现代预应力工程有限责任公司
索　具　类　型：巨力索具、贵绳股份·高钒镀层密封索
竣　工　时　间：2020 年

1. 概况

　　成都凤凰山足球场背景如同调色盘一般的，造型出色，独树一帜。建筑面积约 13 万 m²，是一座满足 FIFA 标准、有 6 万个座位的专业足球场，是 2023 年亚洲杯成都赛区的主场馆。

　　该工程结构平面为类椭圆，南北向长轴直径 279m，东西向短轴直径 234m，结构关于长轴对称，北高南低，屋盖罩棚最大悬挑长度 64m，最小悬挑长度 55m。罩棚体系是由索杆系、外压环梁、刚性内拉环桁架组成的国际首例环形刚性内拉环索穹顶结构。索穹顶区域屋面采用单层索网支承的 ETFE 膜结构，透光性良好，总面积 25000m²，透光率高达 40%，拉索与屋面膜结构相得益彰，充分体现了结构之美与建筑之美（图 2.9-1）。

图 2.9-1　成都凤凰山足球场

2. 索结构体系

1）结构整体概况

成都凤凰山足球场屋盖由 3 部分组成（图 2.9-2 和图 2.9-3），分别为：

①足球场内部看台罩棚采用环形刚性内拉环索穹顶结构，Levy 型网格，两环环索，其中内拉环为三角立体桁架；

②足球场外部屋盖采用双层正放四角锥形成的网架，该区域采用焊接球节点连接；

③足球场结构外立面采用实腹式钢柱与钢梁结构。

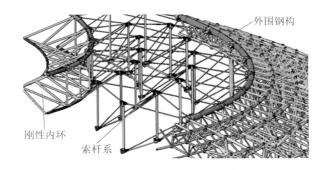

图 2.9-2　足球场结构三维示意图

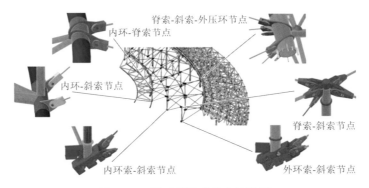

图 2.9-3　足球场拉索节点构造图

索穹顶外连钢压环与内置钢拉环钢材材质为 Q420B；其余构件、球节点及连接板材质均为 Q345B。脊索、斜索和环向索均采用密封钢绞线索并采用锌-5%铝-混合稀土合金镀层进行防腐。索体弹性模量 1.60×10^5MPa，钢丝抗拉强度等级为 1570MPa；索头为热铸锚叉耳式连接件，索头承载能力应不低于索体承载力。拉索材料规格见表 2.9-1。

拉索材料规格表　　　　　　　　　　表 2.9-1

拉索	索体规格/mm	单根有效面积/mm²	单根最小破断力/kN	级别/MPa	备注
斜索	1×φ40	1096	1684	1570	国产密封索
	1×φ48	1578	2424		
	1×φ56	2148	3300		
	1×φ62	2633	4045		

拉索	索体规格/mm	单根有效面积/mm²	单根最小破断力/kN	级别/MPa	备注
斜索	1×φ70	3357	5158	1570	国产密封索
	1×φ78	4168	6404		
	1×φ84	4833	7425		
	1×φ92	5798	8908		
环索	4×φ125	10701	15800	1570	进口密封索
	2×φ115	9114	13400		
脊索	1×φ48	1578	2424	1570	国产密封索
	1×φ56	2148	3300		
	1×φ62	2633	4045		
	1×φ70	3357	5158		
	1×φ78	4168	6404		
	1×φ84	4833	7425		
	1×φ92	5798	8908		

2）结构设计重难点

①所有国内外已建的索穹顶结构均用于封闭屋盖的体育馆建筑中，成都凤凰山专业足球场首次将索穹顶结构用于非封闭的罩棚中。提出了大开口内环钢桁架索穹顶结构、建立了非对称大开口索穹顶结构的找力方法、研发了复杂边界条件大开口索穹顶的设计方法、发展了索穹顶结构的应用范围。项目通过在专业足球场屋盖中部大开口边缘位置设置内环钢桁架，弥补了由于大开口对索穹顶结构刚度与整体性的削弱，保证了张力结构的力系有效传递；通过采用葵花型布置索穹顶结构并经过找力分析及施加合理预应力，解决了由于结构不对称、整体结构斜置以及复杂边界导致的结构受力不均匀问题。

②成都凤凰山专业足球场屋面系统采用全国最大的单层索系支承 ETFE 膜结构。充分发挥了膜材轻质、跨度大的优点，不仅建筑效果通透，且大幅度减小了对主体结构的作用。同时，通过拉索在初应力状态下的抗扭转试验，采用单向链杆转动的穿心千斤顶试验设备，验证了主结构拉索构件解索的风险及拉索在初应力状态下的索夹抗滑移能力。实现了高支撑索膜分离的节点设计，突破了传统的索膜贴合设计，实现了建筑屋盖曲面自由光滑的造型要求。

3. 索结构施工

环形刚性内拉环索穹顶结构的力学性能目前尚缺少系统的理论分析，特别是在施工阶段分析及施工方法的创新研究目前尚无工程经验，由于内拉环的尺寸及刚度尤为特殊，在施工过程中需考虑其对施工过程产生的形态及内力的影响。借鉴索穹顶塔架提升索杆累积安装方法，该工程提出内环桁架竖向提升 + 索网斜向牵引提升交替施工方法，与索穹顶无支架提升牵引施工方法对比列于表 2.9-2。

施工方法	优点	缺点	适用范围
索穹顶无支架提升牵引	无需支架，仅需克服自重；低空组装，牵引力大；高空作业少，张拉效率高，过程位形稳定	设备工装多，需要二次转移张拉工装设备	内环尺寸小、重量轻
内环桁架竖向提升＋索网斜向牵引提升交替施工方法	牵引力小；减半设备工装，无需二次转移工装设备；施工效率高，节省工期	需搭设提升胎架	场地有搭设胎架空间

施工方法对比　　　　　　　　　　　　　　　表2.9-2

考虑索工装长度优化确定、内环桁架单侧牵引提升防扭转问题、脊索锚接时机优化三个关键问题，确定采用内环桁架竖向提升＋索网斜向牵引提升交替施工方法，开创性地采用牵引下层索网整体提升和张拉双层索网结构的施工方法，工装减量，无二次转移设备，施工高效，并能够解决内拉环桁架单侧偏心提升扭转控制，索网组装牵引提升中的位形控制，脊索锚接时机等关键问题。

内环桁架竖向提升＋索网斜向牵引提升交替施工方法总流程如下：

第1步，原位安装外压环，低空拼装内拉环、组装上层索网（图2.9-4a）；

第2步，交替提升内拉环和索网，累积组装撑杆和斜索（图2.9-4b）；

第3步，牵引力由上层索网转移至下层索网，牵引下层索网整体提升至上层索网的外端索头靠近外压环，将上层索网的外端索头与外压环锚接（图2.9-4c）；

第4步，张拉外斜索，与外压环锚接，提升架卸载，整体结构成形（图2.9-4d）。

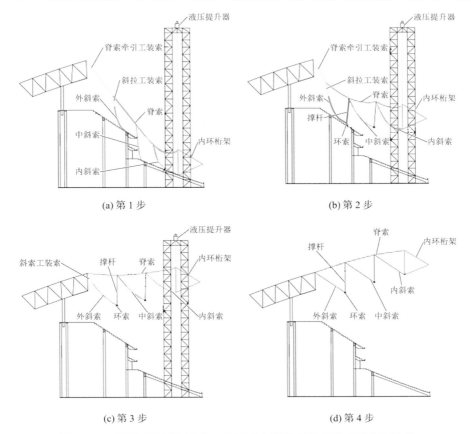

(a) 第1步　　　　　　　　　　　　　　(b) 第2步

(c) 第3步　　　　　　　　　　　　　　(d) 第4步

图2.9-4　内环桁架竖向提升＋索网斜向牵引提升交替施工方法示意

拉索详细施工步骤如下：

第 1 步组装上层索网，在原位安装外压环并在低空组装上层索网，在外压环上安装牵引设备和主牵引工装索，在主牵引工装索的中部安装前次工装锚具和前次反力工装，将上层索网外端索头与前次反力工装连接（图 2.9-5）；

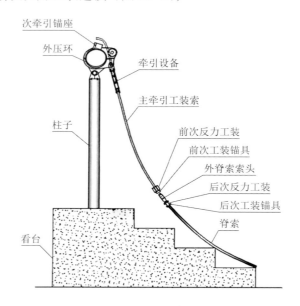

图 2.9-5　组装上层索网示意图

第 2 步组装撑杆和下部索网，随牵引设备工作，上层索网逐渐被提升，随之组装上层索网下方的撑杆和下层索网，主反力工装安装在下层索网的外端索头上，并在主反力工装上安装主工装锚具与主牵引工装索端连接（图 2.9-6）；

第 3 步为牵引力转移，牵引设备继续工作，主牵引工装索力由上层索网转移至下层索网，下层索网逐渐受力刚化，由悬吊转为托举状态，而上层索网逐渐减力软化（图 2.9-7）；

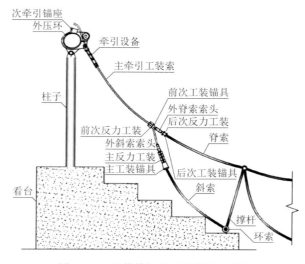

图 2.9-6　组装撑杆和下部索网示意图

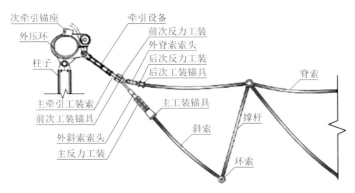

图 2.9-7　牵引力转移示意图

第 4 步牵引下层索网整体提升至上层索网的外端索头靠近外压环,牵引设备继续工作,下层索网托举撑杆和上层索网整体提升;待上层索网的外端索头靠近外压环,此时上层索网已处于松垂状态,将次牵引工装索与次牵引台座连接,然后卸除前次反力工装(图 2.9-8);

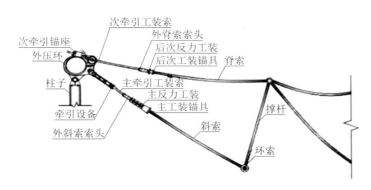

图 2.9-8　牵引下层索网整体提升示意图

第 5 步将上层索网的外端索头与外压环锚接,伴随牵引设备继续工作通过次牵引工装索将上层索网的外端索头与外压环锚接,然后卸除次牵引工装索、后次工装锚具和后次反力工装(图 2.9-9);

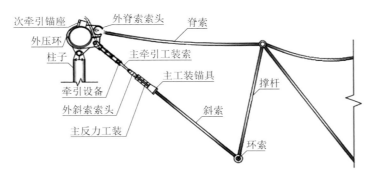

图 2.9-9　上层索网锚接示意图

第 6 步张拉下层索网整体成形,牵引设备继续工作,待下层索网的外端索头靠近外压环，此时整体结构被施加预应力，将外端索头与外压环锚接就位，结构施工成形，最后卸除主反力工装、主工装锚具、前次工装锚具、主牵引工装索和牵引设备（图 2.9-10）。

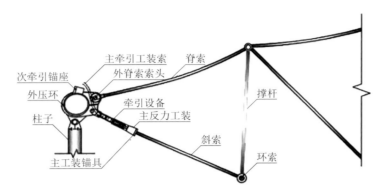

图 2.9-10　张拉下层索网示意图

4. 工程图片

图 2.9-11　工装索、上层索网、内圈撑杆安装完毕

图 2.9-12　安装外圈撑杆

图 2.9-13　下层索网托举至最外圈脊索接近外环梁，二者解扣

图 2.9-14　锚接上层索网

图 2.9-15 张拉下层索网至结构整体成形

图 2.9-16 索夹节点

图 2.9-17 结构整体成形

图 2.9-18 成都凤凰山足球场内景

撰稿人：东南大学 罗 斌

2.10 乐山奥体中心体育场罩棚——单双层组合索网

设　计　单　位：中建西南建筑设计研究院
总　包　单　位：中建三局建设集团有限公司
钢结构安装单位：中建三局第一建设有限公司
索结构施工单位：南京东大现代预应力工程有限责任公司
索　具　类　型：巨力索具、贵绳股份·高钒镀层密封索
竣　工　时　间：2020 年

1. 概况

乐山市奥林匹克中心位于市中区苏稽新区，包含"一场三馆"——体育场、体育馆、游泳馆、综合训练馆等，总占地面积约 339 亩，总建筑面积 20.78 万 m²。乐山奥体中心体育场造型新颖，创造性地打造辐射布置单、双层组合索网结构体系，兼具单层索网简洁通透的特点，以及双层索网承载能力强的优势，实现结构形式与建筑形态的完美契合（图 2.10-1）。体育场主体结构投影平面近似为椭圆形，南北向约为 244m，东西向约为 235m，索膜挑篷悬挑长度为 44m，上覆 PTFE 膜材。外圈为支撑索膜挑篷的外环受压桁架，宽 7~8m，西侧支承于看台支承柱，东侧支承于平台斜柱，柱脚支座均采用铰接。

图 2.10-1　乐山体育场

2. 索结构体系

体育场整体呈西高东低，西侧看台上方屋面较高，采用单层索网，并逐渐沿环向过渡

到东侧双层索网，如图 2.10-2 所示。

图 2.10-2 体育场剖面图（左西右东）

结构关于 X 轴上下对称，其中轴线 1～13 为双层索网区域，14～21 为单层索网区域，如图 2.10-3 所示。

该工程索网结构具有如下特点：

①辐射布置单双层混合索网结构形式创新，共单层 16 根径向索，双层 26 榀索桁架。

②拉索采用密封索，加工制作周期长。

③单层索网的环索由 6 根 D125 单索和 4 根 D115 单索构成，索夹要夹持 10 根两种规格的拉索。

④单层索网区域的径向索张拉力很大，其中 JXS-14/15/16/17 的索力达到 600t 以上。

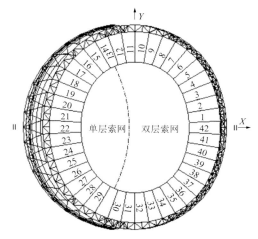

图 2.10-3 径向索编号图

⑤与单层索网相邻的双层索网的上、下层径向索之间的距离很小，撑杆难设置。

⑥单双层交界处环索索力不均匀，索夹两端索力差大，索夹抗滑承载力要求高。

钢柱和钢梁采用 Q355B，拉索节点耳板采用 Q390B。索夹铸钢件采用 G20Mn5QT，热处理后达到 Q355B 材料性能，同时满足《铸钢技术应用规程》CECS 235: 2008 的相关技术及加工要求。挑篷拉索采用优质镀层密封钢丝绳（简称密封索）。拉索材料和规格见表 2.10-1。

拉索材料和规格 表 2.10-1

	截面名称	截面规格/mm	索最小破断力/kN	公称金属横截面积/mm²
单层索网	环索	6 × D125 + 4 × D115	6 × 16700 + 4 × 14147	6 × 11000 + 4 × 9280
	径向索 A	2 × D110	2 × 12977	2 × 8460
	径向索 B	2 × D95	2 × 9701	2 × 6310
双层索网	上环索	4 × D115	4 × 14147	4 × 9280
	下环索	6 × D125	6 × 16700	6 × 11000
	上径向索	2 × D70	2 × 5201	2 × 3390
	下径向索 A	D130	17232	11900
	下径向索 B	D110	12977	8460
	内环撑杆 1	12 × D450	—	—
	内环撑杆 2	8 × D299	—	—
	内环撑杆 3	6 × D203	—	—
	内环撑杆 4	6 × D102	—	—
拱索		D26	660	429
膜边索		D36	1266	823

3. 索结构施工

该工程索网结构形式特殊，造型新颖，空间表现力良好，具有结构跨度大、索桁架数量多、拉索分段多、索力大、施工难的特点。

基于整体牵引提升张拉的思想，轮辐式双层索网的施工方法主要有张拉径向索、顶升撑杆、张拉环索三种思路。张拉径向索方案对牵引设备吨位需求大，优点在于操作比较简便；顶升撑杆和张拉环索方案对牵引设备需求小，但张拉设备加工复杂，张拉节点也需作特殊处理。

乐山奥体中心体育场挑篷为辐射布置单双层组合索网结构，不能照搬轮辐式双层索网或单层索网的施工经验，需结合该工程设计特点、成形态索力分布等寻求适合该结构的施工思路：

①针对该轮辐式单双层混合索网结构索力大、上下索头间距小的特点，确定了分批张拉锚固的总体思路；

②就最后批次锚固索的选择提出了三种方案进行优选，通过对比各方案最大锚固力及环索最大相邻索力差，确定了双层区域下径向索为最后批次锚固索的施工方案；

③针对索网提升过程中上下环索间距离不足无法安装撑杆的问题，提出采用起重机辅助提升安装撑杆的施工方法。

针对拉索施工全过程，拟定以下总体施工步骤：

1）索网施工前序工作步骤：

①外围支承钢结构在胎架上拼装合拢完成，外环受压桁架西侧支承于看台支承柱，东侧支承于平台斜柱；

②基于零状态位置安装滑动支座和索网外压环，支座处于径向临时固定状态；

③所有胎架卸载，环桁架下的胎架卸载后反顶接触（此时胎架不受力）。

2）索网施工具体步骤如下：

第一步，环索在场内地面矮支架上组装，径向索在看台上铺设后通过牵引索与外压环连接且预紧，安装与双层索网的牵引索 2 对应榀的撑杆（图 2.10-4a）；

第二步：牵引单层索网的单牵引索和双层索网的牵引索 2、上牵引索 1，将与牵引索 2 和上牵引索 1 对应的径向索与外压环锚接，上环索被提升至半空（图 2.10-4b）；

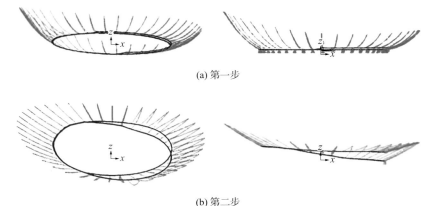

(a) 第一步

(b) 第二步

第三步：牵引双层索网的下牵引索 1，起重机辅助提升，逐步安装撑杆（图 2.10-4c）；

第四步：牵引单层索网的单牵引索，至单层径向索与外压环锚接（图 2.10-4d）；

第五步：牵引双层索网的下牵引索 1，与外压环锚接，结构成形（图 2.10-4e）。

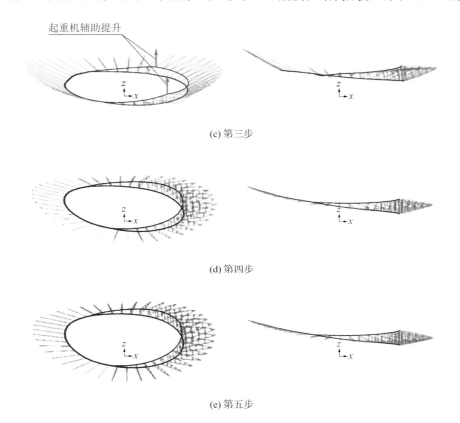

(c) 第三步

(d) 第四步

(e) 第五步

图 2.10-4　施工步骤示意图

4. 工程图片

(a) 径向索铺设在看台上

(b) 环索铺设在支架上

图 2.10-5　拉索开盘铺设现场

(a) 起重机辅助提升   (b) 单层径向索牵引提升

图 2.10-6　牵引提升现场

(a) 拉索张拉成形现场一   (b) 拉索张拉成形现场二

图 2.10-7　拉索张拉成形现场

图 2.10-8　体育场竣工内景

撰稿人： 东南大学　罗　斌

2.11　柬埔寨国家体育场罩棚——斜拉鱼腹式索桁架

设　计　单　位：中国中元国际工程有限公司
总　包　单　位：中国建筑股份有限公司
钢结构安装单位：中建八局集团有限公司
索结构施工单位：北京市建筑工程研究院有限责任公司
索　具　类　型：坚宜佳·高钒拉索
竣　工　时　间：2021 年

1. 概况

柬埔寨国家体育场位于柬埔寨首都金边市东郊规划的体育中心内，项目建设用地面积162200m²，总建筑面积约 82400m²，设计观众席 60000 座，是目前我国对外投资额最高、规模最大的体育场项目（图 2.11-1）。

体育场主体结构采用现浇混凝土结构，环梁中部高两端低，梁顶标高 26～39.9m，人字形索塔向场外倾斜，顶标高为 99m。屋盖采用新型的斜拉-索桁架结构体系。屋盖南北跨度 278m，东西跨度 270m，最大悬挑跨度 65m。屋盖内侧支撑于独立的环梁、斜柱结构上，并由南北两端人字形索塔通过斜拉索吊起，与斜拉索相对应的索塔外侧从索塔顶部向地面设后背索。

图 2.11-1　柬埔寨国家体育场

2. 索结构体系

柬埔寨国家体育场采用新型的斜拉-索桁架结构屋盖体系，将全柔性鱼腹式索桁架与斜拉索相结合，边界条件采用现浇混凝土的结构体系国内外未见先例。结构传力复杂，施工经验不足，施工控制难度大，从节点深化设计、施工方案制定到现场实施，都具有较高的技术难度和较大的管理挑战。

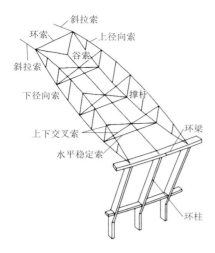

图 2.11-2　单榀结构示意图

体育场屋盖径向构件波峰处采用 36 道鱼腹式索桁架，波谷处采用 34 道谷索。谷索在靠近环索处分叉为 Y 形，分别与相邻的鱼腹式索桁架、环索节点连接。斜拉索、鱼腹式索桁架、环索和谷索构成了屋盖结构的主受力体系。沿环向方向，索桁架间布设三道上下交叉稳定索和水平稳定索，增加结构整体稳定性。单榀结构示意图如图 2.11-2 所示。拉索采用 1670MPa 高钒索。

拉索节点主要分为环索节点、径向索节点和谷索节点。为了保证节点质量安全，对各节点进行有限元分析，通过节点的变形和应力，判断节点的强度是否满足要求。

环索节点用于连接环索、径向索和斜拉索，与常规的索夹不同，因为斜拉索的存在，导致环索节点处不平衡力过大，不平衡力最大达到 3000kN，常规的索夹夹持索体的连接方法无法满足受力要求。因此，采用分段螺杆式连接，才能承受环索节点处的不平衡力。

采用分段螺杆式连接节点，节点处需能承受拉索破断荷载，同时满足节点有足够的安装操作空间，而且对调节丝杆和调节套筒的加工要求非常高。另外拉索在该处属于硬连接，螺杆连接无法像拉索索体一样实现小角度偏转，因此在设计时应满足结构线形，防止调节丝杆受弯。环索节点如图 2.11-3 所示。

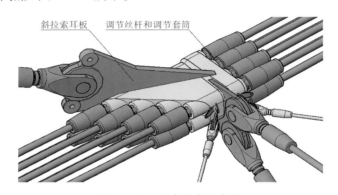

图 2.11-3　环索节点示意图

3. 索结构施工

该工程为斜拉结构与柔性索桁结构相结合的杂交体系，结构构造复杂，包含近 10 种类型拉索；现浇混凝土的边界条件又对张拉过程中主体结构变形、应力控制十分严格，其中，保证 99m 高的人字塔变形在设计要求的范围以内更是重中之重。因此，必须制定一个适合结构特点、安全可靠、优化合理的施工张拉方案。

1）施工张拉方案的选定

方案选定应遵循以下几点原则：①避免高空作业，安装、施工尽量靠近地面；②力求主动受力索数量少、张拉力低的情况下，结构达到成形态；③成品保护，保障拉索、主体结构不受破坏；④节约、高效，结合施工工艺和流程，最大限度地做到交叉作业，确保施工质量、进度和安全。根据以上原则，选定的施工工艺流程如图 2.11-4 所示。

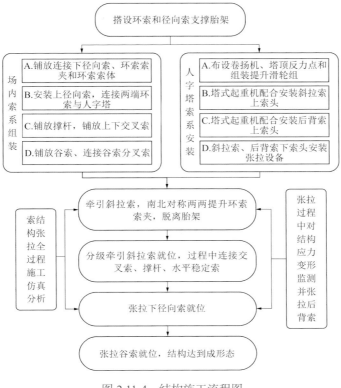

图 2.11-4　结构施工流程图

2）关键施工技术

①胎架组装索网

该项目拉索、索夹节点及其构件构造复杂，数量种类繁多，对安装质量要求极高。索网采用胎架组装的优点是：可以在保证流水施工的同时，确保各构件安装位置准确；便于考虑拉索下料误差和主体结构边界条件误差，调整各拉索丝杆长度；有利于严控径向索索夹、谷索索夹安装方向和螺栓扭矩值；便于保障拉索和索夹节点表面观感。

②斜拉索下端张拉

针对斜拉索的安装方法大体分为两种思路：方法一，先连接柔性索网与斜拉索下端索头，再高空安装张拉工装，张拉斜拉索上端索头就位（此时张拉端为刚性边界条件）；方法二，先连接吊塔与斜拉索上端索头，再在低空安装张拉工装，张拉斜拉索下端锚具就位（此时张拉端为柔性边界条件）。采用方法二低空安装张拉工装，避免了高空作业危险性，有利于提高施工控制，后背索采用同样的施工方法。

③环索节点脱离胎架

环索节点最重达 9.8t，再包含上下径向索锚具和环索锚具，最重达 14.5t。脱离过程分为东西区先后进行，采用两台履带式起重机，每次抬起环索节点数量为 2 个，将南北对称的环索节点从中间向两边逐步抬起。在斜拉索提升过程中环索节点依次脱离胎架，最大限度地减少了对胎架的扰动。脱离后的环索节点和与之相连的上径向索、环索、斜拉索形成稳定的结构体系。

④斜拉索同步提升

36 根斜拉索分 6 级提升，提升力应缓慢分级增加，分级标准为各列撑杆下节点安装时机。每提升一级，安装环向每列撑杆下节点，下交叉稳定索与谷索相连，水平稳定索与下径向索相连；斜拉索就位时，为平衡吊塔塔顶变形，南北同步张拉后背索，索头孔心距支座锚固端耳板孔心 0.25m。斜拉索提升就位。

⑤下径向索同步张拉

斜拉索就位后，对 36 根下径向索进行同步等比例分级张拉；下径向索索头孔心距环梁耳板孔心 1.11m，安装第七列撑杆；过程中同步张拉后背索，在吊塔变形的限值内，使后背索就位时张拉力较小。下径向索张拉期间，吊塔变形敏感性高，在施工过程中变形较大时，容易引起混凝土开裂，因此张拉应连续缓慢进行。

3）施工监测

该项目最大特点为混凝土结构与全柔性索网结构相结合，索结构的施工张拉，对结构整体位形和内力分布变化影响较大，为确保结构质量安全，对拉索索力、主体结构位形和应力进行全过程监测尤为重要。环梁和环索测点布设如图 2.11-5 和图 2.11-6 所示。

该工程实际监测结果与模拟理论值误差总体不超过 10%，表明结构施工在控制范围内，满足设计要求。

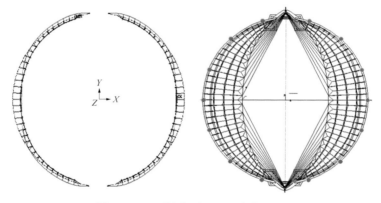

图 2.11-5　环梁变形图和测点布设图

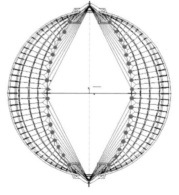

图 2.11-6　环索位形测点布设示意图

4. 工程图片

图 2.11-7　环索中间节点脱离胎架

图 2.11-8　环索节点全部脱离胎架

图 2.11-9　斜拉索提升就位

图 2.11-10　下径向索张拉就位

参考文献

[1] 高晋栋, 张维廉, 司波, 等. 援柬埔寨国家体育场屋盖斜拉索桁结构施工技术[J]. 施工技术, 2022, 51(4): 92-96.

[2] 张志平, 郭亮亮, 王群清, 等. 援柬埔寨体育场斜拉柔性索桁结构关键施工技术[J]. 施工技术, 2020, 49(22): 43-47, 80.

撰稿人：北京市建筑工程研究院有限责任公司　鲍　敏　高晋栋　马　健　王泽强

2.12　三亚市体育中心体育场罩棚——辐射布置索桁架

设　计　单　位：北京城建六建设集团有限公司
　　　　　　　　北京市建筑设计研究院有限公司
总　包　单　位：北京城建六建设集团有限公司
钢结构安装单位：浙江精工钢结构集团有限公司
索结构施工单位：中冶（上海）钢结构科技有限公司
　　　　　　　　南京东大现代预应力工程有限责任公司
索　具　类　型：巨力索具、坚宜佳·高钒密封索
　　　　　　　　冶建总院、重庆达力·CFRP复材平行板索
竣　工　时　间：2021年

1. 概况

三亚市体育中心体育场是亚洲沙滩运动会主会场，位于三亚市吉阳区，定位为甲级大型体育建筑，总建筑面积约 8.8 万 m^2，观众座席数 4.5 万座。体育场结构由下部混凝土结构和上部钢结构罩棚组成，南北和东西方向的外轮廓最大长度分别为 305m 和 270m。钢结构罩棚外轮廓为不规则的倒角五边形，最小和最大边长分别为 162.4m 和 262.8m；中心开口为四段圆弧组成的四心圆，长轴和短轴尺寸分别为 171.8m 和 134.0m；罩棚最高点标高为 46m。

体育场钢结构罩棚支承于外围钢结构，悬挑长度为 45m，为满足建筑造型要求，采用辐射布置索桁架，上覆膜结构。屋盖结构与外围钢结构的交界（即索膜结构外边界）为与罩棚中心开口相似的四心圆，长轴和短轴分别为 224.0m 和 261.8m（图 2.12-1）。

图 2.12-1　三亚市体育中心体育场

2. 索结构体系

三亚市体育中心体育场的钢结构罩棚由屋盖结构和外围钢结构组成，其中屋盖结构包

含轮辐式索桁架和膜结构屋面两部分，如图 2.12-2 和图 2.12-3 所示。

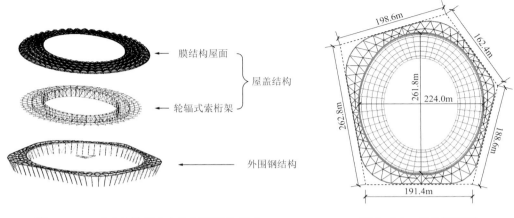

图 2.12-2　三亚市体育中心体育场结构组成　　　　图 2.12-3　结构平面图

轮辐式索桁架结构由 52 榀索桁架组成，索桁架外端与外围钢结构连接，内端与环索连接，上、下环索之间设有交叉索。图 2.12-4 所示为该项目轮辐式索桁架屋盖结构的组成示意及各主要构件的规格，图 2.12-5 给出了包含下部结构在内的体育场结构典型剖面图。

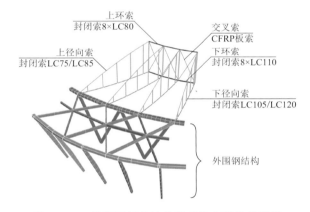

图 2.12-4　体育场屋盖结构组成及主要构件规格

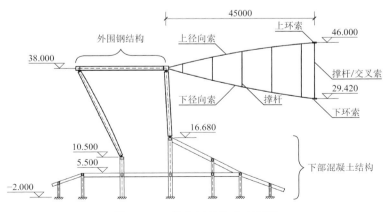

图 2.12-5　体育场结构典型剖面

　　该项目采用的轮辐式索桁架结构在很多项目中得到过成功应用。对于此类结构，风荷载通常是其设计中的控制因素，而该项目地处强台风频发的热带地区，重现期 100 年的基本风压达 1.05kN/m²，这给体育场屋盖结构设计带来了极大挑战。在该项目设计中采取了一系列措施，来保证屋盖索结构的安全性、经济性和使用功能的实现，主要包括：

　　1）结构体型优化

　　在最初的设计方案中，建筑师拟基于凹型索桁架（图 2.12-6a）来确定屋盖体型。尽管凹形索桁架在许多项目中得到过成功应用，但在该项目的风荷载作用下，其刚度无法满足设计要求。分析表明，将索桁架的形式由凹形改为凸形（图 2.12-6b），在同等的构件规格、预应力水平和外荷载下，后者的变形相比前者减小 33%，可以满足安全和使用功能的要求。因此，将屋盖体型由凹形改为凸形，在不影响总体建筑造型的前提下，大幅提升了结构刚度。

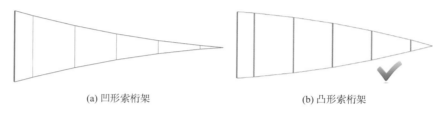

(a) 凹形索桁架　　　　　　　　　　　　　(b) 凸形索桁架

图 2.12-6　体育场屋盖结构体型优化

　　2）CFRP 碳纤维索的使用

　　风荷载引起的变形是该项目屋盖结构设计的控制因素。在上、下环索之间设置交叉索，可显著提高屋盖结构刚度，减小风致变形。关于交叉索对屋盖结构受力的影响，分析表明：①很小的交叉索轴向刚度（EA）即可显著提高结构刚度，EA增大对提高结构刚度的作用不明显；②EA越大，风荷载在交叉索内引起的内力越显著，需要采用的索径越大（即更大的EA），导致恶性循环的发生，而较大的交叉索索力会引起可观的环索索夹不平衡力，最终导致索夹体积增大。通过采用 CFRP 碳纤维索作为交叉索（图 2.12-7），充分利用其低弹性模量和高强度特征，即以低弹性模量（E）与高强度带来的小截面积（A）共同实现更小的EA，由此解决了提高整体结构刚度和减小环索索夹不平衡力之间的矛盾。

CFRP碳纤维索

图 2.12-7　CFRP 碳纤维交叉索

　　3）新型索夹铸钢材料的使用

　　索夹节点重量占整个索膜结构自重比例较大，对受力性能和经济性影响显著。常用结构铸钢材料 G17Mn5、G20Mn5 的屈服强度最大仅为 300MPa，且铸件厚度大于 100mm 的情况缺乏相关力学性能参数，无法满足设计需求。该项目采用 G10MnMoV6-3 铸钢作为索夹节点材料（图 2.12-8），其屈服强度较传统材料提高 33%，大幅减轻节点重量，获得了更高的承载力。

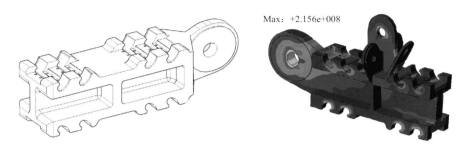

图 2.12-8　G10MnMoV6-3 铸钢索夹节点

4）新型膜拱节点

PTFE 膜结构由拱支承，拱脚间设置平衡索。大多数工程将支承膜的拱脚设计为与径向索之间可相对滑移，与主体结构相对独立工作。该项目为提高凸型索桁架的稳定性，设计了拱脚与径向索拉结的新型节点，如图 2.12-9 和图 2.12-10 所示。节点的径向索夹带有圆柱凸台，圆柱凸台设中心孔。拱的竖向反力通过拱脚端板传递给凸台。高强螺杆穿过凸台中心孔，通过凸面螺帽固定，实现拱平衡索与上径向索的可靠连接，对上径向索提供平面外支撑，提高凸型索桁架的稳定性。拱脚端板的弧面凸台以及固定螺杆的球面螺帽、球面垫圈可以实现拱脚转动，并能避免结构变形引起的螺杆受弯。该节点传递竖向力和水平力的路径明确、传力可靠、转动能力强，并且方便安装。

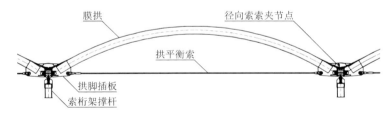

图 2.12-9　膜拱体系示意图

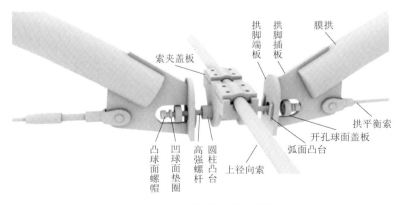

图 2.12-10　膜拱节点分解图

3. 索结构施工

1）总体施工顺序

该项目索结构总体施工顺序为：

①低空无应力组装：在地面进行拉索的组装；

②空中牵引提升：通过工装索牵引提升径向索，使整个索结构提升至高空；

③高空分级同步张拉：在拉索提升过程中，索头达到锚固点时进行索的锚固。

2）索结构施工详细步骤

①在地面和看台上组装上环索和上径向索；在上径向索和外环梁之间安装上牵引工装索及其牵引千斤顶（图2.12-11）；

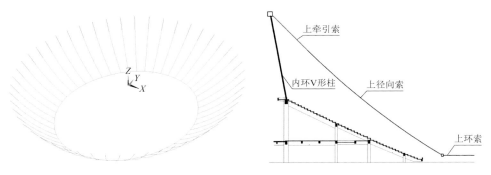

图2.12-11　索结构施工第一步

②上径向索和上环索提升约17m高，组装部分撑杆、下径向索和下环索，另外安装下牵引工装索及其牵引千斤顶，连接下径向索和外压环（图2.12-12）；

③继续牵引上/下径向工装索，协同提升整个索结构，直至将上径向索与外压环锚接（图2.12-13）；

④继续牵引下径向索，安装次外圈撑杆（图2.12-14）；

⑤继续牵引下径向索，安装最外圈撑杆（图2.12-15）；

⑥继续牵引下径向索，将下径向索与外压环锚接（图2.12-16）。

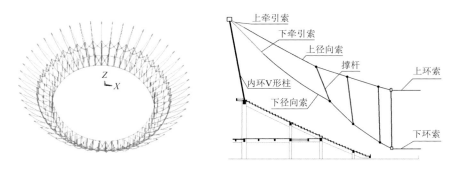

图2.12-12　索结构施工第二步

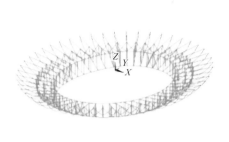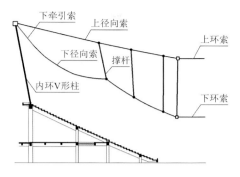

图 2.12-13 索结构施工第三步

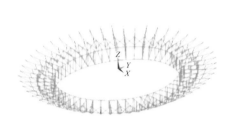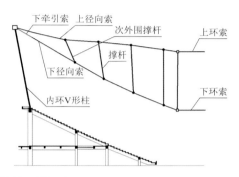

图 2.12-14 索结构施工第四步

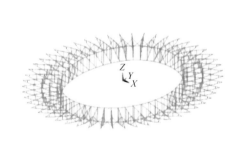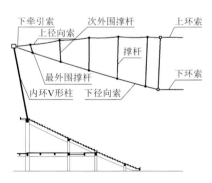

图 2.12-15 索结构施工第五步

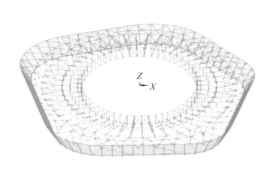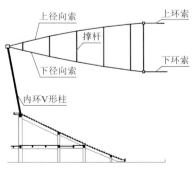

图 2.12-16 索结构施工第六步

4. 工程图片

图 2.12-17　钢结构拼装完成

图 2.12-18　索现场铺设

图 2.12-19　索牵引提升

图 2.12-20　张拉完成

图 2.12-21　体育场内景

参考文献

[1]　梁宸宇, 朱忠义, 白光波, 等. 三亚国际体育产业园体育场钢结构设计[J]. 建筑结构, 2021, 51(19): 18-24.

撰稿人： 北京市建筑设计研究院有限公司　白光波　张　琳　朱忠义

东南大学　　　　　　　　　　　　　　　　罗　斌

2.13 卢塞尔体育场罩棚——辐射布置鱼腹式索桁架

设 计 单 位：北京市建筑设计研究院有限责任公司
总 包 单 位：中国铁建国际集团
钢结构安装单位：精工钢结构（集团）股份有限公司
索结构施工单位：北京市建筑工程研究有限责任公司
索 具 类 型：巨力索具·高钒拉索、密封索
竣 工 时 间：2021 年

1. 概况

卢赛尔体育场是 2022 年世界杯主体育场，承担开幕式、闭幕式、半决赛和决赛等重大赛事活动，整体能容纳 92000 名观众。体育场的主体造型独特，宛如中东地区经常使用的碗，球场外观更是一片金光闪闪，凸显卡塔尔所在中东海湾地区的阿拉伯文化特色，昵称"大金碗"（图 2.13-1）。体育场屋盖水平投影为直径 309.2m 的圆形，采用大跨度柔性索膜结构，沿着环向等角度划分了 48 个轴线布置径向索桁架。上压环中心直径为 274m，呈高低起伏的马鞍形，高度从 61.04～76.6m，高差 15.565m。下压环中心直径为 278m。

图 2.13-1　卢塞尔体育场竣工全景图

2. 索结构体系

索膜结构屋面由主索系、膜索及短柱、PTFE 膜面组成。其中主索系由内拉环、48 榀辐射布置的径向索桁架组成，索桁架连接于四周钢环梁（图 2.13-2）。

中心内拉环平面投影直径为 122m，为上下两层。上环索为 $8 \times \phi90$ 的密封索，高差

3.1m；下环索为 $8 \times \phi110$ 的密封索，高差 1.7m。上下环索之间设置有 D457 $\times$ 12 的飞柱，飞柱之间布置有 $\phi66$ 交叉索。

每榀径向索桁架的上下两层拉索呈交叉布置，在交叉点布置节点板连接。径向索桁架分为 4 段，径向索规格分别为 CS1：$\phi124/15m$；CS2：$\phi104/16m$；CS3：$\phi88/62m$；CS4：$\phi124/63m$。CS3 和 CS4 之间布置了 4 道撑杆，将径向索桁架构造出鱼腹式形状，结构形式新颖（图 2.13-3）。

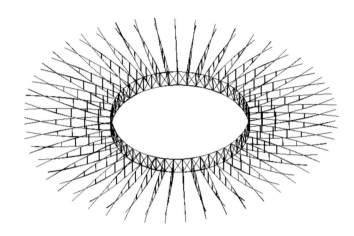

图 2.13-2 体育场屋盖索结构三维轴侧图

图 2.13-3 体育场屋盖索结构剖面图

屋盖结构索系的拉索采用高钒拉索和密封索。规格及数量列于表 2.13-1。

拉索规格和数量   表 2.13-1

位置	规格	单根长度/m	数量
CS1	$\phi124$	15.1	48
CS2	$\phi104$	16.5	48
CS3	$\phi88$	62.1	48
CS4	$\phi124$	62.9	48
上环索	$8 \times \phi90$	95.8	32
下环索	$8 \times \phi110$	95.7	32
交叉索	$\phi66$	18.3	96

3. 索结构施工

1）铺放 CS3，CS4 和临时附加索（图 2.13-4）

图 2.13-4　铺放 CS3、CS4 和附加索（提升上环索用）

2）铺放环索以及环索索夹（图 2.13-5）

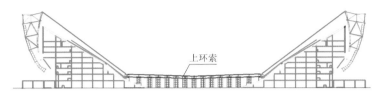

图 2.13-5　安装环索支撑架、铺放上环索及节点

3）提升上环索（图 2.13-6）

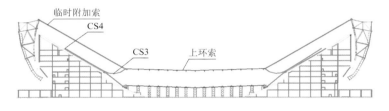

图 2.13-6　提升至脱离支撑架

4）提升上环索，安装环索之间的撑杆以及交叉索（图 2.13-7）

图 2.13-7　提升上环索，安装环索之间的撑杆以及交叉索

5）提升工装索直到下环索脱离胎架（图 2.13-8）

图 2.13-8　提升工装索直到下环索脱离胎架

6）提升 CS1 直到 CS4 脱离看台板胎架（图 2.13-9）

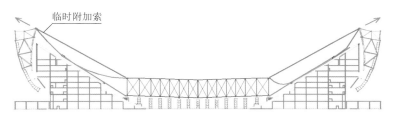

图 2.13-9 提升 CS1 直到 CS4 脱离看台板胎架

7）安装撑杆和索夹（图 2.13-10～图 2.13-13）

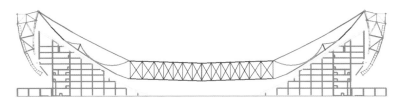

图 2.13-10 步骤 7-1：安装撑杆 ST1

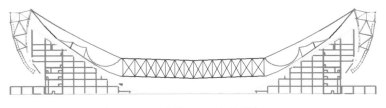

图 2.13-11 步骤 7-2：安装撑杆 ST2

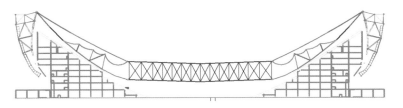

图 2.13-12 步骤 7-3：安装撑杆 ST3

图 2.13-13 步骤 7-4：安装撑杆 ST4

8）提升 CS1（图 2.13-14）

9）安装 CS2（图 2.13-15）

图 2.13-14　提升 CS1、连接 CS1 销轴于压环梁

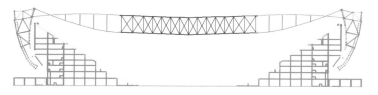

图 2.13-15　安装 CS2

4. 工程图片

图 2.13-16　环索铺放

图 2.13-17　环索撑杆安装

图 2.13-18　径向索提升

图 2.13-19　提升完成

参考文献

[1]　张军辉. 索膜在卢塞尔体育场屋盖结构上的应用技术[J]. 山西建筑, 2022, 48(17): 61-64.

撰稿人：北京市建筑工程研究院有限责任公司　杨　越　尤德清　张晓迪

张书欣　王泽强

2.14 上海八万人体育场罩棚改造——索承网格结构

设　计　单　位：上海建筑设计研究院有限公司
总　包　单　位：上海建工集团股份有限公司
钢结构安装单位：上海机械施工集团有限公司
索结构施工单位：南京东大现代预应力工程有限责任公司
索　具　类　型：巨力索具·高钒镀层密封索
竣　工　时　间：2022 年

1. 概况

上海体育场（Shanghai Stadium），又称"上海八万人体育场"，位于上海西南部要脉，在上海地铁 4 号线和内环高架路交汇处，1997 年建成，是 1997 年中国第八届全国运动会的主会场，同时也是 2008 年奥运会的足球比赛场地、中国足球协会超级联赛球队上海海港足球俱乐部的主场。改造后的上海体育场采用索承网格结构体系，将从现有 56000 人的观众席规模扩展为 72000 人，并增加体育、娱乐的互动设施，成为全国建设标准最高的体育场之一（图 2.14-1）。

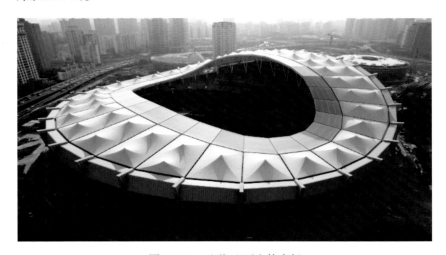

图 2.14-1　上海八万人体育场

2. 索结构体系

1）结构整体概况

体育场既有结构呈直径 300m 的圆形，最大标高 70.8m，钢结构呈现一个非常规的马鞍形，东西向高，南北向低，钢结构屋盖外轮廓尺寸约为 285m×269m，既有建筑如

图 2.14-2（a）所示。为满足进一步实用需求，屋盖钢结构需在原悬挑 65m 的基础上，向内场增加 16.5m 的悬挑以满足看台被屋盖全覆盖的要求，总悬挑跨度达 81.5m。

屋盖钢结构的悬挑延展采用增加轮辐式索承体系的方案：利用原结构为了降低径向桁架计算长度而"构造性存在"的中一环，通过增加局部杆件，形成一个闭合的受压环桁架。同时，在原结构内环桁架下方设置一圈环索，环索顶部设置 V 形飞柱，V 形柱的外肢与原结构相连，形成一道道封闭的力流。V 形柱内肢支承新增的悬挑构件，从而实现新增 16.5m 的悬挑，如图 2.14-2（b）所示。

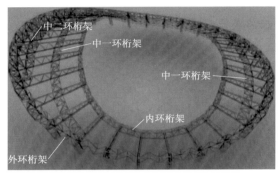

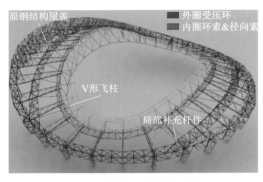

| (a) 既有结构 | (b) 施工完成后的钢结构屋盖 |

图 2.14-2　上海八万人体育场改造工程三维模型

径向索和环向索均采用密封索，其中环索由 4 根拉索并列构成。索体弹性模量 1.60×10^5MPa，钢丝抗拉强度等级为 1570MPa，防腐形式采用锌-5%铝-混合稀土合金镀层。索头与环索连接端为热铸锚叉耳式 U 形连接件，张拉端为冷铸锚通过锚头螺杆的球形螺母连接。索头承载力应不低于索体承载力。所有销轴采用 40Cr，参考《合金结构钢》GB/T 3077—2015。拉索具体参数见表 2.14-1。

拉索材料和规格　　　　　　　　　　　　表 2.14-1

部位	类型	级别/MPa	规格	索体防护	索截面/mm²	最小破断力/kN
环向索	密封索	1570	4φ75	Galfan	4×3913	4×5620
径向索	密封索	1570	φ75	Galfan	3913	5620

2）结构设计技术创新

上海八万人体育场既有结构为钢管悬臂桁架体系，主要包含 32 榀径向桁架和 4 圈环向桁架。屋盖整体呈非对称马鞍造型，东西向高南北向低，同时屋盖东、西侧最高点间存在较大高差。为尽可能降低新增悬挑部分对原结构的影响，减少原结构加固量，采用了在原结构上新增轮辐式索承体系的方案，方案的优点在于：①最大化地利用原结构中受力较小的杆件；②通过拉索的布置，将新增的 16.5m 悬挑部分重量降到最低；③通过径向索将增加的重量向径向桁架根部传递，缩短了传力路径，从而减少对原结构的加固量。

索系的布置方式如下：

①径向索平面布置：沿着既有结构主桁架方向。

②环索平面布置：为尽量减少环索长短轴的比值，使环索索力更为均匀，在设计中将

环索的找形目标定义为长短轴尽量接近的椭圆（高区的 V 形柱外肢铅直、低区的 V 形柱内肢铅直），这样的调整也更有利于低区新增大屏的布置。

③环索标高布置：根据建筑视线和结构受力需求，明确了高点和低点的环索标高，高低点之间的环索标高按余弦曲线确定。

基于上述确定的索杆系空间位形，采用力迭代法获取索杆系预应力分布。

上海八万人体育场作为改造项目，原屋盖使用了 20 余年，内环桁架和外环桁架处，存在部分锈蚀（锈蚀量 10%～20%），在设计中将上述锈蚀进行数值量化后，引入到计算模型中进行了截面修正。

改建后既有结构受荷大幅增加，因此需对既有结构进行加固，加固包含构件的加固和节点的加固。最终确定了相关的加固方案：

①对于承载力不足的杆件，按强度不足和稳定不足分别进行加固（图 2.14-3），加固均采用了外包套管进行，区别在于稳定加固的外套管不伸入节点区域。

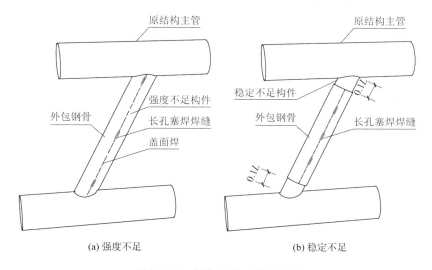

(a) 强度不足　　　　　　　　　　(b) 稳定不足

图 2.14-3　杆件承载力不足加固

②对于相贯节点承载力不足，根据不同的类型和后续承载力需求，选择了碳纤维加固、鞍板加固、外包钢骨骼、外加劲肋加固等多种加固形式（图 2.14-4）。

此类加固方式在现行规范中均未有涉及，经过大量的理论分析和足尺试验进行验证，结果表明，相关的加固措施均能够满足结构改建后的使用安全性要求。

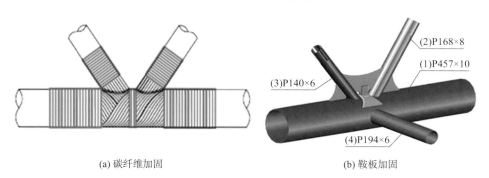

(a) 碳纤维加固　　　　　　　　　　(b) 鞍板加固

(c) 外包钢骨骼加固　　　　　　　　(d) 外加劲肋加固

图 2.14-4　相贯节点加固形式

3. 索结构施工

1）施工技术创新

①为尽可能降低结构带载加固的影响，上海八万人体育场改造施工提出并成功应用了一种"分区同步顶撑卸载"的施工技术，对既有结构加固施工分回顶—加固—落架三大步进行，成功保障了既有结构加固全过程的安全，并为后续新增悬挑体系的施工创造了条件。

②针对主体结构的改造主要有既有结构的加固、新增索杆系的安装与张拉及新增悬挑梁的安装，三者相互影响，且最终成形的结构形态与三者施工顺序密切相关。施工中量体裁衣地采用了二阶段张拉施工方式，避免了张拉施工中受力繁琐的"拉压胎架"，实现了更优的施工经济性和便捷性。

③既有结构形态不规则，使用历时时间长，刚度状况较为复杂，有限元模型分析计算与实际结构存在一定差异。为合理地进行拉索的张拉，在理论分析的基础上分多阶段进行拉索张拉施工的模拟，同时实时监测既有结构变形、索网线形及索力值，修正分析模型，指导下一阶段的拉索张拉。

2）施工方案的总体思路

①采用支撑杆和千斤顶对既有结构进行部分卸载；

②对既有结构的构件和节点进行加固；

③对支撑杆进行卸载；

④安装径向索、环索及外撑杆，并进行第一阶段张拉（张拉力约为目标索力的 30%）；

⑤吊装悬挑梁和内撑杆；

⑥对索网进行第二阶段张拉（张拉力达到目标索力的 100%）。

具体施工步骤如图 2.14-5 所示。

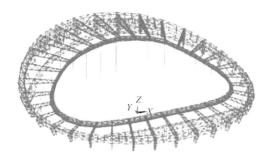

(a) 顶撑架布置，采用支撑杆和千斤顶对既有结构进行
部分卸载

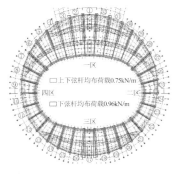

(b) 加固施工脚手挂架拆除后荷载布置图

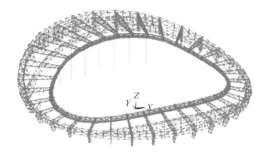

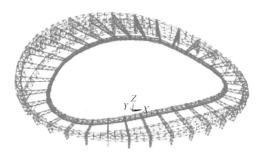

(c) 对既有结构的构件和节点进行加固

(d) 对支撑杆进行卸载

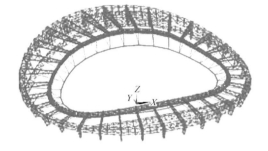

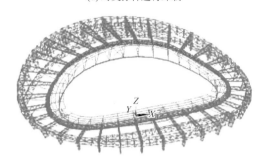

(e) 安装径向索、环索及外撑杆，并进行索网第一阶段
张拉（张拉力达到目标索力的30%）

(f) 吊装悬挑梁和内撑杆，并进行索网第二阶段张拉
（张拉力达到目标索力的100%）

图 2.14-5　施工流程示意图

4. 工程图片

图 2.14-6　既有结构顶撑（部分卸载）

图 2.14-7　环索铺设和提升

图 2.14-8　撑杆与环索无应力安装

图 2.14-9　径向索张拉

图 2.14-10　16.5m 径向悬挑梁安装

(a) 改建前   (b) 改建中   (c) 改建后

图 2.14-11 屋盖结构改建前后对照

图 2.14-12 罩棚结构竣工内景

撰稿人： 上海建筑设计研究院有限公司   徐晓明   高   峰

东南大学   罗   斌   阮杨捷

2.15 日照奎山体育中心体育场罩棚
——辐射布置波形索网

设　计　单　位：青岛腾远设计事务所有限公司
总　包　单　位：中建八局第二建设有限公司
钢结构安装单位：浙江东南网架股份有限公司
索结构施工单位：北京市建筑工程研究院有限责任公司
索　具　类　型：坚宜佳·高钒拉索、巨力索具·密封索
竣　工　时　间：2022 年

1. 概况

日照奎山体育中心位于山东省日照市开发区，为第 25 届山东省运动会主场馆，赛后作为举办国内单项体育赛事及全民健身场所使用（图 2.15-1）。项目包括体育场及体育街两部分，体育场主要由场馆及地下车库组成，体育街主要为体育配套用房。

体育场地上建筑面积约 63500m²，地下建筑面积为 66350m²，场馆建筑高度 42m，地下部分东西长约 350m，南北宽约 355m，地上部分东西长约 242m，南北宽约 273m，地上平面投影形状为椭圆形，由混凝土结构看台和索膜结构屋盖组成。看台座位为 36000 个，采用钢筋混凝土框架-支撑结构体系，看台各层主要为赛时及赛后配套用房。

图 2.15-1　日照奎山体育中心体育场

2. 索结构体系

钢结构屋盖为索膜结构，由辐射布置的拉索、PTFE 膜及环桁架组成，屋盖平面投影形

状为椭圆形，东西跨度 242m，南北跨度 273m，最大悬挑长度 43.6m。索网为全柔性辐射式波折形结构，由环索、上径向索、下径向索和构造索组成（图 2.15-2）。

1）辐射式波形索网结构

内环索为单层 10 根，平面布置。径向索为 48 根上径向索和 48 根下径向索，一端通过索夹与环索连接；另一端上径向索连接锚固于环桁架上弦，下径向索连接锚固于环桁架下弦。环桁架通过固定铰支座连接在型钢混凝土柱柱顶。环桁架上下弦高差 12m，上下径向索间隔布置，在环索一端位于同一平面，在环桁架一端成波折形。相邻径向索之间环向布置构造索，通过径向索索体上的索夹连接，共设置 6 圈；在外 5 圈的相邻构造索之间布置水平抗风构造索（图 2.15-3）。拉索参数见表 2.15-1。

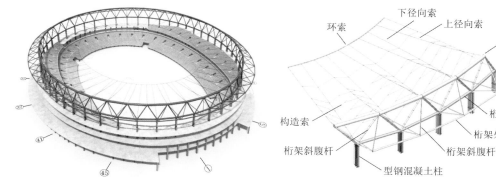

图 2.15-2　奎山体育中心体育场整体模型　　　图 2.15-3　索网结构形式示意图

拉索构件表　　　　　　　　　　　　　　　　表 2.15-1

拉索	规格	抗拉强度等级/MPa	最小破断力/kN
环索	$10 \times \phi 118$	1570	10×14100
长向上径向索	$\phi 138$	1770	17200
长向下径向索	$\phi 110$	1770	10900
短向上径向索	$\phi 114$	1770	11700
短向下径向索	$\phi 80$	1770	5790
构造索	$\phi 22$	1770	439

2）结构特点

①屋盖结构除外环钢桁架外，全部为柔性拉索，拉索体量大，种类多，径向索最大索力 4900kN，环索单根索力 4050kN，径向索之间连接构造索，构造索张拉后径向索成空间弧线状态，各索之间相互作用，结构受力复杂，任何一根径向索和构造索的索力对最终结构的内力和线形都有影响。

②结构设计形态的环索为平面椭圆形，环索索夹间距 4.8m，间距小，相邻索夹之间的索体较短，可相对变形量很小，不仅安装时对索夹的定位安装精确度要求高，同时径向索提升安装过程中相邻径向索之间索力相互影响及共同作用效果明显，径向索的提升工艺方

法对结构的内力和变形具有决定性作用。

③柔性结构施工过程中各索相互影响大，需要制定切实有效的施工技术方案，对结构施工过程进行仿真模拟分析，并在施工过程中采取有效的监测控制措施，保证施工完成后索力和位形满足设计要求。

3. 索结构施工

索结构施工主要包括两部分：拉索地面铺放与组装、整体提升张拉安装。总体原则：按对应位置在地面上铺放环索、径向索和构造索并组装成整体，整体提升径向索至安装就位，根据监测结果微调下径向索索力。

1）地面铺放和组装

环索水平投影在场地内，全部在地面展开并铺放。为了便于安装索夹并保护索体，在索体下方与地面之间铺放垫木方，并在索夹处搭设临时格构架以便于安装索夹。径向索下方为混凝土看台，在施工过程中拉索需要在看台上展开，径向索铺放之前对看台板进行保护。环索、径向索和构造索组装成索网后，提升前检查相应拉索和索夹的编号和位置与图纸核对无误，同时检查索夹的安装角度，索夹螺栓的拧紧情况（图 2.15-4～图 2.15-6）。

图 2.15-4　索网铺放与组装　　　图 2.15-5　环索与径向索连接　　　图 2.15-6　构造索与径向索连接
　　　　　　　　　　　　　　　　　　　　　　索夹　　　　　　　　　　　　　　　　索夹

将径向索与工装、钢绞线、提升千斤顶组装连接。看台板采用木方格构架和木板，工装承力架和千斤顶放置于木板上，通过木板和木方分散荷载。同时为防止下滑，采用钢绞线将承力架和索千斤顶与主体结构连接。

2）索网整体提升

索网提升过程以提升 48 根上径向索为主，保持 48 根上径向索受力，同时辅助牵引 48 根下径向索以保持索网整体形态。索网提升系统见图 2.15-7。

第一阶段为整体提升索网脱离地面和看台，至安装就位前状态：48 个上径向索提升点的工装组装完毕检查无误后，开始整体提升，缓慢提升到上径索脱离看台；继续提升 48 根上径向索使环索脱离地面；继续提升 48 根上径向索，构造索开始受力，此时开始辅助牵引 48 根下径向索；继续提升 48 根上径向索并辅助牵引 48 根下径向索至索网整体脱离地面和看台；继续提升 48 根上径向索并辅助牵引 48 根下径向索，过程中随时监测径向索提升索力和索网位置，根据监测数据及时调整提升索力，保持索网受力和变形在计算控制范围内。直至提升至上径向索索头距离安装位置 0.5m，此时为径向索即将安装就位状态。

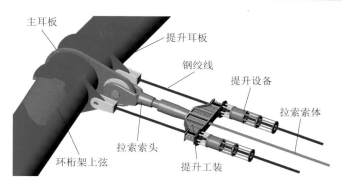

图 2.15-7 整体提升系统示意图

第二阶段为张拉拉索安装就位：第一批安装长轴方向对称位置的 26 根ϕ138 上径向索；第二批安装短轴方向对称位置的 22 根ϕ114 上径向索；第三批安装 48 根下径向索（图 2.15-8～图 2.15-10）。

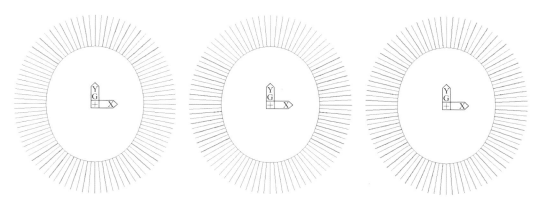

图 2.15-8 第一批安装径向索　　图 2.15-9 第二批安装径向索　　图 2.15-10 第三批安装径向索

4. 工程图片

图 2.15-11 整体提升上径向索

图 2.15-12　上径向索安装就位

图 2.15-13　下径向索安装

参考文献

[1]　孙绍东，胡海涛，朱忠义，等. 日照奎山体育中心体育场轮辐式索膜结构屋盖设计[J]. 建筑结构，2021, 24(22): 1-8.

[2]　李建峰，薛明玉，孙绍东，等. 日照奎山体育中心体育场看台结构设计[J]. 建筑结构，2021, 24(22): 9-15.

撰稿人： 北京市建筑工程研究院有限责任公司　支　超　王泽强

2.16 临沂奥体中心体育场罩棚——轮辐式单层索网

设　计　单　位：中建西南建筑设计研究院
总　包　单　位：山东省天元建设集团有限公司
钢结构安装单位：山东省天元建设集团有限公司
索结构施工单位：南京东大现代预应力工程有限责任公司
索　具　类　型：巨力索具、瑞士法策·高钒镀层密封钢绞线索
竣　工　时　间：2022 年

1. 概况

临沂奥体中心体育场是山东省第 26 届省运会的主场馆，为甲级大型体育场，建筑面积约 12 万 m^2，容纳座位约 5.7 万个。可举办足球、田径等全国性和单项国际比赛，同时可满足演艺、应急方舱等功能要求。体育馆外形主体呈流畅的马鞍形曲线，体量与形象就如一朵盛开的沂州海棠，延续了"蒙山沂水，盛世海棠"的理念。体育场顶部平面为近圆形，东西宽 244.48m，南北长 261.46m，罩棚采用轮辐式单层索网结构，用膜面覆盖，中心开孔东西宽 146.2m，南北长 171.2m，罩棚悬挑长度约 50m，是全国采用单层索网结构跨度最大的体育场（图 2.16-1）。

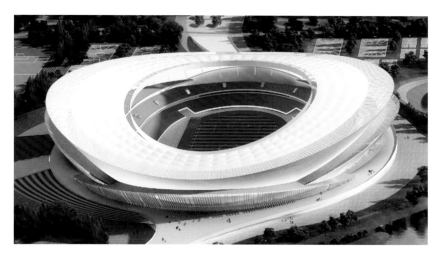

图 2.16-1　临沂奥体中心体育场

2. 索结构体系

1）结构整体概况
临沂奥体中心体育场罩棚结构形式为马鞍型轮辐式单层索网结构，内部的受拉环以及

外侧的受压环通过对径向索施加预应力而形成预应力态。结构共有 40 根径向索，从环索中心呈辐射状布置。径向索平面长度为 45～50m。索网外侧设置外环受压桁架，既作为建筑外圈屋面支承构件，又作为索网的外压环。外环受压桁架为水平平面桁架，东西侧桁架宽度较大，为 15m，南北侧桁架宽度较小，为 8m。内圈、外圈斜柱共同支承索膜屋盖和外环受压桁架，斜柱下端通过 2 个铰接支点，连接于混凝土看台顶及 7m 标高平台。屋面覆盖系统采用拱支承式膜结构，覆盖 PTFE 不透明膜材。

主要的结构体系包括结构柱、外压环、径向索以及内环索。施加在屋盖上的荷载，通过径向索传递到外压环上（图 2.16-2）。如果径向索的拉力增大，则意味着外压环的压力和内拉环的拉力均会增加。鉴于该工程径向索采用双索形式，其预应力分布、结构性能也具有明显的特别之处。拉索布置和材料规格见图 2.16-3 和表 2.16-1。

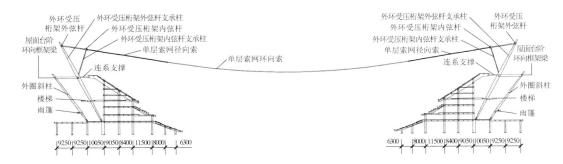

图 2.16-2　屋盖结构剖面示意图

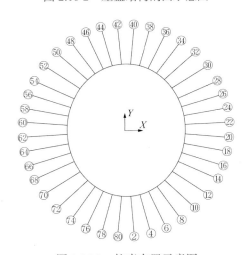

图 2.16-3　拉索布置示意图

拉索材料和规格　　　　　　　　　　　　　　　　　　表 2.16-1

拉索	材料	规格	轴号分布
径向索一	高钒镀层密封索	2φ100	12/14/16/18/20/22/24/26/28/30/52/54/56/58/60/62/64/66/68/70
径向索二	高钒镀层密封索	2φ110	2/4/6/8/10/32/34/36/38/40/42/44/46/48/50/72/74/76/78/80
环索	高钒镀层密封索	10φ115	共四段

2）结构重难点

①体育场屋盖采用轮辐式单层索网 + 拱支承膜结构，结构跨度 244.6m，属同类结构世界最大跨度。轮辐式单层索网轻巧飘逸，富有韵律和力学美感，但其竖向刚度较弱、需施加巨大预应力等缺点制约了此类结构的运用发展，世界范围内采用此类结构的建筑屈指可数，加之临沂处于高烈度地震区，且风、雪荷载较大，结构设计困难重重。项目团队经过系统性调研，结合铜仁奥体双层索网、乐山奥体单双层组合索网结构设计经验，循序渐进、充分论证，确定了该工程体育场采用轮辐式单层索网这一超高难度结构体系的可行性，并通过参数化、精细化分析，理清了结构大变形对附属结构及连接构造的影响，保证了极端工况下结构安全性。结构整体模型见图 2.16-4。

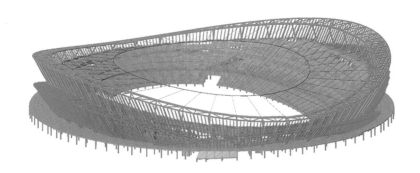

图 2.16-4　结构整体三维模型

②轮辐式单层索网结构刚度弱，竖向变形已超《钢结构设计标准》GB 50017—2017规定的位移限值。若将此类结构刚度提高，使变形满足规范要求，不仅拉索、外环受压桁架截面急剧增大，丧失柔性结构轻盈、用钢量省的优点，而且将导致施工张拉困难，结构无法实现。

《钢结构设计标准》对结构变形提出的限制性要求主要基于三点：

a.结构大变形可能影响人的主观感受，使人产生不安全感；

b.结构大变形可能导致附属结构与主体结构连接破坏；

c.结构大变形可能影响屋面排水。

该工程屋盖采用的大跨索膜结构，建筑尺度宏大，屋面高低起伏，外荷载作用下结构的较大变形不易被观众察觉，主体结构变形主要受附属结构连接安全性和屋面排水控制。为保证大变形下屋面安全及正常使用，需要落实：

a.膜结构自身受力满足规范要求；

b.钢弧拉杆拱与径向索、马道梁与内环索预留连接间隙能够满足相对滑动要求；

c.屋面排水顺畅。

分别针对膜结构及其与主结构连接、马道梁与内环索连接，建立了两类精细化结构模型.模型 A：索膜整体模型,径向索与钢弧拉杆拱连接按上述滑动连接建模（图 2.16-5 ）。模型 B：内环索细分模型，为考察内环马道梁相对马道支座变形情况，将内环索按实际股数建模，从而将马道支座引入整体模型（图 2.16-6），统计相邻马道支座的相对变形量。

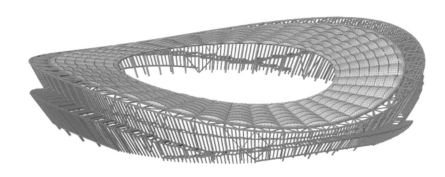

图 2.16-5　含膜面的结构整体三维模型

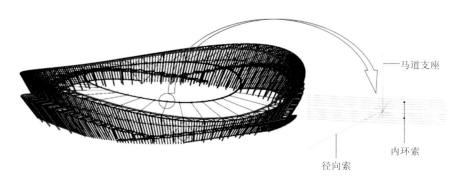

图 2.16-6　环索细分模型

通过使用以上两种精细模型分析，验证了索网变形超限情况下，膜结构自身及其与索结构连接的安全性。通过内环马道梁、支座间设置滑动连接，并使预留滑移量大于可能最大滑移量，保证了索网大变形情况下马道的安全性。

③鉴于该工程径向索采用双索形式，在双索上的预应力分布容易产生不均匀现象，因此双索均采用一端可调，在制作过程中应严格控制双索长度偏差，并在现场通过调节装置消除两者长度偏差。

④结构张拉成形时，径向索力为 3023～4504kN，最大索力位于角部的 8/34/48/74 轴，索力较大。为减少径向索锚固就位时的张拉力，该工程采用无支架整体牵引提升、高空分批锚固的施工方法：径向索分三批锚固，依次顺序为低区→中区→高区。由图 2.16-7 可见，低区和中区的径向索锚固张拉力远小于最终成形态的索力。

3. 索结构施工

基于索网结构马鞍型的特点，采用整体提升，分批锚接的施工方案。将索网分为三个片区，分别为低区：轴号 2、4、6、8 及其对称位置，中区：轴号 10、12、14 及其对称位置；高区：轴号 16、18、20 及其对称位置（图 2.16-8）。牵引提升过程中从低区到高区进行锚接，共分为 11 个工况，相邻分区交界处轴号 8、14 及其对称位置，不与其所属分区同时锚固，采取过渡处理（详见图 2.16-9e 和图 2.16-9g）。索网施工步骤及相应的位形详见图 2.16-9。

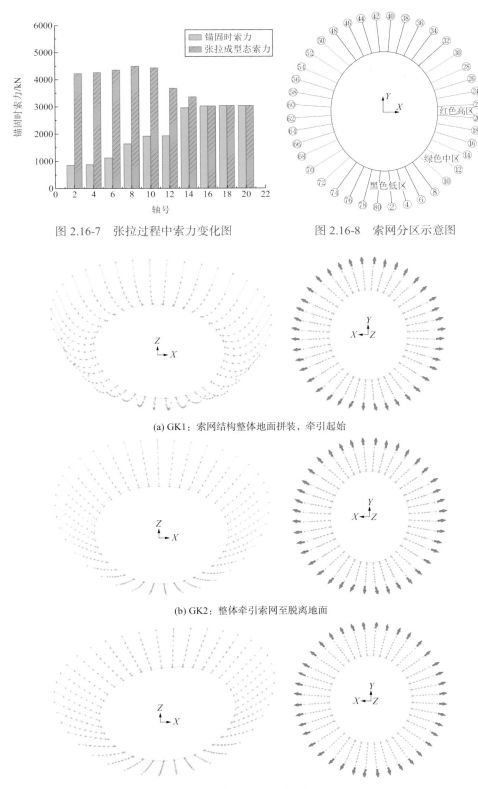

图 2.16-7 张拉过程中索力变化图

图 2.16-8 索网分区示意图

(a) GK1：索网结构整体地面拼装，牵引起始

(b) GK2：整体牵引索网至脱离地面

(c) GK3：牵引索网至半空

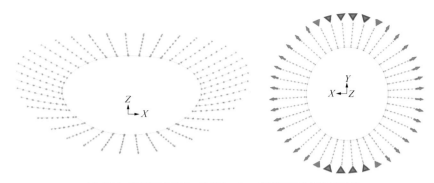

(d) GK4：整体牵引提升，轴号 2、4、6 及其对称位置的索锚接

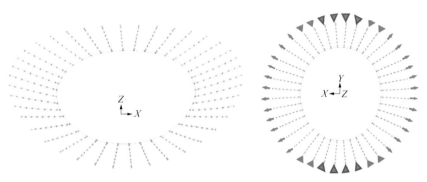

(e) GK5：继续牵引，轴号 8 及其对称位置的索锚接

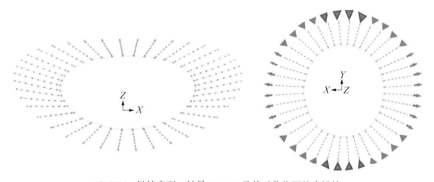

(f) GK6：继续牵引，轴号 10、12 及其对称位置的索锚接

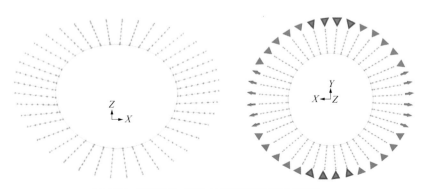

(g) GK7：继续牵引，轴号 14 及其对称位置的索锚接

与最小值相差达到了 12000kN，相邻环索段索力相差超过 2000kN，分析显示环索力不均匀主要是由屋盖南北向高差以及椭圆长短轴比两个因素引起的，设计调整了南北方向屋盖的高差，同时通过比选 1.1～1.6 不同长短轴比值的椭圆平面布置，最后优选了比值为 1.2 的椭圆平面，将环索索力差控制到了 2000kN 内，相邻索段索力差也减小到了 230kN 以内。此时环索索力基本均匀，解决了环索滑动的风险，各构件效率较高，同时看台座位的观赛效果也较优。

②立面跃动海浪主题

青岛足球场的立面外网响应了主题"跃动海浪"，造型如海浪般自由流动，特点鲜明新颖。

立面网格的生成采用了参数化建模的方法，通过犀牛与其他软件配合，通过调整网格密度及控制轮廓控制点，与建筑专业共同研究了外立面网格的多个参数化模型，最后选定现在的几何外形及网格布置。参数化的建模，可以大大提高结构建模分析的速度及效率，同时能生成直观的三维模型供分析研究，是结构设计分析的一个重要助力手段。

3. 索结构施工

1）施工重难点

①拉索张拉方法

该工程拉索体量大、分布面广，且由径向索、环向索及撑杆组成了张拉索杆系。

首先，拉索施工应穿插于网格结构的安装施工中，与普通钢结构的施工顺序、方法和工艺密切相关。其次，索承网格结构的预应力的建立方法不同于普通预应力钢结构。由于张拉整体索杆体系中的径向索、环向索及撑杆为一有机整体，索力与撑杆内力是密切相关的，相互影响、互为依托。对其中任何一根索进行张拉，也可在其他索中建立相应的预应力，也就是说能达到同样的预应力效果。

此外，对于该工程而言，不可能对所有拉索同时同步施加预应力，拉索分批分级张拉会因张拉先后顺序和张拉力级别的不同，导致群索之间的索力相互影响较大。因此，需进行张拉施工全过程的分析，来确定合理的张拉方案。

②节点深化设计

该工程撑杆下端索夹节点空间性强、受力复杂、空间定位要求准。下部索杆体系采用肋环型索系，对索夹上耳板方向和角度的定位要求较高。因此，进行索夹节点构造深化设计时，除需考虑准确定位和受力安全外，还应满足拉索实际施工的要求（包括拉索安装和张拉）。同样，对于撑杆上端节点，设计初步给定了铰接的形式，因此在选择拉索张拉方法时应考虑这一特点，同时径向索锚固耳板的方向和角度的定位要求较高。

③支架对结构预应力态的影响

该工程屋盖上部网壳安装时搭设了格构式胎架，在拉索张拉时有两种选择，一是保留支架，待拉索张拉完毕后再拆除支架。二是拆除所有支架后再进行拉索张拉。前者可确保施工阶段结构的安全性，防止发生意外事故，但若张拉过程中屋盖始终不脱架，那么支架将会对施工过程中索力和结构变形产生一定的影响。

根据需要进行了相关分析，该工程采用保留支架的方式。

④索夹抗滑

该工程径向索的折线线形和环索的类椭圆形线形，决定了径向索和环索的相邻索段存在索力差。另外，径向索和环索的索体均贯通索夹，因此相邻索力差需要通过索夹与索体之间的摩擦力来平衡。若索夹抗滑摩擦力不足，引起索体和索夹之间相对滑动，会导致撑杆大幅度的偏摆，索杆系严重偏离原有设计平衡形态，影响结构安全性。另外，根据节点强于构件的原则，即索夹抗滑承载力应不低于当索力达到设计承载力时的相邻索力差，且具有 2.0 的安全系数。

因此，该工程分析径向索和环索的相邻索力差，并进行索夹抗滑承载力的验算。

⑤撑杆垂直度控制

该工程拉索和撑杆的根数多，且相互联系构成索杆系，为上部网格结构提供支撑。柔性拉索安装后但未张拉前，受悬垂拉索的影响，撑杆下端存在较大的偏摆。待拉索张拉后，撑杆的理想姿态是竖直的。若垂直度偏差较大，会影响美观性；若过大，则会加剧索夹抗滑的负担。

因此，该工程根据拉索张拉方案，评估分析结构张拉成形时撑杆垂直度的状况。若垂直度较差，应对径向索和环索的长度以及索夹标记位置（索段长度）在设计图纸模型的基础上予以调整，以保证张拉成形后撑杆具有良好的垂直度。

2）总体施工思路

搭设独立胎架→墙体和挑篷的网格在胎架上分块吊装（竖直撑杆随各区块一起吊装）→环索在看台上展开并安装索夹，提升至高空与撑杆连接→径向索在看台上展开并安装索夹，逐榀牵引提升至高空与撑杆、环索和外压环梁连接→分阶段、分批张拉径向索→补装环索上的斜撑→拆除挑篷下的胎架→安装屋面、马道等。

整体结构施工步骤如图 2.17-4 所示。

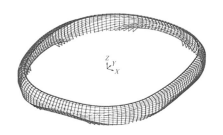

(a) 安装外压环和幕墙结构

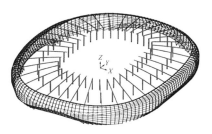

(b) 架设胎架，安装径向次梁

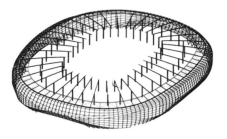

(c) 安装最外圈径向主梁、外圈环梁和外斜撑

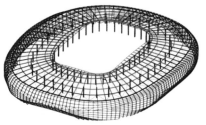

(d) 安装径向主梁、撑杆和其余环梁

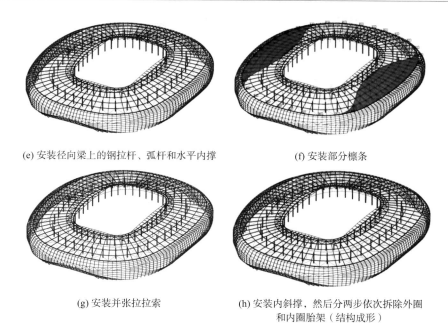

(e) 安装径向梁上的钢拉杆、弧杆和水平内撑

(f) 安装部分檩条

(g) 安装并张拉拉索

(h) 安装内斜撑，然后分两步依次拆除外圈和内圈胎架（结构成形）

图 2.17-4 整体结构施工步骤

3）拉索安装及张拉

①环索安装

环索在看台上铺展且安装索夹后依次提升。提升点位于各索夹和两端的索头（图 2.17-5）。

(a) 在看台上铺展环索和安装环索索夹（隐去胎架）

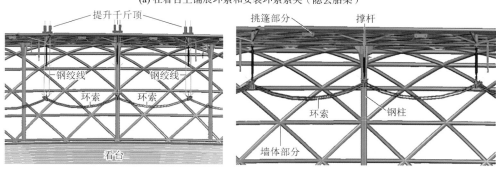

(b) 提升环索（隐去胎架）

(c) 环索索夹与撑杆铰接（隐去胎架）

图 2.17-5 环索安装示意图

②径向索安装

径向索在看台上铺展且安装索夹后，逐根采用两点提升。提升点位于径向索两端；采用卷扬机与起重机相配合的方法进行提升（图 2.17-6）。

第 1 步：场外履带式起重机吊起径向索（隐去胎架）

第 2 步：牵引径向索、径向索与环索连接段用钢丝绳临时连接（隐去胎架）

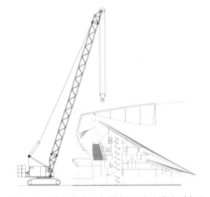

第 3 步：径向索索夹与撑杆连接（隐去胎架）

第 4 步：径向索与外压环耳板连接（隐去胎架）

图 2.17-6　径向索安装示意图

③径向索张拉

通过主动张拉径向索的方法在结构中建立所需的预应力。径向索分 4 阶段（预紧 10% →50%→90%→100%）和 3 批循环张拉（图 2.17-7）。

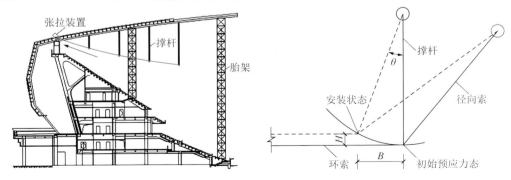

图 2.17-7　径向索主动张拉的安装状态和初始预应力态示意图

④安装斜撑、拆除胎架、结构成形（图2.17-8和图2.17-9）

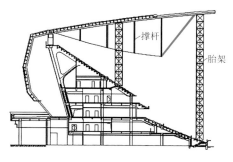
图 2.17-8 安装斜撑示意图

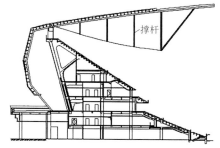
图 2.17-9 拆除胎架、结构成形

4. 工程图片

图 2.17-10 钢结构拼装完成

图 2.17-11 环索张拉前

图 2.17-12 索牵引提升

图 2.17-13 拉索张拉成形

撰稿人：东南大学 罗 斌

2.18 大连梭鱼湾足球场罩棚——上弦斜交索桁架

设　计　单　位：中国建筑第八工程局有限公司
总　包　单　位：中国建筑第八工程局有限公司
钢结构安装单位：中冶钢构科技有限公司
索结构施工单位：北京市建筑工程研究有限责任公司
索　具　类　型：巨力索具、坚宜佳·密封索
竣　工　时　间：2022 年

1. 概况

大连梭鱼湾专业足球场项目总占地面积约 26.5hm²，总建筑面积约 13.6 万 m²。建筑设计灵感来源于"海浪与海螺"。建筑外观优美动感，表皮仿佛波光粼粼的海面，体现了浪漫之都大连的滨海文化特征；螺旋上升的曲线来自海螺，寓意足球名城大连踏浪前行、拼搏向上的城市精神，以及足球事业不断提升的美好愿望。屋顶罩棚平面投影外轮廓为四心圆，长轴 268.5m，短轴 250m，顶标高 65.6m，采用上弦斜交下弦径向布置索桁架体系。屋盖罩棚长轴方向的悬挑长度为 60.2m，短轴方向为 55.8m（图 2.18-1）。

图 2.18-1　大连梭鱼湾专业足球场全景

2. 索结构体系

屋面索网可视为由三个部分组成的自平衡结构体系：
①内环双层受拉环索，长轴 133.2m，短轴 123.4m，上下拉环间距约 19.5m，通过撑杆

相连。拉环内侧设置钢挑篷，悬挑 9.3～13.6m，体育场中心开口长轴 114.4m，短轴 96.2m。

②外环受压桁架，长轴 253.5m，短轴 235m，支承于 56 根直钢柱上。钢柱柱底、柱顶铰接，柱间设置人字支撑。

③双层索网，由上弦拉索斜交、下弦拉索径向布置、在平面交点处设置竖向撑杆相连，两端锚固于受压桁架和受拉环索。

上弦斜交索网索长 76～82m 不等，共计 56 根斜索，拉索规格为 φ110。下弦径向拉索，索长 52～57m 不等，共计 56 根下径向索，拉索规格为 φ120。上层环索为 4φ100 的密封索，下层环索为 8φ125 的密封索，内环撑杆之间设置有 56 根 φ65 内环斜拉索，结构的轴测图如图 2.18-2 所示。索网杆件规格如图 2.18-3 所示。

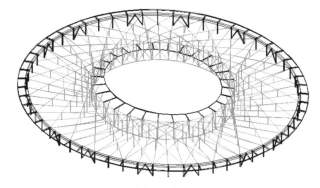

图 2.18-2　足球场屋盖索网三维轴侧图

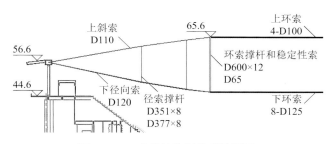

图 2.18-3　索网结构杆件规格图示

屋盖结构索系的全部拉索采用密封索，索体公称抗拉强度：1570MPa。主要构件规格及数量列于表 2.18-1。

主要构件 表 2.18-1

位置	规格	说明	数量
上层斜索	D100	密封索，一端可调节	56
上层环向索	4×D100	密封索，一圈分两段	8
下层径向索	D120	密封索，一端可调节	56
下层环索	8×D125	密封索，一圈分两段	16
内环斜拉索	D65	密封索，一端可调节	56
撑杆	D600×12/D377×8/D351×8	Q355C	168

3. 索结构施工

1）在支撑架上铺放上环索并安装索夹（图2.18-4）

图 2.18-4　铺放上环索并安装索夹

2）在支撑架上依次铺放下径向索、上斜索和附加索（图 2.18-5～图 2.18-7）

图 2.18-5　铺放下径向索

图 2.18-6　铺放上斜索

图 2.18-7　铺放附加索

3）提升上环索距离地面 34.5m

提升附加索把上环索提升 34.5m，上斜索固定端随着环索提高，调节端通过绞线收紧（图 2.18-8）。

图 2.18-8　提升上环索距离地面 34.5m

4）在支撑架上铺放下环索并连接至下径向索（图 2.18-9）

图 2.18-9　铺放下环索并连接至下径向索

5）通过提升下径向索使下环索离地 15m（图 2.18-10）

图 2.18-10　通过提升下径向索使下环索离地 15m

6）安装环索撑杆和环索稳定索（图 2.18-11）

图 2.18-11　安装环索撑杆和环索稳定索

7）提升下径向索并分批安装各径向索撑杆
①提升第 1 批下径索（有环索撑杆的下径向索），安装 CG2（图 2.18-12）；

图 2.18-12　提升第 1 批下径索（有环索撑杆的下径向索），安装 CG2

②径向索撑杆总体安装顺序是从 CG2～CG6 依次进行安装（图 2.18-13）。

图 2.18-13　安装 CG6

8）牵引上斜索并安装就位

提升下径向索，下环索距离地面 35m，安装上径向索（图 2.18-14）。

图 2.18-14　提升下径向索，下环索距离地面 35m，安装上径向索

9）提升下径向索并安装就位

提升下径向索，并张拉下径向索就位（图 2.18-15）。

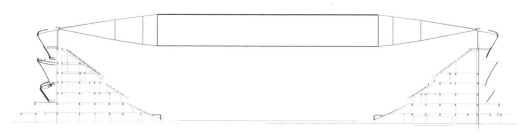

图 2.18-15　张拉下径向索就位

10）拆除临时措施

利用 500t 履带式起重机从提升千斤顶端部把钢绞线通过切割机切断将千斤顶及剩余

绞线整体、承力架等提升工装吊至地面。

4. 工程图片

图 2.18-16 上环索及上斜索安装现场

图 2.18-17 拉索提升工装

图 2.18-18 提升过程现场

图 2.18-19 提升完成现场

参考文献

[1] 杨佳奇, 周光毅, 武岳, 等. 大连梭鱼湾足球场屋盖结构选型与张拉试验研究[J]. 建筑结构学报, 2022, 12.

撰稿人：北京市建筑工程研究院有限责任公司　杨　越　尤德清　张晓迪

张书欣　王泽强

2.19　泰州体育公园体育场罩棚——索承网格结构

设　计　单　位：中国建筑西南设计研究院有限公司
总　包　单　位：锦宸集团有限公司
钢结构安装单位：浙江东南网架股份有限公司
索结构施工单位：北京市建筑工程研究院有限责任公司
索　具　类　型：巨力索具·高钒拉索、密封索
竣　工　时　间：2022 年

1. 概况

　　泰州市体育公园项目规划建于泰州市周山河街区园博园以南地块，北临海军东路，东临鼓楼南路，西邻海陵南路，南临淮河路，总投资 18.8 亿元，占地面积 46.932hm²。建设规模为 3 万座席体育场、6000 座席体育馆、1500 座席游泳馆、全民健身馆、赛事指挥中心、综合产业空间及相应配套商业设施的体育公园服务体，建成后作为 2022 年江苏省第二十届运动会主场馆投入使用，进行开、闭幕式的表演和一些重要的比赛活动。体育场建筑面积 62905m²，可以容纳 3 万人观看比赛。体育场屋盖平面近似为圆形，采用索承网格结构，南北向约为 263m，东西向约为 233m，看台罩棚东向悬挑长度为 36.0m，西向悬挑长度为 47.8m，南北向悬挑长度为 30.8m，屋盖最高处 47m（图 2.19-1）。

图 2.19-1　泰州体育公园体育场

2. 索结构体系

　　屋盖钢结构由两部分组成，分别为：①环形竖向支撑体系，采用矩管 V 形桁架柱、大拱桁

架、桁架环梁构成,环带宽6m左右;②屋盖体系,采用索承网格结构(图2.19-2~图2.19-4)。

图2.19-2 体育场钢结构整体模型

图2.19-3 环形竖向支撑体系

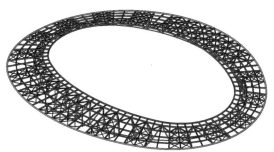

图2.19-4 屋盖索承网格体系

1)屋盖索承网格结构

屋盖索承网格结构上弦为径向和环向的箱形梁构成的单层网格结构,整个单层网格结构与外圈环梁采用铰接连接。下弦为索杆体系,其中径向索共38榀,直径D140的径向索共计20榀,直径D122的径向索共计18榀;环向索只有一圈,采用6D125;屋面水平稳定索D30,共计192根(图2.19-5和图2.19-6)。

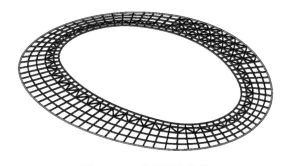

图2.19-5 单层网格结构

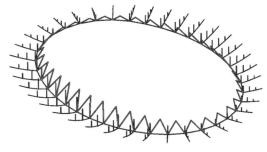

图2.19-6 索杆体系

2)索承网格结构特性

①屋盖上弦单层网格结构作为悬臂结构与外环梁为铰接连接,这样径向悬臂构件在环

梁处弯矩为零，上弦径向梁就可以做成等截面的箱形梁，从而节约用钢量。同时上弦单层网格结构的重量完全由下弦索系承担，在下弦索系没有施加预应力前上弦单层网格类似于瞬变体系，变形较大，因此上弦单层网格结构施工时主要靠临时支撑胎架支撑。

②为了增加屋盖悬挑长度，环索前端悬挑部分增加了 V 形撑杆，该构件的安装时间也是该工程的一个难点。设计状态此 V 形撑杆主要为了支撑起环索前端的悬挑部分构件，如 V 形撑杆在张拉前先安装，则预应力施加时 V 形撑杆受拉，使得屋盖前端产生向下的变形，因此 V 形撑杆必须在张拉完成后再安装。在 V 形撑杆安装之前，没有下部支撑的悬挑部分在自重作用下势必会下挠，这样必然无法安装 V 形撑杆，故必须采取措施控制悬挑部分的结构变形，使之能满足后装 V 形撑杆的安装空间要求（图 2.19-7）。

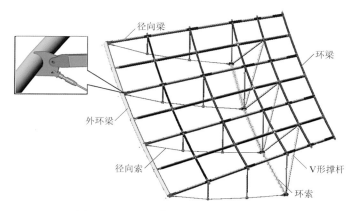

图 2.19-7　屋盖索承网格结构局部示意图

3. 索结构施工

该工程预应力拉索安装采用地面拼装、整体提升安装的方法，拉索总的安装顺序为：①测量放线定位环索铺放位置和搭设环索索夹安装操作平台；②在看台上铺放环索，并安装环索索夹；③在看台上铺放径向索，并安装径向索夹；④安装上弦单层网格结构；⑤安装上部斜拉结构；⑥安装提升工装，提升索系就位；⑦张拉径向索使结构成形；⑧安装斜撑；⑨拆除上部斜拉结构，拆除支撑架；⑩安装屋面、马道等。

1）反向张拉方法的研究

目前索承网格结构预应力施工主要有两种方法：一种是所谓无支架施工法，该方法的主要思路是先施工下部索网结构，再安装上部网格结构，主要步骤如下：施工完成钢立柱、外压环梁→铺放环向拉索和径向拉索构成索网结构→提升索网结构→安装下拉索，下拉索上端与环索索夹节点连接→通过下拉索张拉索网结构，使索夹下拉至设计位置→依次吊装各分块索承网格结构单元（含撑杆），同时调整下拉索索力→待各组索承网格结构单元吊装完成后，拆除下拉索。另一种是二次顶升法（图 2.19-8），该方法的主要思路是先施工上部网格结构，再安装张拉下部索网，最后将悬挑端顶升并安装 V 形撑杆，主要步骤如下：在外部钢结构施工完成后，在支撑胎架上拼装上部网格结构→地面上铺设径向索、环向索，然后整体提升并与上部网格结构相连→分级张拉拉索至设计张拉力→二次顶升悬挑端，安装 V 形撑杆。上述两种方法各有优缺点，无支架施工法的优点是节省了胎架的费用，缺点是计算和分析复杂，需要制定合适的施工流程，施工精度要求更高。二次顶升法的优点是可以利用既有支撑胎架，不需要额外设置支撑进行反顶；缺点是反顶力较大，需要加固支撑胎架，增大了胎架用钢量，看台梁底部设置反顶支撑，增加了看台反顶措施，施工成本高。

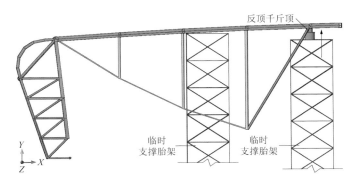

图 2.19-8　二次顶升措施示意图

这里提出一种新的索承网格结构的施工方法——反张拉法（图 2.19-9），该方法的大部分步骤与二次顶升法相同，区别就在 V 形撑杆支撑的悬挑段的处理上。二次顶升法是拉索张拉完成后二次顶升悬挑端，安装 V 形撑杆；反张拉法的处理方式是在拉索张拉前在网格结构上部，通过反张拉装置将悬挑段锁住，然后张拉下部拉索，最后安装完 V 形撑杆后再解除悬挑段的锁定。该方法利用既有结构设置反拉装置，施工操作轻巧方便；只需要在每个节点部位设置反拉即可，增加反拉装置的用钢量小，成本可控。相对于无支架施工法，又减少了复杂的计算和分析，施工质量也较容易控制。具体反拉装置见图 2.19-10～图 2.19-12。

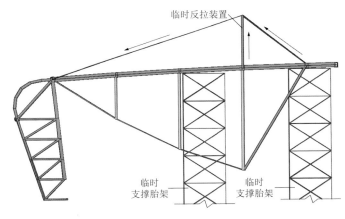

图 2.19-9　反拉措施示意图

2）安装及张拉上部斜拉结构

为解决网格结构悬挑前端在拉索张拉时下挠的问题（V 形斜撑后装），引入上部斜拉结构作为临时反拉装置，该装置的作用是在拉索张拉前通过该装置的张拉将网格结构前端临时锁定，防止其下挠，待张拉完成后，将 V 形斜撑安装完，再将临时反拉装置放张，解除对网格结构前端的锁定。

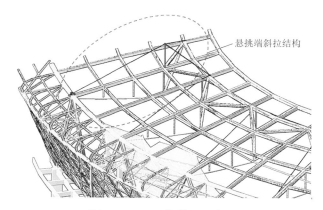

图 2.19-10　反拉装置示意图

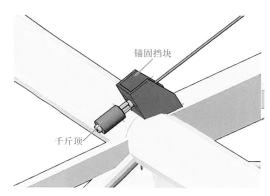

图 2.19-11　反拉装置锚固端构造示意图　　　图 2.19-12　反拉装置构件构成示意图

3）预应力施加的步骤

该工程预应力施加仿真分析采用了 MIDAS Gen 软件进行分析。整个屋盖结构的安装顺序为：先在 38 榀下弦有拉索的径向梁端部和东西看台径向梁的中部及悬挑端搭设支撑胎架，然后安装屋盖钢结构和钢拉索，待整个结构安装完成后，将环索调整到初始长度，然后对径向索开始施加预应力。预应力的施加顺序：38 榀径向拉索整体进行张拉，共分 4 级张拉完成，每级分别张拉到设计值的 30%、50%、70% 和 100%；最后安装屋面稳定索等。

4. 工程图片

图 2.19-13　径向索张拉

图 2.19-14 拉索整体提升

图 2.19-15 张拉完成

参考文献

[1] 鲍敏, 司波, 王丰, 等. 泰州体育公园体育场索承网格结构预应力施工关键技术[J]. 施工技术, 2022, 36(14): 61-65.

[2] 司波, 王丰, 向新岸, 等. 环向悬臂索承网格结构的预应力设计关键技术研究和应用[J]. 建筑结构, 2014, 44(15): 36-40.

撰稿人： 北京市建筑工程研究院有限责任公司　鲍　敏　王泽强

2.20 吕梁体育场罩棚——中间大开孔四角落地拉索拱壳

设　计　单　位：中国建筑设计研究院有限公司
总　包　单　位：中铝国际（天津）建设有限公司
钢结构安装单位：江苏沪宁钢机股份有限公司
索结构施工单位：北京市建筑工程研究院有限责任公司
索　具　类　型：天津腾海科技·钢绞线拉索
竣　工　时　间：2022 年

1. 概况

吕梁新城体育中心为吕梁市的市级体育中心，规划建成为体育竞赛、大众健身、文化表演、休闲娱乐为一体的综合服务型多功能场所。项目总用地约 2.01 万 m²，总建筑面积 8.39 万 m²。体育场建筑面积 2.9 万 m²，建筑平面尺寸 204m×160m。体育场上部网壳采用中间大开孔的钢-混凝土组合单层网壳，并通过四角落地钢拱与基础连接，拱脚水平向设置预应力混凝土拉梁，形成拉索拱壳结构体系。其中，屋面采用预制钢筋混凝土壳板，肋梁采用焊接 H 型钢，长向拱和短向拱为箱形变截面钢拱，开孔处的环梁为箱形截面钢梁（图 2.20-1）。

图 2.20-1　吕梁新城体育中心体育场屋盖

2. 索结构体系

拱脚水平向设置的预应力混凝土拉梁用以平衡上部拱壳结构传给桩基础的水平推力。吕梁体育场拱壳结构跨度大、中部大开孔，上部结构只通过四角落地钢拱与基础相连，结构约束冗余度较少，预应力混凝土拉梁的作用对上部结构来说至关重要。

拱壳结构模型如图 2.20-2 和图 2.20-3 所示。预应力拉梁如图 2.20-4～图 2.20-6 所示。

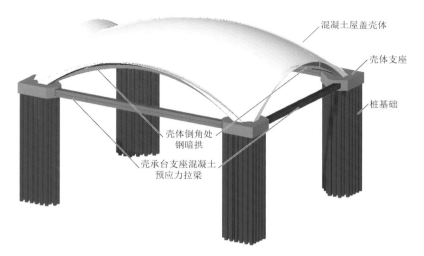

图 2.20-2 三维模型

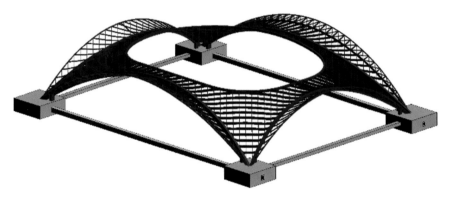

图 2.20-3 三维计算模型

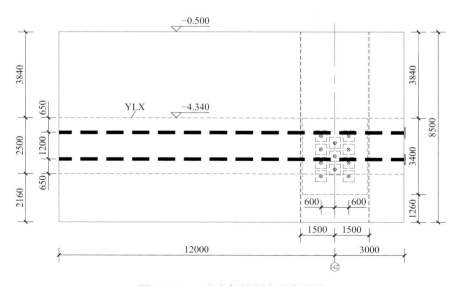

图 2.20-4 *X*方向拉梁预应力线形图

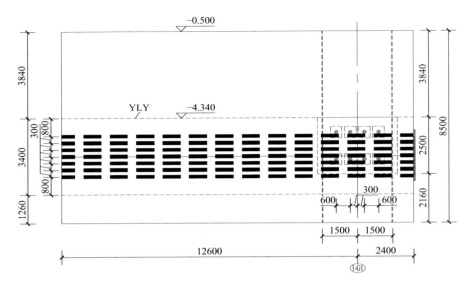

图 2.20-5　Y方向拉梁剖面图

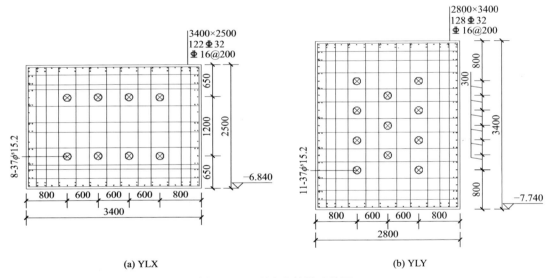

(a) YLX

(b) YLY

图 2.20-6　预应力拉梁配筋图

该结构体系有如下特点：

①预应力拉梁单孔钢绞线 37 根，单根梁预应力孔道 11 孔，单根梁预应力钢绞线总根数为 **407 根**；

②预应力需平衡的拱脚推力设计值，单根梁预应力最大 56000kN；

③预应力梁超长，预应力束最大长度达到 230m，穿束难度大，孔道灌浆难度大；

④拱脚推力被预加力平衡，桩侧向位移基本为零，不会对桩产生不利影响；

⑤预应力拉梁具有较大的轴向刚度，具有一定的抗压能力，可以有效地避免施加预应力的过程中对承台和桩的不利影响；

⑥拉梁内的预加力，可使拉梁始终处于受压状态或不开裂。只要拉梁不开裂，拉杆的

轴向刚度就是有效的，对桩的侧向刚度是一个有利的保证措施。构件参数见表 2.20-1。

主要构件 表 2.20-1

构件	截面	预应力束
X 方向梁	3400mm × 2500mm	8-37ϕ^s15.2
Y 方向梁	2800mm × 3400mm	11-37ϕ^s15.2

3. 索结构施工

①预应力拉梁钢筋工程、混凝土工程施工，同时预埋预应力孔道（图 2.20-7）；

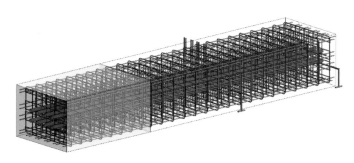

图 2.20-7 预应力孔道施工

②采用卷扬机穿预应力束（图 2.20-8）；

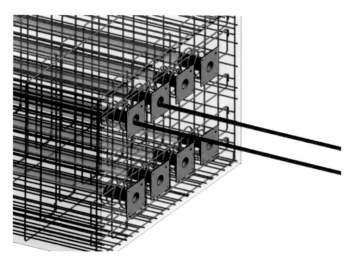

图 2.20-8 穿预应力束

③钢结构安装之前进行预应力第一级张拉（图 2.20-9）；
④钢结构安装；
⑤临时支撑拆除，对应预应力张拉第二级、第三级；
⑥屋面板安装，对应预应力张拉第四级、第五级、第六级；
⑦预应力孔道灌浆（图 2.20-10）。

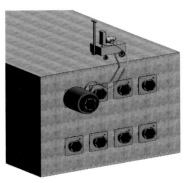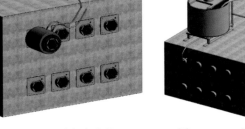

图 2.20-9　预应力张拉　　　　　图 2.20-10　孔道灌浆

4. 工程图片

图 2.20-11　预应力张拉端

参考文献

[1]　丁伟伦, 任庆英, 贾连光, 等. 吕梁新城体育中心体育场大开孔单层网壳静力稳定性分析 [J]. 建筑结构, 2019, 49(S1): 281-284.

　　　　　撰稿人： 北京市建筑工程研究院有限责任公司　张开臣　李　铭　王泽强

2.21 西安国际足球中心罩棚——大开孔双层正交索网

设　计　单　位：上海市建筑设计研究院
总　包　单　位：陕西建工集团有限公司
钢结构安装单位：陕西机械施化施工有限公司
索结构施工单位：南京东大现代预应力工程有限责任公司
索　具　类　型：巨力索具、瑞士法策·高钒镀层密封索
竣　工　时　间：2022 年

1. 概况

西安国际足球中心是 2023 年亚足联中国亚洲杯馆主场馆之一，位于大西安新中心新轴线核心位置，西咸新区沣东新城复兴大道以东，科统三路以北，占地约 280 亩，总建筑面积 25 万 m²，包含 1 座 6 万座席的专业足球场、2 块国际标准室外训练场，于 2023 年亚洲杯举办前建成投用，能够承接除世界杯开幕式以外的所有国际 A 级足球赛事。

足球场的屋盖结构平面上呈现倒圆角的矩形，尺寸约为 295.6m×250.6m，屋盖结构分为外部刚性网壳结构和内部柔性索网结构两部分，大开孔双层正交索网得到首次应用。其中，外部的刚性网壳屋盖是在空间不规则曲面中通过正放四角锥形式发展出来的空间网壳结构，内部索网屋面呈中央开洞的马鞍形曲面，外压环的平面尺寸约为 203.0m×178.6m，高差约 23.5m，内拉环的平面尺寸约为 115.0m×92.4m，高差约 4.9m，建筑效果图如图 2.21-1 所示。

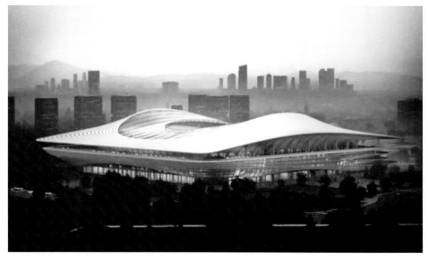

图 2.21-1　西安国际足球中心

2. 索结构体系

1）结构整体概况

该足球场的整体屋盖结构体系主要由外部刚性屋盖结构和内部柔性索膜结构构成，如图 2.21-2 和图 2.21-3 所示。

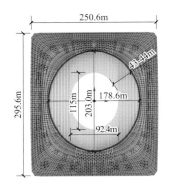

图 2.21-2　屋盖结构平面示意图

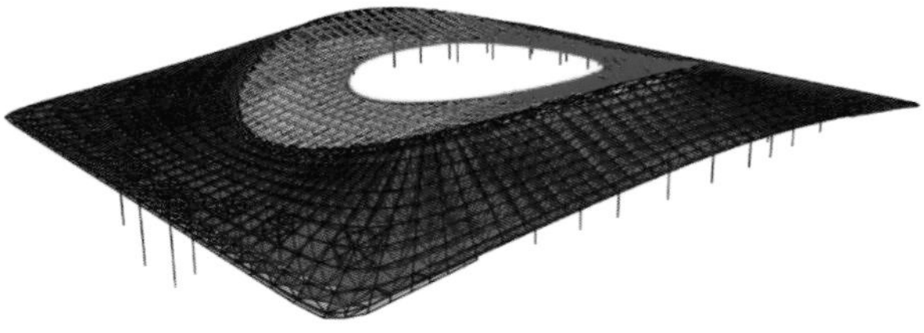

图 2.21-3　屋盖整体结构轴测图

①外部刚性屋盖结构

外部刚性屋盖结构采用空间网壳体系，整个网壳支承于 68 根型钢混凝土柱顶，柱顶设置成品球铰支座，其中南侧和北侧均为双排柱支承，如图 2.21-4 所示，东侧和西侧局部为单排柱支承，如图 2.21-5 所示。

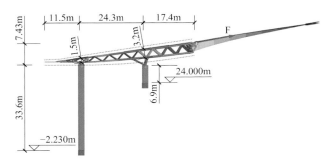

图 2.21-4　南侧网壳屋盖剖面示意图

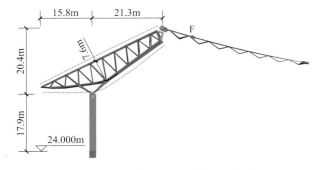

图 2.21-5　西侧网壳屋盖剖面示意图

②内部柔性索膜结构

内部柔性索膜结构包括外压环、悬臂梁、内拉环以及其间张拉的双层双向的正交索网体系，其中双层双向的正交索网体系由承重索、上层稳定索、下层稳定索以及连接上下层索网的膜面和提升索构成。

膜面张拉于上下层稳定索之间，上层稳定索形成了膜面的脊索，下层稳定索形成了膜面的谷索，有效提供了膜面的空间刚度。索网组成如图2.21-6~图2.21-10所示。

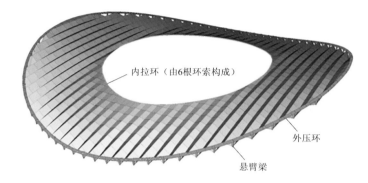

图2.21-6 内部柔性索膜结构整体示意图

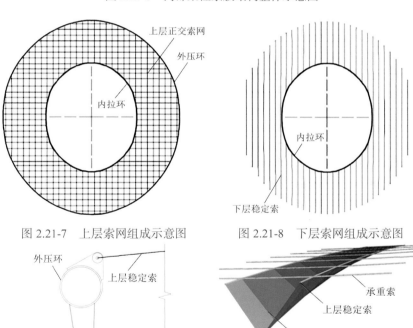

图2.21-7 上层索网组成示意图   图2.21-8 下层索网组成示意图

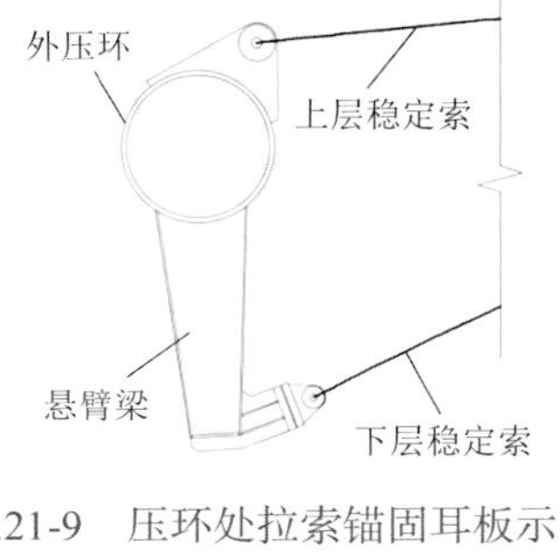

图2.21-9 压环处拉索锚固耳板示意图   图2.21-10 索网局部示意图

2）材料规格

①钢构件

外压环和悬臂梁构成内部索膜屋盖的外边界，均采用Q390C钢材。外压环采用外径为

1.5m 的圆管截面，壁厚为 55mm 和 60mm 两种，其中，部分 60mm 厚管段内部设置两道横向加劲板；悬臂梁采用变截面箱形截面，根部截面大，端部截面小，板厚分为 20mm 和 30mm 两种。具体材料规格见表 2.21-1。

外压环和悬臂梁材料规格 表 2.21-1

构件	截面规格/mm	截面积/mm²	材质
外压环	$\phi 1500 \times 55$	249680	Q390C
	$\phi 1500 \times 60$	271430	
	$\phi 1500 \times 60$ 内设 2 道横向加强板	325480	
悬臂梁	根部：$1000 \times 700 \times 20 \times 20$ 端部：$500 \times 700 \times 20 \times 20$	根部：66400、端部：46400	Q390C
	根部：$1000 \times 700 \times 30 \times 30$ 端部：$500 \times 700 \times 30 \times 30$	根部：98400、端部：68400	

②拉索

该工程承重索、上下层稳定索以及构成内拉环的环索均采用进口密封索，密封索具有非常好的横向承压能力以及索夹的抗滑能力，并且它也具备优秀的防锈蚀能力以及抗疲劳能力。该工程的拉索规格较多，具体规格见表 2.21-2。

拉索材料规格 表 2.21-2

拉索	索体规格/mm	有效面积/mm²	最小破断力/kN	备注
承重索	$1 \times \phi 65$	2982	4220	进口密封索
	$1 \times \phi 75$	3913	5620	
	$1 \times \phi 80$	4420	6390	
	$1 \times \phi 85$	4995	7210	
	$1 \times \phi 90$	5561	8090	
	$1 \times \phi 100$	6760	10100	
上层稳定索	$1 \times \phi 50$	1740	2470	
	$1 \times \phi 60$	2589	3590	
	$1 \times \phi 65$	2982	4220	
	$1 \times \phi 75$	3913	5620	
	$1 \times \phi 85$	4995	7210	
	$1 \times \phi 90$	5561	8090	
下层稳定索	$1 \times \phi 45$	1411	2000	
	$1 \times \phi 60$	2589	3590	
	$1 \times \phi 65$	2982	4220	
环索	$6 \times \phi 95$	6×6148	6×9110	

3）工程的重难点

该工程在设计和施工过程中存在以下问题：

①由于外圈刚性结构的空间形态特点，若采用传统内外一体的结构体系，将导致内圈索网在施工阶段的张拉力对外圈结构产生较大影响，由此产生的构件内力严重影响结构经济性；

②该工程采用创新的正交大开孔索网体系，解决造型、排水等一系列建筑功能需求的同时，也使得正交索网在与内环索交点处产生较大的不平衡力；

③该工程最终选用的自锚式内圈结构体系，对外压环的形态提出较高的设计要求，在索张拉力作用下，不同形态的外压环内力水平将截然不同；

④该工程存在一些设计难度较高的关键节点，如用于消除不平衡力的环索索夹、用于消除张拉阶段内外圈位移差的外压环支座等。

4）结构设计与施工技术创新

针对该工程的上述关键问题，系统深入研究结构体系、索夹节点、施工等创新技术，形成大开孔正交索网结构设计与施工成套应用技术如下：

①通过找形使外压环与索网形成闭合的自锚体系，并通过支座与外圈网壳连接。施工张拉过程中，支座释放水平向平动自由度，张拉结束后锁死，由滑移支座变为固定铰支座，从而消除施工阶段张拉力对外圈刚性结构的影响。针对内外圈结构的连接形式，在荷载条件相同的情况下，对比了完全固定铰支座和施工阶段可滑动支座对支撑屋盖体系的框架柱的影响。图 2.21-11 给出两种支座方案柱平面内外的弯矩变化值，相比施工阶段可滑动支座，固定铰支座方案下绝大部分框架柱平面内和平面外弯矩表现为增大，少部分表现为减少，并且弯矩增大幅度较大，最高可达约 5000kN·m。由此可见，内圈索网自锚体系对改善外圈刚性结构的受力具有显著效果。

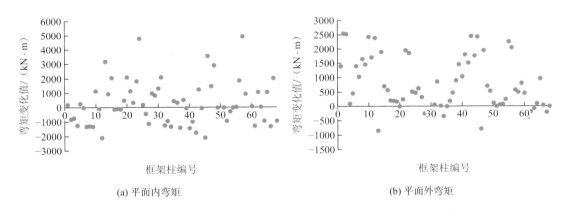

(a) 平面内弯矩　　　　　　　　　　　　　　(b) 平面外弯矩

图 2.21-11　完全固定铰支座相较施工阶段可滑动支座框架柱弯矩变化值

②内圈索网压环通过支座与外圈结构相连，该支座在施工张拉过程中可沿水平方向滑动，施工完成后固定。图 2.21-12 为支座的基本形式。张拉前，通过施工模拟分析，计算每个支座初始状态下的偏移量，并通过限位垫块定位偏移后的支座板，施工过程中通过逐步去除支座的限位垫块，使各支座在预先设计的位移量下有序滑动，张拉完成后各支座回归到居中位置并锁定，通过这一过程消除内圈索网在张拉过程中产生的支座处位移。

③针对内环索节点的出现的较大的不平衡力，对正交索网的形态进行了细化和微调（图 2.21-13）。过程简述如下：索夹两侧内环索力分别为 S_1 和 S_2，不平衡力 ΔS 可由公式(2.21-1)计算。对于完成态 20000kN 的内环索力，只需调整环索索夹处夹角约 1.18° 就可以将 ΔS 降

低 25%。由于体系自身的特点，此调整并不能完全消除不平衡力，只能在一定程度上弱化。这个视觉完全不可见的调整，可以直接将不平衡力降低到约 1300kN。

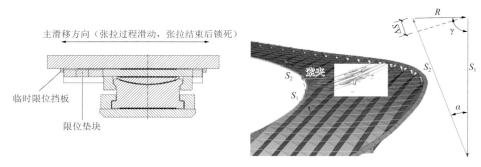

图 2.21-12　施工阶段可滑移支座　　　图 2.21-13　内环索夹不平衡力调整原则

$$\Delta S = S_1 \left[\sqrt{\left(\frac{R}{S_1}\right)^2 - 2\left(\frac{R}{S_1}\right)\cos\gamma + 1} - 1 \right] \qquad (2.21\text{-}1)$$

式中：ΔS——不平衡力；

S_1——内环索索力；

γ——正交索与内环索夹角；

R——正交索索力。

④因内圈索网为自锚体系，需尽可能减小索网外压环的弯矩，使得索网外压环内力以轴压力为主，提高材料的利用效率。因此，需通过调节索网的预应力分布及索网形态，对外压环弯矩分布进行优化。图 2.21-14 为优化前后的外压环弯矩分布图，通过索网找形优化，最大弯矩由 4379kN·m 降至 1094kN·m。

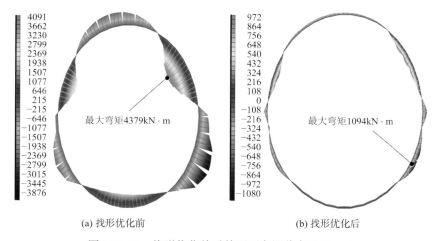

(a) 找形优化前　　　　　　　　(b) 找形优化后

图 2.21-14　找形优化前后外压环弯矩分布/(kN·m)

⑤该工程内环索索夹各部件全部采用机加工成形的方式，避免了传统铸造索夹重量大、脆性高和缺陷多的问题，同时采用了附加索夹的形式，增大了节点抵抗拉索不平衡力的能力。如图 2.21-15 所示，内环索索夹主要由耳板、索槽板、盖板、附加索夹等机加工构件焊接而成。

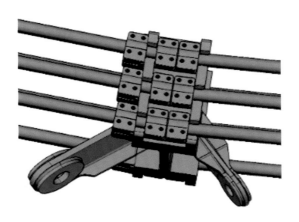

图 2.21-15　内环索索夹

3. 索结构施工

1）索网施工关键问题

①由于外压环整体较柔，设计单位在计算时通过给外压环施加初压应力以控制外压环变形在合理范围之内，由于初压应力的引入，外压环的加工制作长度和拼装形状较于设计建模位形将产生不可忽略的差别，而设计单位提供的图纸中所有坐标均为结构设计建模态坐标，不能直接作为构件的加工及安装坐标。因此，外压环安装态的几何位形均需要通过精细的零状态找形分析来确定。

②该工程内部屋盖采用创新的大开孔正交索网结构，既不同于传统正交索网结构，也不同于大开口轮辐式索网结构，而且结构的跨度大，外压环的刚度柔，下层索锚固点偏离外压环中心的距离大，周边支承的状况复杂，拉索的总量大，这些无疑会给索结构施工带来重大挑战。为了确保索网结构的顺利施工，合理的拉索施工方案和精细化的全过程分析是十分必要的。

③该工程拉索均采用定长索，索端不设调节装置，这无疑给拉索制造和外压环安装的精度提出了较高要求，需通过索长误差和外压环安装误差的影响分析确定合理的控制标准，以保证结构施工成形态符合设计要求。

2）针对拉索施工全过程，拟定以下总体施工步骤

索网施工前序：外围结构胎架卸载后，环桁架下胎架反顶（仅接触），支座径向临时固定（图 2.21-16）。

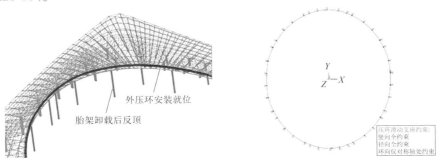

图 2.21-16　索网施工前序

第一步：地面组网完成，开始牵引提升索网（图2.21-17）。

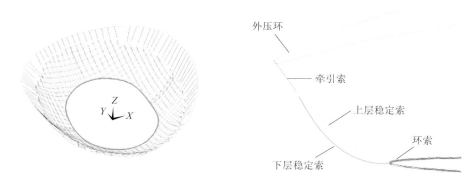

图 2.21-17　索网施工第一步

第二步：提升至环索标高约35m，将下层稳定索锚接就位（图2.21-18）。

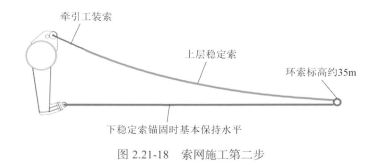

图 2.21-18　索网施工第二步

第三步：上层未牵引的索端增设牵引索，所有牵引索收至0.5m（图2.21-19）。

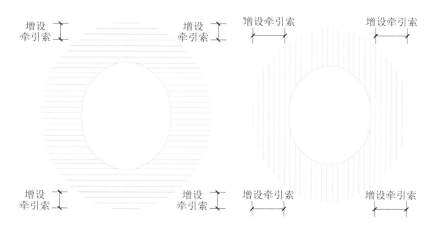

图 2.21-19　索网施工第三步

第四步：释放支座的临时径向约束（图2.21-20）。

第五步：卸除压环桁架下的胎架（图2.21-21）。

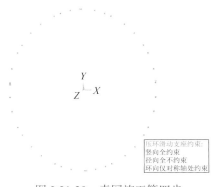

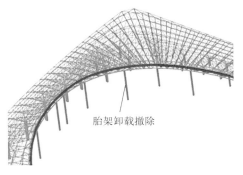

图 2.21-20 索网施工第四步　　　　　　图 2.21-21 索网施工第五步

第六步：上层索网锚接就位（图 2.21-22）。

索网施工后续：安装膜面、马道、外围屋面等（图 2.21-23）。

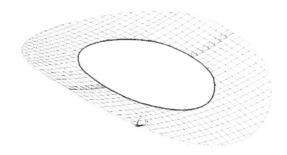

图 2.21-22 索网施工第六步　　　　　　图 2.21-23 索网施工后续

4. 工程图片

图 2.21-24 拉索铺设现场

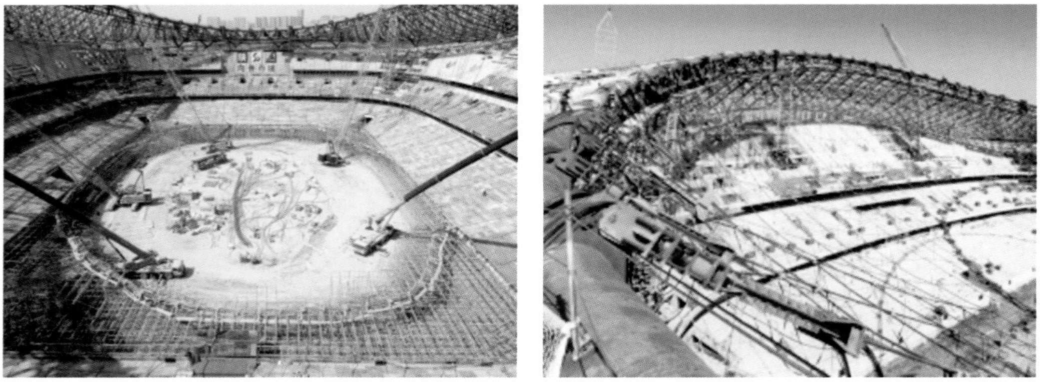

(a) 起重机辅助提升　　　　(b) 索牵引提升

图 2.21-25　牵引提升现场

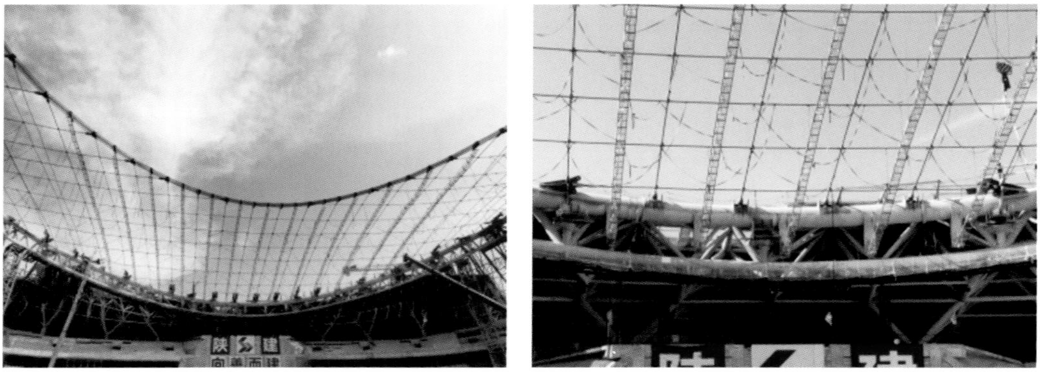

图 2.21-26　拉索张拉成形现场

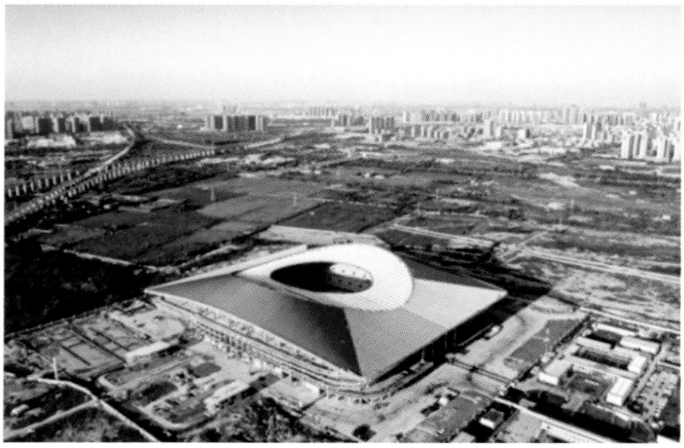

图 2.21-27　西安国际足球中心全景

撰稿人： 上海建筑设计研究院有限公司　徐晓明　史炜洲
东南大学　罗　斌　阮杨捷

2.22 泰安文旅健身中心体育场罩棚——辐射布置张弦梁

设　计　单　位：同济大学建筑设计研究院（集团）有限公司

总　包　单　位：中建八局第二建设有限公司

钢结构安装单位：山东华亿钢机股份有限公司

索结构施工单位：中建八局第三建设有限公司　上海固隆建筑工程有限公司

索　具　类　型：巨力索具·D95 高钒密封索　竖宜佳·D80、D45 高钒密封索

竣　工　时　间：2022 年

1. 概况

泰安文旅健身中心体育场位于泰安中西部地区，北至天平湖路，南至横二路，西至纵六路。体育场地上建筑面积约 5 万 m²，观众座位约 3 万个，内场设有标准 400m 跑道及足球场，满足各项田径比赛要求。比赛场地四周为东、西、南、北看台（图 2.22-1）。

项目结构体系包括内部悬挑结构、支承钢柱和外侧立面结构三部分。内部悬挑结构通过 68 榀径向索和 1 道中央环索形成张拉结构体系，通过飞柱和撑杆支撑上部径向梁和环向压环，提高屋盖结构竖向刚度。悬挑屋盖通过 68 个支承钢柱传递至下部看台。西看台钢柱与下部结构铰接，其余看台钢柱与下部结构刚接。西侧立面龙骨与混凝土柱铰接，其余立面龙骨下部均与看台钢柱刚接，与中央大跨屋盖形成一个完整的结构体系。

图 2.22-1　泰安文旅健身中心体育场

2. 索结构体系

该项目采用轮辐式张弦梁结构，是一种新型大跨度空间结构形式。结构由刚度较大的

抗弯构件（又称刚性构件，通常为梁、拱或桁架）和高强度的弦（又称柔性构件，通常为索）以及连接二者的撑杆组成；通过对柔性构件施加拉力，使相互连接的构件成为具有整体刚度的结构。结构体系的分解见图 2.22-2。

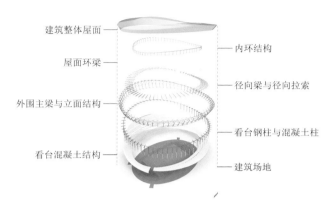

图 2.22-2　结构体系的分解

1）屋盖钢结构体系创新——不对称马鞍形全张拉轮辐式张拉结构

屋盖首次采用不对称马鞍形全张拉轮辐式张拉结构，如图 2.22-3 所示，内环交叉拉索既能平衡马鞍形高差造成的不平衡力，提高内环的整体受力性能，同时与刚性交叉撑杆相比，方便整体结构的施工张拉。

2）细部节点构造

索夹是连接索体和相连构件的一种不可滑动的节点，由主体、压板和高强度螺栓构成，其中主体直接与非索构件相连，而压板通过高强度螺栓与主体相连，通过高强度螺栓的紧固力使主体和压板共同夹持住索体。如图 2.22-4 所示，项目设计索夹在受力性能和建筑细节上完美结合。

3）场地风环境研究、结构的精细化计算分析、BIM 技术及数字化视线分析技术

如图 2.22-5 所示，项目结合周边场地对风环境进行了试验和数值分析研究，进行了动力弹塑性时程分析和复合非线性精细化极限承载力分析，结合 BIM 技术进行数字化视线分析，使得结构布置更好满足体育场使用功能要求。

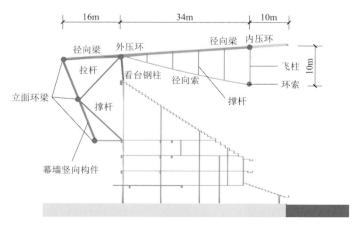

(a) 西看台悬挑单榀剖面

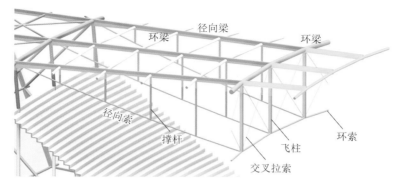

(b) 西看台悬挑轴侧图

图 2.22-3　西看台结构布置示意图

图 2.22-4　细部节点构造

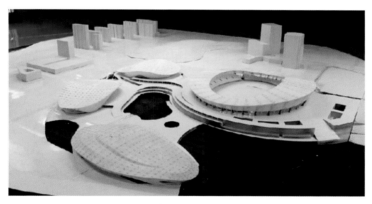

(a) 场地风环境研究

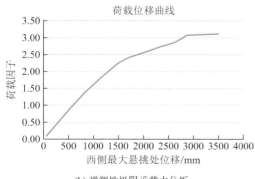

(b) 弹塑性极限承载力分析

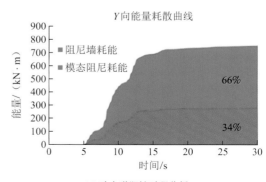

(c) 动力弹塑性时程分析

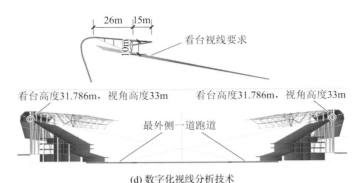

(d) 数字化视线分析技术

图 2.22-5　环境、视觉和结构性能化分析

3. 索结构施工

泰安文旅健身中心体育场的预应力索张拉分 4 级对称张拉，张拉端为靠近看台顶部一端的径向索，具体施工步为：

①主体钢结构安装，含胎架；

②环索及竖向撑杆以及环向索支撑安装，径向索及竖向撑杆安装；

③索系初预紧，绷紧成形；

④分 6 批，分步张拉至 30%初始态索力；

⑤分 6 批，分步张拉至 50%初始态索力；

⑥分 6 批，分步张拉至 80%初始态索力；

⑦分 6 批，分步张拉至 100%目标索力，超张拉 5%；

⑧安装斜拉索；

⑨卸载未自动脱胎胎架；

⑩安装挑檐。

根据上述张拉方案，结合设计初始状态进行施工过程跟踪模拟分析。考虑结构的对称性，以短轴所在位置作为对称轴取 1/2 结构进行分析。环索及径向索编号如图 2.22-6 所示。

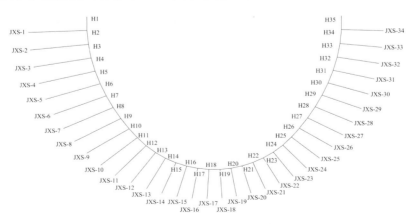

图 2.22-6　环向索索段及径向索编号

径向索张拉过程各阶段索力变化如图 2.22-7 所示。图 2.22-7（a）展示了单侧长轴端处径向索（JXS-17、JXS-18）、短轴两端处径向索（JXS-1、JXS-2、JXS-33、JXS-34）以及 A3/A4 区与 A1/A2 区衔接过渡区域径向索（JXS-10 至 JXS-12，JXS-23 至 JXS-25）索力变化情况。由图 2.22-7（b）直观地观察到每步张拉完毕时各轴线处径向索索力分布情况。环索由六根拉索分上下两层布置，每根环索在张拉过程中的最大索力变化如图 2.22-8（a）所示。张拉施工过程中胎架支承反力变化情况如图 2.22-8（b）所示。临时胎架从长轴两端向中间方向逐步实现自动脱胎，整个过程中胎架反力均匀减小，在拉索体系张拉最终步完成后，除 A3 区域仍有 7 个胎架未脱胎以外，其余胎架均自动脱胎。

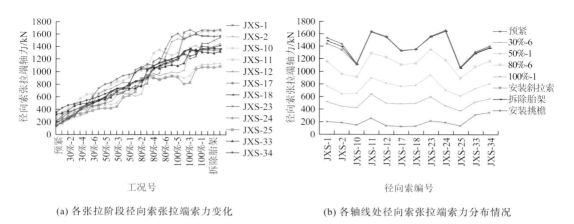

(a) 各张拉阶段径向索张拉端索力变化　　　(b) 各轴线处径向索张拉端索力分布情况

图 2.22-7　径向索施工过程索力变化

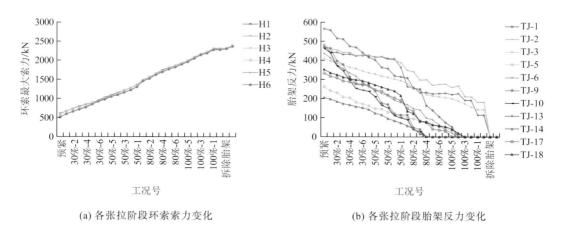

(a) 各张拉阶段环索索力变化　　　(b) 各张拉阶段胎架反力变化

图 2.22-8　各张拉阶段环索最大索力和胎架反力变化

张拉完毕后屋盖悬挑端控制点的变形能充分反映施工完成后的结构是否与设计要求相吻合，屋盖内环悬挑主要监测关键点的布置位置与编号如图 2.22-9 所示。图 2.22-10展示了各施工步监测关键点竖向位移变化情况。悬挑端竖向位移情况与环索索夹节点竖向位移变化趋势相似。

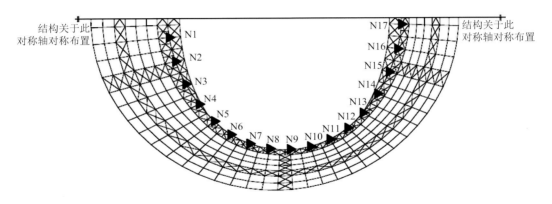

图 2.22-9　内环悬挑端竖向位移监测关键点

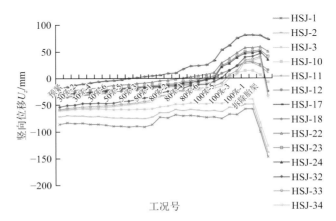

图 2.22-10　监测关键点竖向位移变化

4. 工程图片

图 2.22-11　铺索

图 2.22-12　提升索

图 2.22-13　张拉

图 2.22-14 整体张拉成形

图 2.22-15 安装屋面

撰稿人：上海固隆建筑工程有限公司　张国栋
　　　　同济大学　　　　　　　　　罗晓群

3

体育馆

我国很早就采用索结构作为体育馆（游泳馆、滑冰馆）屋盖了，1961 年建成的北京工人体育馆屋盖采用了辐射布置双层索系，1968 年建成的浙江人民体育馆屋盖采用了单层双曲抛物面正交索网，1985 年建成的淄博市体育馆屋盖采用了平行布置单层索系，1986 年建成的吉林冰上运动中心滑冰馆屋盖采用了索桁架，1989 年建造的北京朝阳体育馆屋盖采用了拉索拱结构，安徽省体育馆屋盖采用了横向加劲单层索系，北京奥体中心体育馆屋盖采用了斜拉结构等。

2008 年北京奥运会的场馆建设热潮中，能够发挥柔性索与刚性结构各自优势的混合结构被引起广泛重视，北京工业大学体育馆采用了弦支穹顶，国家体育馆采用了双向张弦结构，北京大学综合体育馆采用了辐射布置张弦桁架。还有如 2009 年东北师范大学体育馆采用了管内穿索的预应力体系等。

2010 年鄂尔多斯市伊旗全民健身中心采用了索穹顶，填补了我国大跨度索穹顶结构应用的空白。至此，可以说常用于屋盖的各类型建筑索结构均有了很好的工程实践。

随着设计和建造技术的日益成熟与经验积累，工程师们在进一步将上述索结构类型发扬光大的同时，根据体育馆形体的要求，从受力更合理的角度不断地进行结构形式优化，从而又有了许多创新的工程实践。如：椭圆平面马鞍形索穹顶、金属屋面索穹顶、马鞍形单层正交索网等悬索类屋盖，拉梁弦支穹顶、弦支马鞍形网壳、无环索弦支网壳、五肢双索张弦桁架、张弦木结构、弦支混凝土等混合结构屋盖。本章尽量地收录了这些工程实践。

值得一提的是，内嵌光纤光栅的智慧拉索也开始尝试用于工程实践。

3.2 武汉光谷国际网球中心一期屋盖
——管内预应力桁架

设 计 单 位：	中南建筑设计研究院
总 包 单 位：	浙江省一建建设集团有限公司
钢结构安装单位：	中冶钢构集团有限公司
索结构施工单位：	南京东大现代预应力工程有限责任公司
索 具 类 型：	天津春鹏·无粘结钢绞线组装索
竣 工 时 间：	2014 年

1. 概况

武汉光谷国际网球中心一期为武汉光谷网球中心主场馆，位于光谷二妃山下，三环线武黄立交东侧，湖北省奥体中心西侧。该工程属甲级体育建筑，总建筑面积约为 5.43 万 m²，地上 5 层，地下通过设备管廊与配套楼连通，建筑高度 46m。该馆为国内开启面积最大的体育馆，活动屋盖开启面积为 60m × 70m，最大开启面积（水平投影）为 4200m²，同时也是国内第一个采用旋转气旋的大型公共建筑。活动屋盖采用管内预应力拱形桁架结构（图 3.2-1）。

该工程不仅能满足世界顶级网球赛事的专业性、国际化、标准化需求，而且可承办诸如体操、篮球、排球、羽毛球、乒乓球、摔跤、举重、拳击和击剑等众多奥运比赛项目。该项目已成为武汉市体育文化事业发展的地标建筑和新的城市名片。

图 3.2-1　武汉光谷国际网球中心

2. 索结构体系

1）结构整体概况

武汉光谷国际网球中心网球馆一期活动屋盖由两层四单元双向开启结构组成，即上层屋盖两个单元、下层屋盖两个单元，每个单元均能独立运动，在两条独立的轨道上水平运动，实现打开或关闭。结构平面轴线尺寸为：下层屋盖 72.088m×15.5m，上层屋盖76.088m×15.5m。下层屋盖结构总高为6.67m，上层屋盖结构总高为10.47m。上下层屋盖桁架高度均为2.4m。

结构屋盖均采用管内预应力拱形桁架结构，每个单元均由六榀预应力桁架构成，通过一端固定铰支座，一端滑动支座支撑于台车上，活动屋盖荷载通过台车传到下部结构。

屋盖结构上下层单元如图3.2-2～图3.2-5所示。拉索材料和规格见表3.2-1。

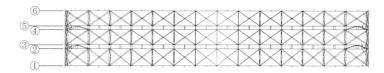

图 3.2-2　屋盖结构上层单元平面图

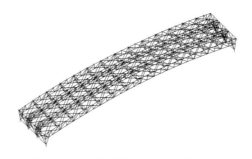

图 3.2-3　屋盖结构上层单元轴测图

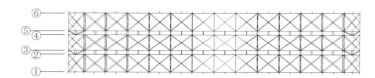

图 3.2-4　屋盖结构下层单元平面图

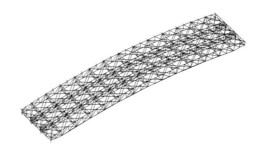

图 3.2-5　屋盖结构下层单元轴测图

拉索材料和规格 表 3.2-1

拉索	类型	索体			索头	
		级别/MPa	规格	索体防护	锚具	连接件
上层屋盖拉索	钢绞线组装索	1860	$26\phi^S15.2$	无粘结 PE	防松夹片锚	锚具式
下层屋盖拉索	钢绞线组装索	1860	$18\phi^S15.2$	无粘结 PE	防松夹片锚	锚具式

2）结构重难点

①张拉时机和张拉力

该工程整个结构在胎架上拼装成形后进行分批张拉。由于拉索依次张拉到位，应分析相邻拉索张拉相互影响的程度。若相互影响较大，则须考虑后张拉索对先张拉索的内力的影响，保证拉索张拉完毕、吊点拆除后，索力达到设计要求。此外，对于该工程而言，一般均不可能对所有拉索同时同步施加预应力，通常的做法是采取分批分级的办法来实现。当结构较柔时，拉索分批分级张拉会因张拉先后顺序和张拉力级别的不同，导致群索之间的索力相互影响较大。因此，需对该工程进行张拉施工全过程的分析，来确定合理的张拉方案。

②拉索张拉端钢绞线回缩和摩擦损失

该工程拉索采用 ϕ15.2 无粘结钢绞线束，类似预应力混凝土中无粘结钢绞线的张拉施工。由于预应力张拉过程中钢绞线与钢管之间存在摩擦损失，且预应力张拉达到设计索力后，千斤顶回油，钢绞线带着夹片回缩，夹片锚紧，钢绞线锚固，因此导致预应力损失，须进行超张拉，克服由于钢绞线摩擦和回缩导致的预应力损失。

为精确确定预应力超张拉系数，进行了现场预应力损失试验。

③拉索张拉控制

拉索张拉控制包括力和形两部分内容，其中力包括索力、支座反力、钢构内力等；形包括跨度、矢高、关键构件空间姿态、关键节点位移等。

根据该工程的结构特点，确定了张拉控制的项目以及主控项目。拉索张拉实行力和形的双控。力的控制主要为索力，形的控制主要为网壳控制点的竖向位移以及支座的水平位移，其中以控制支座的水平位移为主。

3. 索结构施工

1）屋盖结构总体施工方案

上层和下层屋盖结构分别独立安装及张拉。每个屋盖单元分别先安装支撑胎架，待钢结构高空原位拼装、钢桁架及其连接构件安装完成后再进行拉索张拉。

2）上层屋盖结构拉索施工方案

①预应力桁架、每榀桁架之间的连接构件及下弦吊顶檩条和马道，在支撑胎架上高空原位拼装；

②将钢绞线穿入预应力桁架下弦管内；

③同时张拉预应力桁架 2 和 3 下弦管内钢绞线（第一批张拉）；

④同时张拉预应力桁架 4 和 5 下弦管内钢绞线（第二批张拉）；

⑤同时张拉预应力桁架1和6下弦管内钢绞线（第三批张拉）；

⑥张拉过程中，跨中支撑胎架会自动脱架。待第三批张拉完成后，拆除两端支撑胎架，活动屋盖整体落位到台车上。

3）下层屋盖结构拉索施工方案

①预应力桁架、每榀桁架之间的连接构件及下弦吊顶檩条和马道，在支撑胎架上高空原位拼装；

②将钢绞线穿入预应力桁架下弦管内；

③拆除跨中支撑胎架（W1～W4）；

④同时张拉预应力桁架2和3下弦管内钢绞线（第一批张拉）；

⑤同时张拉预应力桁架4和5下弦管内钢绞线（第二批张拉）；

⑥同时张拉预应力桁架1和6下弦管内钢绞线（第三批张拉）；

⑦待第三批张拉完成后，拆除两端支撑胎架（S1～S4，N1～N4），活动屋盖整体落位到台车上。

结构安装与拉索张拉流水施工顺序示于图3.2-6。

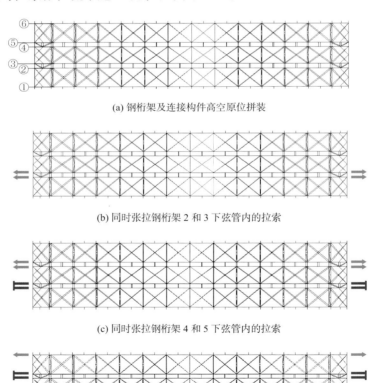

(a) 钢桁架及连接构件高空原位拼装

(b) 同时张拉钢桁架2和3下弦管内的拉索

(c) 同时张拉钢桁架4和5下弦管内的拉索

(d) 同时张拉钢桁架1和6下弦管内的拉索

图3.2-6　结构安装与拉索张拉流水施工顺序示意图

4. 工程图片

图 3.2-7 钢结构拼装完成

图 3.2-8 预应力张拉施工

图 3.2-9 网球中心内景

撰稿人: 东南大学 罗 斌

3.3 华北理工大学新校区体育馆屋盖
——折板形弦支网架

设　计　单　位：天津大学建筑设计规划研究总院有限公司
总　包　单　位：中国建筑第六工程局有限公司
钢结构安装单位：中建六局土木工程有限公司
索结构施工单位：巨力索具股份有限公司·北京市建筑工程研究院有限责任公司
索　具　类　型：巨力索具·外包 PE 半平行钢丝束
竣　工　时　间：2016 年

1. 概况

华北理工大学新校区体育馆（图 3.3-1）位于河北省唐山市曹妃甸新城，建筑面积 18827m²。该体育馆主馆地上 3 层，1～3 层层高分别为 4.5m、6m、4.5m，建筑檐口高度约 22.35m，屋顶标高 28m。体育馆钢屋盖的平面投影为近似六边形，平面投影的纵向长度为 105.9m，横向长度为 66.9m。纵向两端分别向外悬挑 15.14m 和 10.94m，屋盖中间的轴网尺寸为 88.2m×67.2m，柱距 8.4m，部分 4.2m，屋面为双坡屋面，坡度 10%。屋盖结构采用弦支网架结构，弦支网架的上部网架结构采用正交正放桁架体系，网架下方共布置 6 道拉索。

图 3.3-1　华北理工大学新校区体育馆

2. 索结构体系

1）索结构体系组成

上部网架采用正交正放桁架网格体系，网格主要尺寸为 2.8m×2.8m，部分 2.1m×

2.1m，网架中部厚度 2.2m，西侧悬挑边缘厚度由 2.2m 过渡到 0.6m，东侧悬挑边缘厚度由 2.2m 过渡到 1.24m。在网架下部 6 道索撑体系的矢高为 4.8m。结构设计时选用的杆件截面包括 $\phi89\times4.5$、$\phi108\times4.5$、$\phi121\times6$、$\phi140\times8$、$\phi168\times6$、$\phi180\times10$、$\phi219\times10$、$\phi245\times16$。索撑体系的预应力设计值在计算时设定的初拉力为 1100kN、1300kN、1500kN 三种。弦支网架的结构布置详见图 3.3-2。

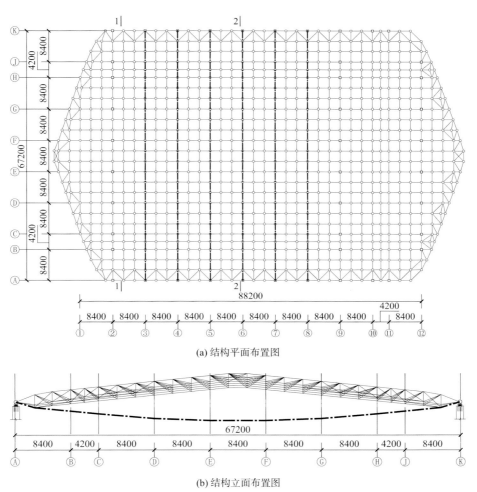

(a) 结构平面布置图

(b) 结构立面布置图

图 3.3-2　弦支网架结构布置图

2）索结构体系受力特点

①弦支网架结构静力性能分析

通过对该结构进行静力性能分析，发现结构整体作用良好，结构刚度大，内力分布较均匀，静力性能良好，该折板形弦支网架结构能够发挥部分拱形结构的优点，通过拉索的引入，降低了支座反力，克服了拱水平推力大的缺点。

②弦支网架结构动力特性分析

对该结构进行模态分析，得到了结构前 50 阶振型的频率（图 3.3-3），该折板形弦支网架结构一阶自振频率较高，接近 1Hz，结构刚度较好。且结构自振频率变化较为缓慢，自振频率增长趋势比较密集，且变化较均匀，结构质量分布及刚度分布较均匀，结构布置合理。

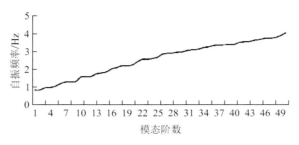

图 3.3-3　结构前 50 阶振型频率分布

3）设计难点与解决方案

①屋盖选型分析

该工程上部屋盖钢结构为中大跨度，根据屋盖的建筑造型及支承条件分别考虑网架结构和弦支网架结构两种方案，通过对比两种方案的各项力学性能，综合各方面结构性能指标，选取了优于网架结构的弦支网架结构。该方案优化了结构内的力流分布，增加了结构的整体刚度，提高了结构的效能。

②关键节点构造设计

网架上弦节点：实际结构需要根据杆件内力选择杆件截面尺寸，在杆件尺寸保证构造要求的前提下选择球节点的大小，辅以计算，保证球节点的安全与稳定。

撑杆与网架连接节点：网架各位置的撑杆上节点尺寸不尽相同，节点形式如图 3.3-4 所示。撑杆与网架连接节点采用销轴连接，可以很好地实现铰接。

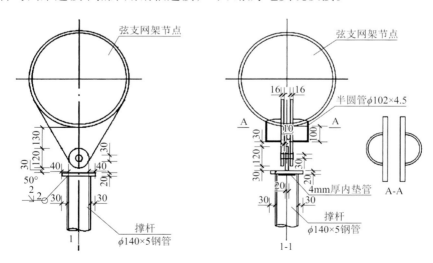

图 3.3-4　撑杆与网架连接节点

拉索与网架连接节点如图 3.3-5 所示。由于拉索与网架连接节点构造较为复杂，所连杆件较多，焊缝也较多，容易存在应力集中现象，因此采用有限元分析软件对节点的性能进行分析。得出节点域确实存在应力集中现象，但节点域应力与变形较小，可以满足安全性要求（图 3.3-6、图 3.3-7）。

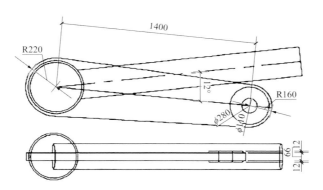

图 3.3-5 拉索与网架连接节点

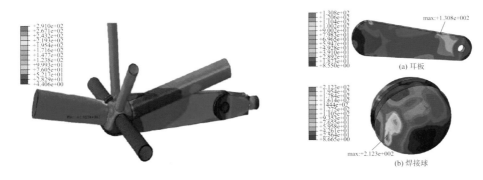

图 3.3-6 拉索与网架连接节点 Mises 应力云图　　图 3.3-7 耳板与焊接球 Mises 应力云图

3. 索结构施工

拉索的安装和张拉施工穿插在钢结构网架的安装过程中，该工程钢结构网架采用整体提升法进行施工；在楼面拼装好钢网架，安装预应力拉索、索夹、撑杆等构件，根据整体提升方案的要求安装好提升支架和提升设备；在钢网架整体提升到位后，通过对拉索施加预应力使结构达到成形状态。

拉索的张拉施工总体思路为：钢结构网架提升就位后，搭设拉索张拉操作平台，然后分级分批进行张拉，张拉分 2 级，每次同步对称张拉两榀拉索。

1）拉索安装

该弦支网架结构为单向张弦体系，最大跨度 67m，索体每米重量约 24kg，索头重量约 0.5t。拉索在网架下方放开以后，利用卷扬机和倒链进行安装，具体思路如下：安装时借助卷扬机和导链等工具整体同步提升拉索，当拉索提升到一定高度（索头距耳板 1.5m 左右），先安装拉索两端索头，再安装索夹节点，即先借助倒链牵引索头，通过销轴将索头固定到对应耳板上，拉索两端索头安装完毕后，根据拉索上的标记点，将拉索和索夹相连，在所有拉索和节点连接完毕以后，盖上节点盖板拧紧螺栓，如图 3.3-8 所示。

2）拉索张拉

采用调节端单端张拉的方式进行张拉。根据钢结构施工图纸，自重作用下，拉索的最大张拉力为 980kN，每次同时张拉两根拉索，因此选用 2 套张拉设备进行张拉，即 4 个 60t

千斤顶、2 台油泵及配套张拉工装等。张拉过程中 1 台油泵带 2 个 60t 千斤顶同时工作，张拉工装如图 3.3-9 所示。

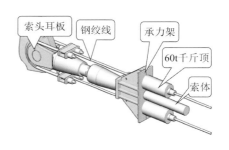

图 3.3-8　连接拉索和撑杆下节点安装　　　图 3.3-9　张拉工装示意图

4. 工程图片

图 3.3-10　拉索张拉现场　　　图 3.3-11　网架提升　　　图 3.3-12　室内实景

参考文献

[1]　王鑫, 陈志华, 姜玉挺, 等. 折板型弦支网架结构力学性能分析研究[J]. 建筑结构, 2018, 48(2).

[2]　姜玉挺, 陈志华, 闫翔宇, 等. 某折板型弦支网架施工过程模拟分析[J]. 工业建筑, 2016, 增刊.

[3]　严仁章, 陈志华, 王小盾, 等. 河北联合大学体育馆钢结构屋盖选型分析[J]. 工业建筑, 2014, 增刊.

撰稿人：天津大学建筑设计规划研究总院有限公司　　闫翔宇

3.4 苏州奥体中心游泳馆屋盖——马鞍形正交单层索网

设　计　单　位：	上海建筑设计研究院有限公司 sbp 施莱希工程设计咨询有限公司
总　包　单　位：	中建三局建设集团有限公司
钢结构安装单位：	中建科工集团有限公司
索结构施工单位：	南京东大现代预应力工程有限责任公司
索　具　类　型：	巨力索具、瑞士法策·高钒镀层全密封索
竣　工　时　间：	2016 年

1. 概况

苏州奥体中心游泳馆的建筑面积 4.7 万 m²，约 3000 个座位。游泳馆有两个 50m×25m 的标准游泳池，可容纳 3000 人。游泳馆采用马鞍形屋面形式，屋盖跨度约 107m，马鞍形高差 10m，采用马鞍形正交单层索网结构，在满足高强度要求的同时又不失其轻盈的身姿（图 3.4-1）。主体结构由 V 形结构立柱、马鞍形环梁、承重索和稳定索、刚性屋面及幕墙构成。索网屋面支承于外侧的受压环梁之间，索网结构屋面采用刚性屋面结构，结构的外侧为整个游泳馆的幕墙。施加在屋盖上向下的力由承重索承担，而风吸力等向上的力由稳定索承担，稳定索与承重索构成自平衡的预应力体系。

图 3.4-1　苏州奥体中心游泳馆

2. 索结构体系

1）结构整体概况

游泳馆由地上四层看台结构及钢结构屋盖组成，看台的抗侧力体系为混凝土框架-剪力墙结构。钢结构屋盖在三层 12m 标高处设置铰接柱脚，自成平衡体系。混凝土看台高度

15.6m，钢结构屋盖高度 32m。游泳馆剖面如图 3.4-2 所示。

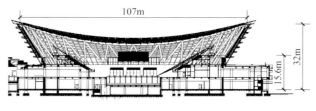

图 3.4-2　游泳馆剖面图

游泳馆的屋盖是基于马鞍形曲线的设计构思发展起来的正交单层索网结构，屋盖外边缘环梁为正圆形，直径 107m，马鞍形的高差为 10m，游泳馆屋盖主要几何尺寸如图 3.4-3 所示。

屋盖结构形状的几何形成过程如下：①在标高 12m 处均匀布置柱脚支座，在平面上围成一个直径 83.9m 的圆形平面；②在标高 27m 处，设置一个直径为 107m 的受压环；③将受压环的z向坐标根据余弦曲线变化形成马鞍形：受压环z向坐标$Z(\varphi) = 5\cos(\varphi) + 27\mathrm{m}$，其中$\varphi$为受压环坐标点平面投影与中心点连线和y轴夹角，$0 < \varphi \leqslant 2\pi$，如图 3.4-4 所示。

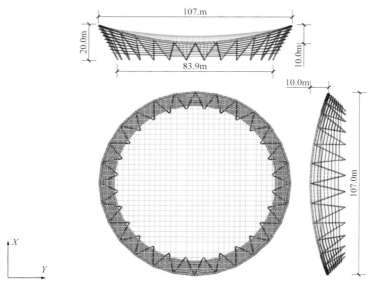

图 3.4-3　游泳馆屋盖平、立面图

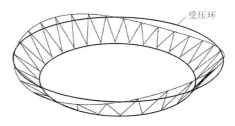

图 3.4-4　屋盖结构几何形成过程

游泳馆屋盖结构主要由三个部分组成：直立锁边屋面体系，主体结构 V 形柱 + 外环梁＋索网，外幕墙格栅体系。

正交单层索网结构体系的设计思路来源于网球拍的受力原理，外压环是网球拍的外框，而索网则是网球拍的网状结构。预应力索网与受压环梁形成自锚体系，索的拉力使受压环梁产生压力，如图 3.4-5 所示。10m 高差的马鞍形进一步提高了屋面结构的刚度，稳定索矢跨比 1/38，承重索矢跨比 1/15，承重索和稳定索均为双索，各 31 对，间距 3.3m，在双向正交索网层的交汇点处设置索夹具，以连接上下预应力钢索。

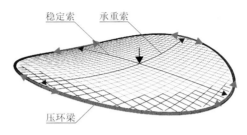

图 3.4-5 屋盖受力原理

承重索和稳定索各 31 对，共 124 根索。为了保证和屋面板的连接，以及减少索的直径以方便张拉，所有索均采用双索设计，每根索公称直径为 ϕ40mm，索的类型为螺旋钢丝束。对钢索进行防腐处理，内层采用热镀锌连同内部填充，外层采用锌-5%-铝混合稀土合金镀层。拉索材料和规格见表 3.4-1。

拉索材料和规格 表 3.4-1

类型	索体			索头		
	级别/MPa	规格	索体防护	锚具/固定端	连接件（固定端）	调节装置
全封闭高钒索	1670	40mm	GALFAN	热铸锚	双耳式	无

2）结构重难点

该工程索网结构为马鞍形空间三维曲面，环梁投影为 107m 圆形，马鞍形高低点高度差 10m；承重索和稳定索均采用双索设计，施工牵引、张拉难度较大；索夹数量多，总重约 40t。

该工程在设计和施工过程中存在以下问题：

①高应力状态下密封索防腐蚀性能无法预测，缺少适应高效建造、轻巧可靠的新型索夹节点。

②缺少高精度成形的绿色建造成套技术。大跨空间结构的传统施工方法、控制标准及其过程分析方法不再适用于单层索网。

3）采用的创新技术

针对该工程的上述关键问题，系统深入研究结构体系、索夹节点、施工等创新技术，形成大柔性轻型单层索网结构设计与施工成套应用技术。

①高腐蚀和高应力条件下密封索抗腐蚀试验和寿命预测。

②适于高效建造的施工中依次夹紧双向拉索的索夹节点。改进的新型索夹在高强度螺栓上增设中间螺母，并在中、顶板间设凹槽。先组装底、中板和承重索并拧紧中间螺母，后安装稳定索和顶板并拧紧端头螺母，此时中间螺母自动失效（图 3.4-6）。该索夹是实现

正交单层索网在高空组网的重要技术支撑之一。

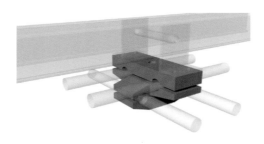

图 3.4-6　索夹节点三维模型

③符合施工过程的拉索-索夹组装件抗滑移承载力精细化试验方法。

④适用于正交式单层索网安装的无支架高效施工方法——高空溜索法（图 3.4-7）。

引索和牵引工装，并将承重索头和索体挂在临时导索上。

临时导索　　溜索起始端

牵引索　　承重索

图 3.4-7　正交式单层索网无支架高空溜索方法

⑤仿真柔性索网施工过程的精细化分析方法。包括确定索杆系静力平衡状态的非线性动力有限元法；跟踪分析确定各施工步骤的工装索长度、牵引力和位形等重要参数；基于正算法的零状态找形迭代分析方法；在每次位形迭代中都顺施工过程分析，相比反算法具有普遍适用性，对复杂施工能得到正确结果。

⑥确定施工控制标准的耦合随机误差分析方法。索长、张拉力和外联节点坐标耦合随机误差影响分析方法；能同时考虑三种主要误差的非线性耦合效应，特别适用于类似单层索网的具有显著几何非线性的结构。

3. 索结构施工

根据该工程的特点，索网施工部分为了克服传统满堂脚手架施工方案的各种不足，采用高空溜索法安装承重索、分批对称张拉稳定索的方法进行施工。

索网结构预应力施工采用高空溜索方案，步骤如表 3.4-2 所示。溜索索力图如图 3.4-8 和图 3.4-9 所示。

施工阶段与内容　　　　　　　　　　　　　　　　　　表 3.4-2

施工阶段	施工内容
阶段 1，溜索	承重索溜索就位 稳定索安装就位
阶段 2，张拉	从中间向两端张拉稳定索，WD01～WD05、WD27～WD31 张拉完成 WD14～WD18 张拉完成 拆除胎架 稳定索张拉完成

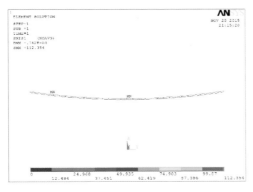
图 3.4-8 溜索就位索力图/kN

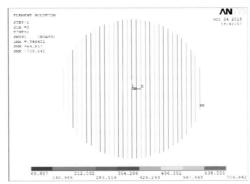
图 3.4-9 阶段 1 承重索溜索就位索力图/kN

通过分析，在溜索过程中，导索最大索力为 112kN，此时拉索中索力为 0，选用 1860 级 ϕ15.2 钢绞线可以满足要求，且拉索可以轻松地连接到环梁端板上。承重索溜索就位后端部对称各 2 根垂跨比较小，索长较短，索力最大为 709.6kN，其余承重索索力均较小，最小的为 69.9kN。

拉索编号见图 3.4-10，牵引索布置见图 3.4-11。

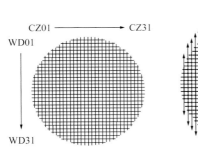
图 3.4-10 拉索编号示意图

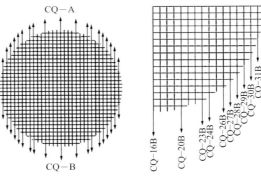
图 3.4-11 牵引索布置示意图

拉索分批见图 3.4-12。索网端头分批连接固定：第一批承重索（19 根）用蓝色加粗线表示，第二批承重索（12 根）用蓝色细线表示；稳定索为第三批（31 根），用红色细线表示。索网安装和张拉顺序见图 3.4-13。

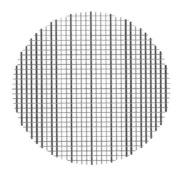
图 3.4-12 拉索分批示意图

177

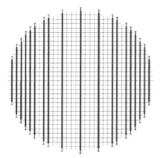

(a) 牵引索 CQ 提升到位，第一批承重索端部连接固定

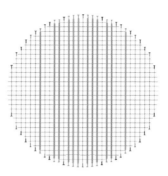

(b) 第二批承重索端部连接固定

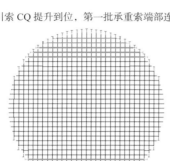

(c) 从两侧向中间对称分批张拉稳定索至 WD5 和 WD27

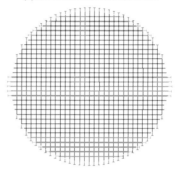

(d) 再从中间向两边张拉至 WD14 和 WD18 并拆除支撑胎架

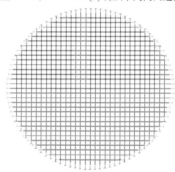

(e) 继续对称张拉直至稳定索张拉完毕

图 3.4-13　索网安装和张拉顺序示意图

4. 工程图片

图 3.4-14　高空溜索现场

图 3.4-15　索网张拉成形

图 3.4-16 游泳馆外景

参考文献

[1] 孙岩. 百米级马鞍形正交单层索网设计及施工关键技术研究[D]. 南京: 东南大学, 2016.

[2] 张士昌, 徐晓明, 高峰. 苏州奥体中心游泳馆钢屋盖结构设计[J]. 建筑结构, 2019, 49: 15-20.

[3] 徐晓明, 张士昌, 罗斌, 等. 苏州奥体中心单层索网结构设计与施工技术[M]. 北京: 中国建筑工业出版社, 2019: 1-10.

撰稿人: 上海建筑设计研究院有限公司　徐晓明　张士昌
东南大学　　　　　　　　　　　罗　斌　阮杨捷

3.5 天津理工大学体育馆屋盖——马鞍形索穹顶

设　计　单　位：天津大学建筑设计研究院
总　包　单　位：天津天一建设集团有限公司
钢结构安装单位：天津中际装备制造有限公司
索结构施工单位：北京市建筑工程研究院有限责任公司
索　具　类　型：坚宜佳·高钒拉索
竣　工　时　间：2017 年

1. 概况

天津理工大学体育馆位于天津理工大学新校区内，混凝土框架柱顶最高 27.5m，钢膜结构最高点 32.45m，包括中心赛场、训练馆及配套辅助用房，主体单层，局部三层，总建筑面积 17100m²，座位总数为 5086 个。屋盖采用先进的索穹顶结构体系，屋面采用膜材和金属屋面板两种材料。该体育馆屋盖是国内第一个跨度超过 100m 的马鞍形索穹顶结构，在世界范围处于领先水平。目前全国只有三个已经建成的索穹顶结构的建筑，但都为圆形并且跨度较小，天津理工大学体育馆是全国最大的索穹顶结构（图 3.5-1）。

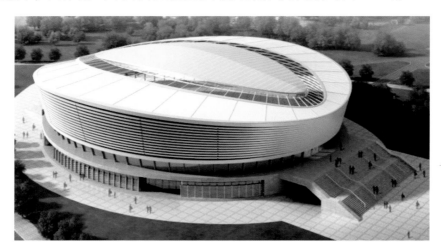

图 3.5-1　天津理工大学体育馆

2. 索结构体系

该工程索穹顶结构是 Geiger 型和 Levy 型的结合体，内侧为 Geiger 型，最外圈为 Levy 型。环梁为高低不平的马鞍形，穹顶跨度达到 102m。该索穹顶为非极对称结构，只有两个对称轴。结构内力非常大，拉索规格大，结构在短轴方向的 HS1 和内拉环之间布置有内环直索。拉索最大规格为 D133mm 的高钒拉索，由于拉索单位重量大，索体本身的刚度也不能忽略，且整个索网和内拉环、撑杆的总重量达到 353t，对展索和拉索提升都提出了很高的要求（图 3.5-2）。另外该工程在长轴方向布置有土建结构，三层结构的高度为 16.4m，在三层的边缘布置有 5m 高的柱子和梁，若采用提升工艺进行索穹顶的安装，则土建结构有很大的影响（图 3.5-3）。

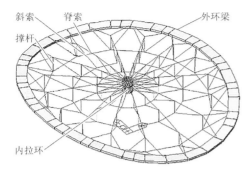

图 3.5-2 索穹顶结构布置图

图 3.5-3 索穹顶结构与周边土建结构

屋盖结构索系中拉索均为国产高钒索，规格及位置如图 3.5-4 所示。

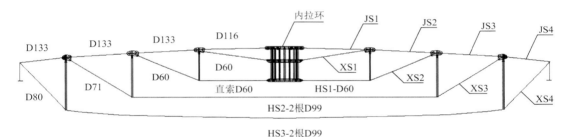

图 3.5-4 索穹顶结构拉索规格和名称

3. 索结构施工

1）施工总体安装步骤

总体思路：索系采用高空拼装的方法进行安装。首先利用中央塔架拼装内拉环，然后高空依次分批安装脊索、撑杆、环索、斜索，最后张拉 XS4 使结构成形。

拉索安装顺序为：脊索→外环索及外撑杆→斜索 4→中环索及中撑杆→内环索及内撑杆→斜索 1 和直索→斜索 3→斜索 2。

2）索网安装过程图示

第 1 步：搭设中央支撑塔架和环索放索马道（图 3.5-5）；

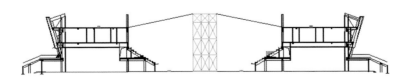

图 3.5-5 第 1 步示意图

第 2 步：在中央塔架上拼装内拉环并加固（图 3.5-6）；

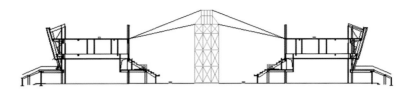

图 3.5-6　第 2 步示意图

第 3 步：在马道上展开环索（图 3.5-7）；

图 3.5-7　第 3 步示意图

第 4 步：分批安装脊索和脊索节点（图 3.5-8）；

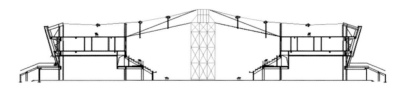

图 3.5-8　第 4 步示意图

第 5 步：提升并安装 HS3、XS3 上端（图 3.5-9）；

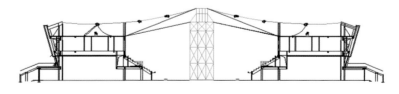

图 3.5-9　第 5 步示意图

第 6 步：抬高长轴方向的外撑杆上节点（图 3.5-10）；

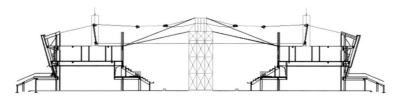

图 3.5-10　第 6 步示意图

第 7 步：利用工装索和工装安装 XS4 并预紧（图 3.5-11）；

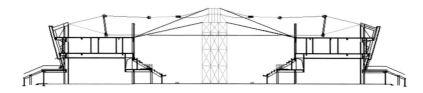

图 3.5-11 第 7 步示意图

第 8 步：安装 HS1 和内撑杆、XS1 上端（图 3.5-12）；

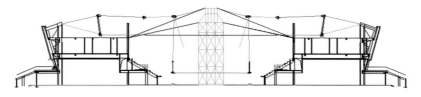

图 3.5-12 第 8 步示意图

第 9 步：安装 HS2 和中撑杆、XS2 上端（图 3.5-13）；

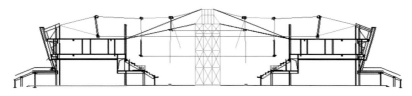

图 3.5-13 第 9 步示意图

第 10 步：安装内环直索（图 3.5-14）；

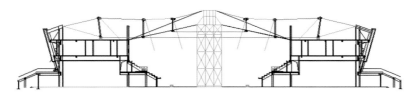

图 3.5-14 第 10 步示意图

第 11 步：安装 XS1（图 3.5-15）；

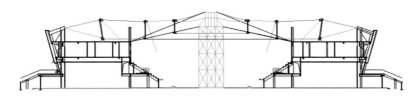

图 3.5-15 第 11 步示意图

第12步：安装 XS3（图 3.5-16）；

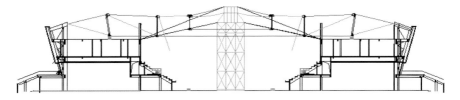

图 3.5-16　第 12 步示意图

第13步：安装 XS2（图 3.5-17）；

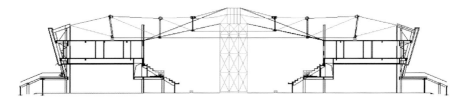

图 3.5-17　第 13 步示意图

第14步：拆除内拉环揽风绳，提升和张拉 XS4 就位（图 3.5-18）。

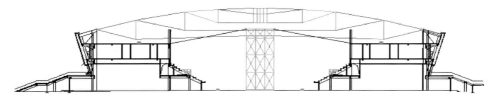

图 3.5-18　第 14 步示意图

4. 工程图片

图 3.5-19　索杆体系拼装完成

图 3.5-20 索穹顶张拉完成

图 3.5-21 卸载完成后

参考文献

[1] 闫翔宇, 马青, 陈志华, 等. 天津理工大学体育馆复合式索穹顶结构分析与设计[J]. 建筑钢结构进展, 2019, 21(1): 23-28.

撰稿人： 北京市建筑工程研究院有限责任公司　鲍　敏　王泽强

3.6 天津中医药大学体育馆屋盖
——椭圆抛物面弦支穹顶

设 计 单 位：天津大学建筑设计规划研究总院有限公司
总 包 单 位：天津三建建筑工程有限公司
钢结构安装单位：天津三建建筑工程有限公司
索结构施工单位：北京市建筑工程研究院有限责任公司
索 具 类 型：巨力索具・外包 PE 半平行钢丝束
竣 工 时 间：2017 年

1. 概况

天津中医药大学新建体育馆（图 3.6-1）位于天津市静海县，占地面积 11016m²，总建筑面积 17420m²，座席数 5053 个，2017 年天津市承办的第十三届全国运动会场馆之一。整体建筑为寓意"旋转"和"围绕"的"喜旋"造型，该体育馆主馆地上 4 层，建筑檐口高度约 21.900m。体育馆屋盖平面投影为椭圆形，长轴 116m，短轴 97m，采用弦支穹顶结构体系，支承在内圈混凝土柱上，无柱部分设置局部加强桁架。外圈柱沿椭圆形布置，长轴 105m，短轴 86m。该体育馆建筑造型丰富，内部功能复杂，对结构提出较高要求，外装饰墙由三条直线旋转而成，特别是由于训练馆位置需要大空间，相应位置抽掉了 6 根柱，造成屋盖支承不连续。

图 3.6-1 天津中医药大学新建体育馆

2. 索结构体系

主馆屋盖跨度长轴 105m，短轴 86m，采用椭圆抛物面弦支穹顶结构，上层单层网壳网格形式采用凯威特-施威德勒型，矢高 6.5m，局部无柱处设置局部桁架，为不连续周边支承大跨度弦支穹顶结构。外部结合建筑造型设置径向桁架和环桁架，并与主体结构及屋盖弦支穹顶结构相连，屋盖弦支穹顶的结构布置见图 3.6-2，主要构件规格见表 3.6-1。

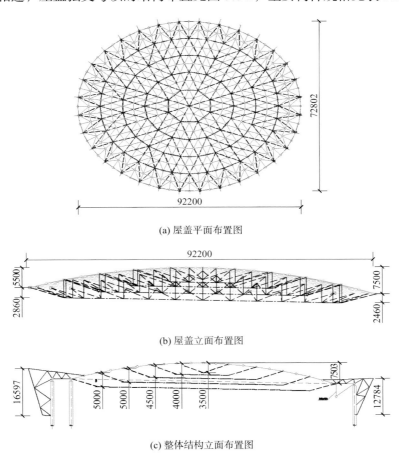

(a) 屋盖平面布置图

(b) 屋盖立面布置图

(c) 整体结构立面布置图

图 3.6-2 体育馆屋盖弦支穹顶结构布置图

主要构件　　　　　　　　　　　　　　　　　　　　　　表 3.6-1

中上层单层网壳	下部索杆体系环向拉索	外部桁架
$\phi114 \times 4.5$、$\phi159 \times 6$	$\phi7 \times 37$	$\phi114 \times 4.5$
$\phi180 \times 6$、$\phi245 \times 8$	$\phi7 \times 73$	$\phi159 \times 6$、$\phi180 \times 6$
$\phi273 \times 8$、$\phi299 \times 10$	$\phi7 \times 73$	$\phi245 \times 8$
$\phi351 \times 10$、$\phi402 \times 10$	$\phi7 \times 109$	$\phi299 \times 10$、$\phi299 \times 6$

1）设计创新技术

①不规则建筑形态大跨度弦支穹顶结构选型

根据主馆建筑造型要求，屋盖初步考虑可采用的结构形式有双层网壳、单层网壳和弦支穹顶等，对三种结构方案在同等条件下进行对比分析，结果如表 3.6-2 所示。

187

三种结构方案定性对比分析 表 3.6-2

比较内容	单层网壳	双层网壳	弦支穹顶
结构特点	杆件少，简洁，视觉效果好，跨度超限，结构变形大，支座反力大，稳定性差	杆件多，布置密集，视觉效果差，跨度不超限，结构变形大，支座反力较小，稳定性好	杆件少，较简洁，视觉效果好，跨度不超限，结构变形较小，支座反力最小，稳定性好

根据上述分析和相关研究可知，弦支穹顶在减小支座水平推力、提高结构刚度等方面具有较显著的优势，故确定了弦支穹顶结构方案，实现了结构体系的优化布置。

②弦支穹顶结构不连续支承问题解决方法分析

基于局部支承不连续的弦支穹顶结构在实际中的情况，提出了两种解决方法。

方法一：下部结构提供单圈混凝土柱作为支承柱，缺柱部分无法形成辅助支承结构，仅靠调整弦支穹顶杆件来解决局部支承不连续的问题；

方法二：下部结构除单圈混凝土柱可作为支承柱外，在缺柱部分附近有其他混凝土柱、墙可以提供支承，使用这些位置的混凝土、墙架构局部辅助支承体系，使用局部辅助支承体系协同其他混凝土柱共同支承弦支穹顶。

针对天津中医药大学新建体育馆项目，结合建筑功能需求，通过数据分析对两种方法进行了可行性分析、适用性分析，总结了不连续支承弦支穹顶在不同解决方法下的受力性能的变化规律，最终选用方法二，解决了工程实际中弦支穹顶支承不连续的技术难题，实现了建筑局部大空间的功能需求（图 3.6-3）。

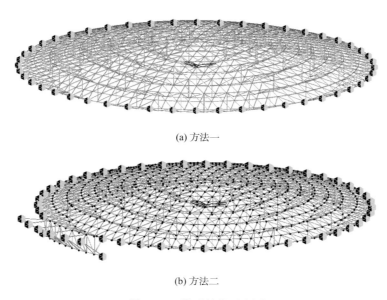

(a) 方法一

(b) 方法二

图 3.6-3　模型整体示意图

③不连续支承弦支穹顶结构屋盖设计

针对弦支穹顶结构体系，结合建筑平面尺寸、建筑矢高等因素，曲面选用椭圆抛物面，矢高为 6.5m，对弦支穹顶上部单层网壳网格划分方式、索杆体系布置等方面进行优化后，确定上部单层网壳网格形式按照凯威特-施威德勒型方式建构，共 13 环杆件，杆件长度控制在 3.5m 左右，最长杆件为 4.6m，最短为 2.1m。下部索杆体系拓扑关系采用联方型索杆体系，布置方式为稀索体系，环向拉索共布置 5 环，均为间隔一环布置。撑杆高度为 4.5m。

2）协同式幕墙支承结构选型

主要考虑以下因素：

①建筑幕墙造型。整个装饰幕墙由三条直线旋转而成，直线交点旋转形成的环的位置需要有环向杆件作为支承结构；装饰面中有镂空部分，结合镂空位置的边界，需另设置一圈环向杆件进行支承。

②装饰面龙骨架设需求。装饰面由细长的铝板间隔布置而成，支承铝板的龙骨因为截面大小的限制，跨度不能超过 7m。

③幕墙支承钢结构对弦支穹顶受力性能的影响。

综合考虑上述因素，提出了两种方案：方案一沿环梁与主体混凝土柱形成平面桁架，径向由系杆连接；方案二沿径向与主体混凝土柱形成平面桁架，环向作为系杆形成空间体系。两种方案示意图见图 3.6-4。

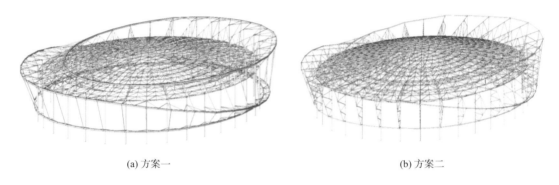

(a) 方案一   (b) 方案二

图 3.6-4 外装饰部分钢结构方案示意图

对两种方案进行对比分析，结果表明，两种方案均可以满足结构受力及建筑要求，用钢量相差很小，均为可行方案。但方案二对弦支穹顶结构受力性能有明显的改善，增加了弦支穹顶的刚度。

为深入分析方案二对弦支穹顶产生的有利影响，将方案二中的径向桁架去掉，只留下弦支穹顶部分，形成方案三。对两种方案的弦支穹顶部分进行分析，结果如表 3.6-3 所示。由表可以看出，方案二有效改善了弦支穹顶部分的受力性能，对弦支穹顶外圈径向杆件效果尤其明显，且同时满足建筑及结构要求，最终确定外檐支承钢结构的结构体系为由沿径向与主体混凝土柱形成的平面桁架和环向杆件作为系杆共同形成的空间外桁架体系。

外檐支承钢结构不同方案结果分析   表 3.6-3

方案	方案二	方案三
结构竖向变形（恒＋活）/mm	94	155
最大杆件应力比	0.85	1.2

3. 索结构施工

对于椭圆形弦支穹顶结构，张拉施工方法可归结为三种：撑杆顶升法、环向索张拉法和径向索（拉杆）张拉法。根据天津中医药大学新建体育馆的结构特点且综合比较三种施工张拉方法的优缺点，最后确定了张拉径向拉杆的方案，由于该方案最后张拉最外圈径向拉杆，所以能够最大程度地保证最外圈环索的预应力达到设计要求，而最外圈环索对整个结构预应力体系的建立起着至关重要的作用。

天津中医药大学体育馆弦支穹顶总体施工过程如下：在满堂脚手架搭设后，进行外部桁架和单层网壳钢构件的高空拼装，然后吊装撑杆、径向拉杆和环向索，最后通过张拉径向钢拉杆进行预应力施加，张拉前，应检查在脚手架支撑作用下所形成的结构是否达到放样态要求。该工程施加预应力的方法为张拉径向拉杆，分步分级张拉，总体上分为20%、70%和100%三级，且对于每级每圈径向拉杆又细分为1~8步不等，最后根据监测结果局部调整径向拉杆拉力（图3.6-5）。

图 3.6-5　预应力张拉过程

该施工过程的特点是采用了施工全过程模拟及健康监测，由于弦支穹顶结构在张拉完成前结构体系尚未完全成形，结构整体刚度较小，因此必须应用施工过程有限元计算分析理论，利用有限元计算软件对弦支穹顶结构的施工过程进行模拟分析。通过施工全过程模拟，确定了合理的张拉顺序；计算出张拉过程中各施工步环索和拉杆的张拉力大小，为实际张拉时的张拉力值的确定提供理论依据；为张拉过程中的起拱值和应力监测提供理论依据，指导了施工建造过程，保证工程顺利建成投入使用。

4. 工程图片

图 3.6-6　张拉工装

2）随网格拼装过程，从内向外，逐环安装撑杆（图3.7-7和图3.7-8）

在撑杆垂直状态下，测量撑杆下端索夹销孔至相邻撑杆顶端耳板销孔的距离，作为调整径向索长的依据。

①现场根据已安装网格节点实际位置，量取径向索和各段环索实需的安装长度，以确定安装偏差，在供货长度的基础上调整环索和径向索的安装长度；

②按照环索上的索夹标记以及实际撑杆安装偏差，通过提升将环索安装至撑杆下端，并紧固高强螺栓使上、下索夹夹紧索体，将环索固定在索夹上；

③对称安装和预紧径向索。

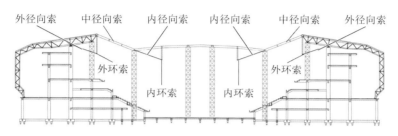

图3.7-7 在支架上分段吊装构件并安装拉索示意图

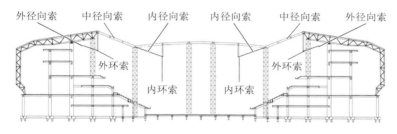

图3.7-8 拆除外围支架示意图

3）径向索分两阶段循环张拉

拉索未张拉时，结构为一单层网格，并且由于铰接拉梁的存在，其本质是一个机构，为保证施工阶段结构安全性，第一次循环张拉时，不主动落架。第一次循环张拉结束后，结构为完整的弦支穹顶，为避免支撑胎架对拉索张拉的影响，因此第二次循环张拉前，将胎架卸载。考虑到最外环拉索的重要性，第二次循环张拉从内环向外环进行，具体步骤见图3.7-9～图3.7-12。

两阶段循环张拉顺序为：

预紧→外径向索张拉90%初张力→中径向索张拉90%初张力→内径向索张拉90%初张力→主动卸载→内径向索张拉100%初张力→中径向索张拉100%初张力→外环径向索张拉100%初张力。

4）同环内的拉索分批张拉

①对于内环和外环的径向索，同环内的径向索分五批张拉，每次张拉8根。

为保证同批次拉索张拉的同步性，同批次张拉分五级进行，分级为：20%→40%→60%→80%→100%；

②由于中径向索是双索，分十批张拉，每次张拉8根，张拉原则同上。

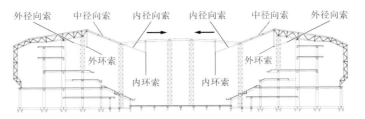

图 3.7-9　从外环向内环张拉径向索示意图

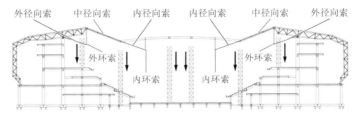

图 3.7-10　馆内支架卸载示意图

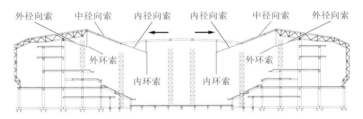

图 3.7-11　从内环向外环张拉径向索示意图

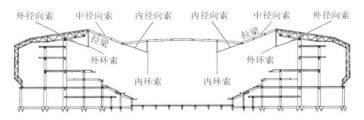

图 3.7-12　移除馆内支架示意图

4. 工程图片

图 3.7-13　青岛市民健身中心环索未张拉前

图 3.7-14 未张拉前撑杆倾斜的状态

图 3.7-15 屋盖结构内部现场施工图

参考文献

[1] 阮杨捷. 新型拉梁-弦支穹顶结构力学性能分析及施工关键技术研究[D]. 南京: 东南大学.

[2] 高庆辉, 刘宾. 集约的意义——青岛市民健身中心设计回顾[J]. 建筑学报, 2020(12): 38-49.

撰稿人: 东南大学 罗 斌 阮杨捷

3.8　景德镇景东游泳馆屋盖——张弦梁和弦支穹顶

设　计　单　位：中信建筑设计研究院

总　包　单　位：江西省第五建设集团有限公司

钢结构安装单位：浙江大地钢结构有限公司

索结构施工单位：南京东大现代预应力工程有限责任公司

索　具　类　型：坚宜佳·高钒镀层钢绞线索

竣　工　时　间：2017 年

1. 概况

"千年瓷都"之体育文化瑰宝——景东游泳馆，是江西省第十五届运动会游泳竞赛的主要场馆，是一所集高端竞技赛事、全民健身、文化娱乐为一体的综合性可持续体育建筑。该场馆总用地面积为 20521m²，建筑面积为 13290m²，包括一个 50m×25m 的 10 条泳道的标准比赛池、一个 50m×14m 的 5 条泳道的训练池、一个少儿戏水池；设有观众席位 800 个及辅助配套基础设施；各泳池四季恒温 27℃，拥有一流的消毒、水循环净化设备。

在游泳馆的外观设计方面，景东游泳馆浸润了瓷都千年瓷韵特色文化精髓，器型流畅优美，浑然大气，微微旋转的形体更似传统手工制瓷拉坯的成型工艺。为同时展现陶瓷与水上竞技的魅力，流畅的器型外侧以火焰形花瓣覆盖，半透明的釉面下隐隐透出不规则瓷纹脉络，共同簇拥形成瓷都风味的文化山茶之花，使得建筑载体与功能完美结合，充分体现了地方文化和特色（图 3.8-1）。

图 3.8-1　"千年瓷都"之体育文化瑰宝——景东游泳馆

2. 索结构体系

1）结构整体概况

景东游泳馆根据建筑屋面形态，结合下部结构可以提供的支承条件，并综合考虑各结构体系的适用性，整体屋盖结构示意见图 3.8-2，在比赛池区域布置张弦梁结构（图 3.8-3），在训练池区域布置弦支穹顶结构（图 3.8-4），在其余区域结合建筑表皮纹理，布置单层网格结构。张弦梁结构是由上弦受压弯的梁和下弦拉索通过撑杆连接而形成的空间受力结构体系，弦支穹顶结构是传统空间网壳与索穹顶下部索杆系的杂交结构。对拉索施加预应力后，将有利于减小支座水平推力和网壳竖向变形，优化杆件内力，从而改善结构整体受力性能。拉索参数见表 3.8-1。

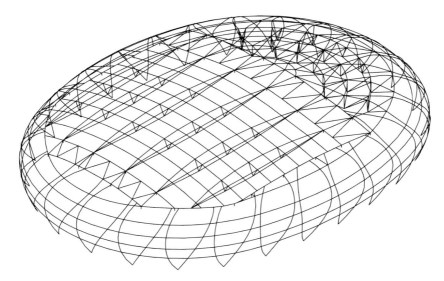

图 3.8-2　景东游泳馆屋盖示意图

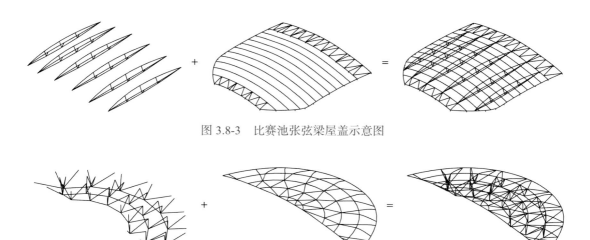

图 3.8-3　比赛池张弦梁屋盖示意图

图 3.8-4　训练池弦支穹顶屋盖示意图

拉索材料与规格　　　　　　　　　　　　　　　表 3.8-1

拉索		材料	规格	拉索破断荷载/kN 拉杆屈服荷载/kN
张弦梁拉索	LS1	GALFAN 镀层钢绞线索	φ75	4850
弦支穹顶环索	HS1	GALFAN 镀层钢绞线索	φ50	2130
	HS2	GALFAN 镀层钢绞线索	φ68	3950
	HS3	GALFAN 镀层钢绞线索	φ82	5790
弦支穹顶斜索	XS1	钢拉杆	φ40	816
	XS2	钢拉杆	φ60	1837
	XS3	钢拉杆	φ70	2501

2）结构重难点

①拉索张拉方法

该工程拉索体量大、分布面广，且分别由拉索、撑杆，斜向钢拉杆、环向索及撑杆组成了张弦梁和弦支穹顶结构的张拉索杆体系。首先，拉索施工应穿插于单层网壳结构的安装施工中，与普通钢结构的施工顺序、方法和工艺密切相关。其次，弦支穹顶屋盖预应力的建立方法不同于普通预应力钢结构。由于张拉整体索杆体系中的斜索、环向索及撑杆为一有机整体，索力与撑杆内力是密切相关的，两者相互影响、互为依托。对其中任何一个进行张拉，也可在其他构件中建立相应的预应力，也就是说能达到同样的预应力效果。该工程弦支索杆系为凯威特型，每根撑杆下有一根或两根斜索。在撑杆下节点，撑杆压力、环索和斜索的拉力是静定平衡的，即只要确定其中一类力，与之平衡的其他力也是唯一确定的。该工程中弦支穹顶斜索为钢拉杆，从减少张拉机具方面考虑，张拉径向钢拉杆来实现预应力较为浪费，因此，选择采用张拉环索的方法施加预应力。

此外，对于该工程而言，不可能对所有拉索同时同步施加预应力，通常的做法是采取分批分级的办法来实现。当结构较柔时，拉索分批分级张拉会因张拉先后顺序和张拉力级别的不同，导致群索之间的索力相互影响较大。因此，需对该工程进行张拉施工全过程的分析，来确定合理的张拉方案。

②节点设计

该工程撑杆下端索夹节点空间性强、受力复杂、空间定位要求准，下部索杆体系采用凯威特型索系，对索夹上耳板方向和角度的定位要求较高。因此，进行索夹节点构造设计时，除需考虑准确定位和受力安全外，还应满足拉索实际施工的要求（包括拉索安装和张拉）。同样，对于撑杆上端节点，设计初步给定了铰接的形式，因此在选择拉索张拉方法时应考虑这一特点，同时斜索锚固耳板的方向和角度的定位要求较高。

③支架对结构预应力态的影响

该工程屋盖上部网壳安装时拟搭设单点格构式胎架，在拉索张拉时有两种选择，一是保留支架，待拉索张拉完毕后再拆除支架。二是拆除所有支架后再进行拉索张拉。前者可确保施工阶段结构的安全性，防止发生意外事故，但若张拉过程中屋盖始终不脱架，那么支架将会对施工过程中索力和结构变形产生一定的影响。而对于后者，因该屋盖网壳矢跨比较小，在形成整体结构（弦支穹顶）之前拆除支架，屋盖将产生较大的结构变形和支座反力，对自身结构和下部支承体系都不利。因此，需比较两种情况下结构的受力性能，以选择相对合适的张拉方案。

3. 索结构施工

1）结构总体施工方案

该工程由于预应力张拉对上部钢结构位形影响较大，若先进行张拉，将给后期钢结构安装带来较大困难，因此拟在上部钢结构屋盖施工完成后，原位张拉预应力拉索，为避免胎架对索力的影响，张弦梁及弦支穹顶张拉均分两阶段进行张拉，第一阶段张拉至90%索力，所有支撑胎架卸载后进行第二阶段张拉，继续张拉至100%（考虑到预应力损失，拟超张拉10%）。总体施工步骤如下：

①在地面搭设支撑胎架，胎架应避开拉索所在的立面；

②钢结构安装就位，整体形成闭合；

③将张弦梁上索夹焊接在撑杆下端后，安装撑杆；

④提升安装张弦梁拉索；

⑤由一侧向另一侧依次张拉张弦梁拉索索力至90%；

⑥将弦支穹顶上索夹焊接在撑杆下端后，安装撑杆；

⑦提升安装弦支穹顶环索，包裹聚四氟乙烯板和不锈钢铁皮，并安装下索夹和紧固高强螺栓；

⑧安装弦支穹顶斜索（钢拉杆）；

⑨由外到内依次张拉弦支穹顶环索索力至90%；

⑩所有索力张拉至90%后，卸载临时胎架，主动将胎架与网壳脱离；

⑪依次反方向进行第二阶段张拉；

⑫结构成形；

⑬安装马道和屋面等。

2）拉索施工总体方案

①张弦梁部分拉索张拉方案

按照施工单位的施工方案，待钢梁与结构焊好以后安装撑杆与拉索，按照环索上的索夹标记以及实际撑杆安装偏差，通过提升将拉索安装至撑杆下端，并紧固高强度螺栓使上、下索夹夹紧索体，将环索固定在索夹上，最后进行两端同步张拉。

为保证每批次张拉同步，采用分级张拉：预紧→25%→50%→75%→90%→100%，超张拉5%。

其中，张拉至90%为第一阶段，张拉顺序如图3.8-5所示。第一阶段后停止张弦梁张拉，待弦支穹顶拉索张拉至90%后，进行临时支撑胎架卸载，当所有胎架卸载完成后，继续按图3.8-5反方向进行第二阶段张拉至100%。

②弦支穹顶部分拉索张拉方案

采用环索张拉法进行张拉，见图 3.8-6。

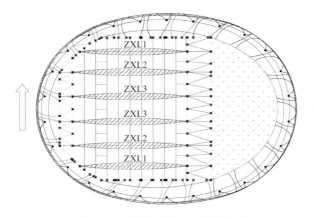
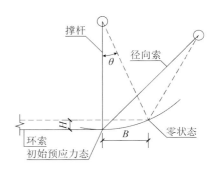

图 3.8-5　张弦梁张拉顺序示意图　　　　图 3.8-6　环索主动张拉的安装状态和初始预
　　　　　　　　　　　　　　　　　　　　　　　　应力态示意图

随网壳拼装过程，从内向外，逐环安装撑杆。在撑杆垂直状态下，量测撑杆下端索夹销孔至相邻撑杆顶端耳板销孔的距离，作为调整斜索长的依据。

现场根据已安装网壳节点实际位置，量取斜索和各段环索实需的安装长度，以确定安装偏差，在供货长度的基础上调整环索和斜索的安装长度。

按照环索上的索夹标记以及实际撑杆安装偏差，通过提升将环索安装至撑杆下端，在拉索外圈包裹聚四氟乙烯板和不锈钢铁皮，使环索在索夹内能自由滑动。

对称安装和预紧斜索（钢拉杆）。

环索分两阶段循环张拉。拉索未张拉时，结构为一单层网格，为保证施工阶段结构安全性，第一次循环张拉时，不主动落架。第一次循环张拉结束后，结构为完整的弦支穹顶，为避免支撑胎架对拉索张拉的影响，因此第二次循环张拉前，将胎架卸载。考虑到最外环拉索的重要性，第二次循环张拉从内环向外环进行。最后超张拉 10%。

两阶段循环张拉顺序为：预紧→外圈环索张拉 90% 初张力→中圈环索张拉 90% 初张力→内圈环索张拉 90% 初张力→主动卸载→内圈环索张拉 100% 初张力→中圈环索张拉 100% 初张力→外圈环索张拉 100% 初张力（图 3.8-7 和图 3.8-8）。

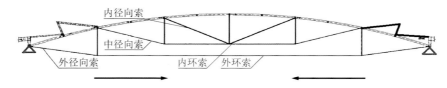

图 3.8-7　从外环向内环张拉环索剖面示意图

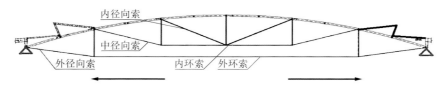

图 3.8-8　从内环向外环张拉环索剖面示意图

4. 工程图片

图 3.8-9 拉索张拉现场

图 3.8-10 屋盖结构外部施工现场

图 3.8-11 景德镇景东游泳馆内景图

撰稿人： 东南大学 罗 斌

3.9 雅安天全体育馆屋盖——金属板屋面索穹顶

设 计 单 位：中国建筑西南设计研究院有限公司
总 包 单 位：发达控股集团有限公司
钢结构安装单位：发达控股集团有限公司
索结构施工单位：北京市建筑工程研究院有限责任公司
索 具 类 型：坚宜佳·高钒拉索
竣 工 时 间：2017 年

1. 概况

四川雅安天全体育馆建筑面积约 1.3 万 m²，座席数约 2700 座，建筑高度 29.270m，可举行地区性综合赛事和全国单项比赛。体育馆外形呈倒圆台形，屋盖结构平面为直径约 92m 的圆形，中部为直径 77.3m 的大跨空间（图 3.9-1）。该项目为"420 芦山地震"后的灾后重建项目，考虑到抗震的需求，屋盖应选择尽量轻型的结构形式。同时雅安天全地区气候条件多雨，全年约 2/3 天数有雨，宜选择装配、非焊接的结构体系。综合以上因素，屋盖大跨空间选用了索穹顶结构，并采用了金属板覆盖材料的刚性屋面系统。

图 3.9-1　四川雅安天全体育馆

2. 索结构体系

该项目索穹顶结构采用了 Geiger 体系，屋盖建筑平面呈圆形，设计直径为 77.3m，屋盖矢高约 6.5m，由外环梁、内环梁、环索、斜索、脊索及三圈撑杆组成（图 3.9-2～图 3.9-4）。拉索采用高钒索，弹性模量 $1.6 \times 10^{11} \mathrm{N/m^2}$，钢丝强度 1670MPa。撑杆和刚性拉环采用 Q345B

圆钢管（表 3.9-1）。屋盖采用了铝镁锰板金属材料覆盖的刚性屋面系统，其优点是技术成熟、耐久性好，适用于多种建筑造型，这也是国内第一个采用刚性屋面的索穹顶结构。

金属屋面檩条与索穹顶协同工作时，檩条实际上形成一个单层网壳，可显著增加结构的刚度。檩条网壳的刚度较索穹顶大，分担了大部分荷载，材料用量增加较多，极限承载力有所降低。针对该项目，檩条协同工作不具有明显的优势，故采用简支滑动檩条，檩条不参与协同工作。

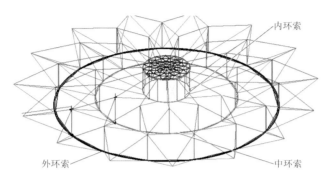

图 3.9-2 索穹顶结构三维示意图

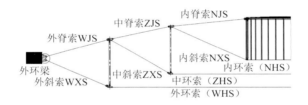

图 3.9-3 索穹顶结构立面示意图

杆件规格和数量 表 3.9-1

杆件	位置		数量	规格	材料类型
斜索	WXS	外圈	30	$\phi73$	
	ZXS	中圈	30	$\phi46$	
	NXS	内圈	15	$\phi34$	
脊索	WJS	外圈	30	$\phi73$	
	ZJS	中圈	30	$\phi56$	
	NJS	内圈	15	$\phi68$	碳钢高钒钢索强度 1670MPa
环索	WHS1	外圈	3	$\phi101$	
	WHS2		3	$\phi101$	
	ZHS1	中圈	2	$\phi60$	
	ZHS2		2	$\phi60$	
	NHS	内圈	1	$\phi50$	
稳定索	WDS	内圈	10	$\phi12$	

续表

杆件	位置		数量	规格	材料类型
撑杆	WCG	外圈	14 + 1	$\phi245 \times 16/\phi273 \times 14$	钢管 Q345B
	ZCG	中圈	15	$\phi194 \times 12$	
	NCG	内圈	15	$\phi146 \times 6$	
内环梁		上环	1	$\phi280 \times 30$	

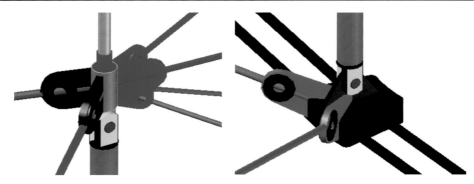

图 3.9-4　撑杆上、下节点示意图

3. 索结构施工

1）施工总体安装步骤

天全体育馆索穹顶结构总体施工顺序为：搭设满堂脚手架；铺放环索、脊索、斜索，将各圈脊索、撑杆上节点、内拉环、内环撑杆、内环索连接成整体；先连接外环撑杆、外环索、脊索，牵引外斜索；然后连接中环撑杆、中环索、中脊索，牵引中斜索就位；接着牵引内斜索就位；最后张拉外斜索使结构成形。

2）索网安装过程图示

第 1 步：搭设放索满堂脚手架（图 3.9-5）；

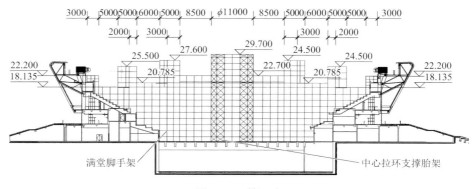

图 3.9-5　第 1 步

第 2 步：各圈脊索、撑杆上节点、内拉环、内环撑杆、内环索铺放连接成整体，并牵引外斜索（图 3.9-6）；

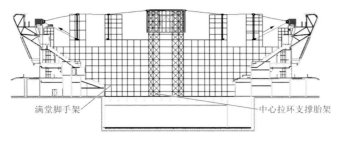

图 3.9-6　第 2 步

第 3 步：牵引中斜索、中环索节点连接就位（图 3.9-7）；

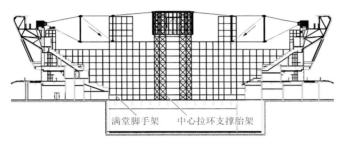

图 3.9-7　第 3 步

第 4 步：牵引内斜索、内环索节点连接就位（图 3.9-8）；

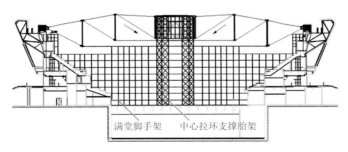

图 3.9-8　第 4 步

第 5 步：使用 60 个 60t 千斤顶继续同步张拉斜索，外脊索张拉就位，整体结构成形（图 3.9-9）。

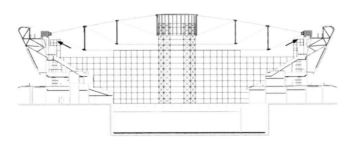

图 3.9-9　第 5 步

4. 工程图片

图 3.9-10　脚手架搭设完成

图 3.9-11　索穹顶节点

图 3.9-12　索穹顶屋盖安装完成

参考文献

[1]　冯远, 向新岸, 董石麟, 等. 雅安天全体育馆金属屋面索穹顶设计研究[J]. 空间结构, 2019, 25(1): 3-13.

撰稿人： 北京市建筑工程研究院有限责任公司　胡　洋　王泽强

3.10 内蒙古冰上运动中心大道速滑馆
——五肢双索张弦桁架

设　计　单　位：哈尔滨工业大学建筑设计研究院有限公司
总　包　单　位：中铁城建集团有限公司
钢结构安装单位：浙江中南建设集团钢结构有限公司
索结构施工单位：巨力索具股份有限公司
索　具　类　型：巨力索具·高钒镀层密封索
竣　工　时　间：2017 年

1. 概况

内蒙古冰上训练运动中心主场馆—大道速滑馆（第十四届全国冬季运动会主场馆），为甲级体育馆，可举办地区性、全国性及国际单项比赛，建筑面积约 2.7 万 m²，设置座席 3000座。该馆为大跨空间结构，主体 1 层、局部 2 层、地下 1 层，馆长 189.80m，宽 109.40m，高度 40.28m；屋盖采用大跨度五肢双索张弦桁架体系，屋面结构最低点高度 24.4m，屋面结构最高点高度 38.6m，跨度 89m，周边单排框架支承，柱距 27m；下部采用钢筋混凝土框架结构（图 3.10-1）。

图 3.10-1　内蒙古冰上训练运动中心主场馆——大道速滑馆

2. 索结构体系

该工程为大跨度且造型变化大的复杂屋面结构，普通的刚性方案很难满足其强度和刚度要求，通过概念设计和计算分析选型最终确定采用预应力张弦网格结构体系。利用张弦结构的自平衡特性减小屋盖钢结构对下部结构产生的水平推力，其性能满足规范要求的各项设计指标。

设计中充分利用屋面突起的行云造型脊线（方案立意为行云，建筑屋盖形式隐喻草原上空美丽的白云），沿短跨方向在脊线位置设置张弦桁架，形成五肢双索张弦桁架（3 上弦＋2 下弦＋双下弦预应力索）的张弦结构体系，满足建筑功能要求，造型美观、结构轻巧、受力合理，而且作为主桁架其结构重要性得到充分加强。通过张弦桁架将屋面结构分解成多个单曲面屋盖，每个单曲面屋盖设置横向联系桁架。联系桁架设计为劲性桁架索（108 榀），跨度根据主桁架的间距确定为 18m 和 27m，采用倒三角形管桁架，桁架曲率根据建筑屋面曲率确定。利用简单的结构形式实现了复杂的建筑造型，实现了建筑和结构的完美结合（图 3.10-2）。

主桁架为 8 榀五肢双索张弦桁架结构形式，包括 3 上弦、2 下弦及双下弦预应力索，联系桁架为 108 榀劲性桁架索。张弦桁架结构的下弦采用双撑杆双直径 120mm 的高钒高强拉索，在竖向荷载下张弦桁架为自平衡体系，从而减轻了下部支撑结构的负担，使得张弦桁架结构具有跨越较大空间的能力（图 3.10-3、图 3.10-4）。构件参数见表 3.10-1。

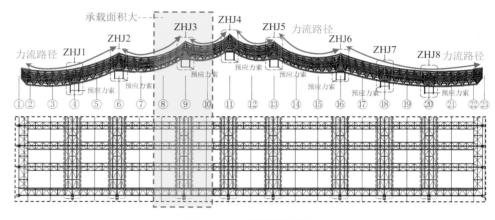

图 3.10-2　屋面桁架布置

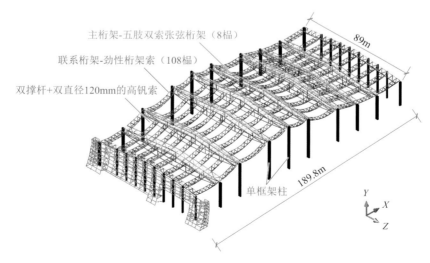

图 3.10-3　大道馆结构形式

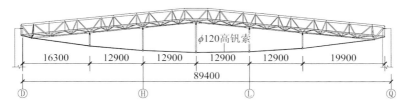

图 3.10-4 大道馆主桁架大样

撑杆采用独立式设计（未采用 V 形撑杆构造），是为了保证索力直接垂直传递给主桁架，抵抗屋面非均匀荷载作用，避免撑杆内力不均带来索夹横向力过大（图 3.10-5）。

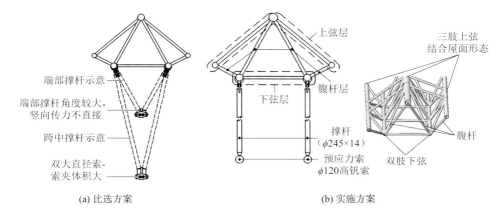

图 3.10-5 大道馆桁架撑杆形式

主要构件规格		表 3.10-1
主桁架-张弦桁架	联系桁架-劲性索结构	预应力索
$\phi450 \times 25$、$\phi377 \times 20$、$\phi299 \times 18$、$\phi273 \times 16$、$\phi180 \times 10$、$\phi168 \times 8$、$\phi159 \times 6$	$\phi245 \times 14$、$\phi219 \times 12$、$\phi180 \times 10$、$\phi159 \times 6$、$\phi140 \times 4$、$\phi114 \times 4$	$\phi120$ 高钒索

3. 索结构施工

该工程主桁架矢高较大，因此拼装时采用分段拼装，降低桁架的高度，减少桁架的支撑量，随后利用大型机械将分段桁架吊装到主桁架组合胎架上进行拼装成整体的拼装思路，每榀桁架根据该工程特点分为三段。

屋盖钢结构进行分区施工。施工一区主桁架施工顺序为 11 轴→1 轴，施工二区主桁架施工顺序为 12 轴→23 轴（图 3.10-6）。次桁架施工顺序为：最初的二榀主桁架就位后相应次桁架先均匀分布安装三榀，使主次桁架形成稳定的结构体系。从中间向两侧逐步安装主次桁架完成主次桁架的安装。桁架吊装流程见图 3.10-7。

根据索结构"力"和"形"统一的受力特点，可以通过对"形"的控制来达到"力"的要求。该工程预应力的施加张拉为一端张拉一端固定，每榀桁架下弦两根拉索同时、均匀、分级张拉。每一级拉索张拉施工完成后，根据张拉监控及变形监控结果，再局部调整拉索的索力，以消除结构安装误差对张拉施工造成的影响，直至结构张拉施工完毕。

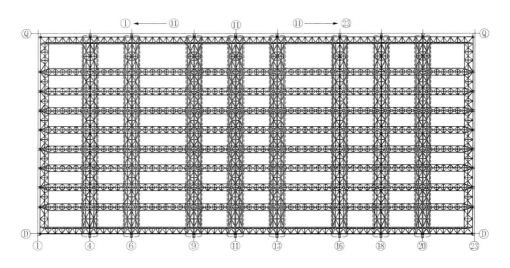

图 3.10-6　大道馆主桁架安装顺序

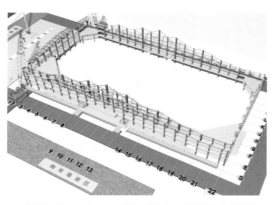

(a) 吊装流程图 1，将 ZHJ4 从地面吊至 2 轴线柱头高空拼装，设缆风绳临时固定，张拉索施工

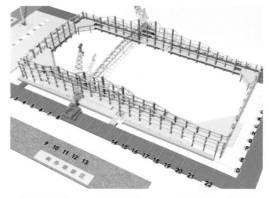

(b) 吊装流程图 2，二台履带吊将 ZHJ4 双机抬吊至 11 轴柱头，设缆风绳进行临时固定

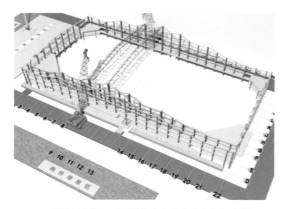

(c) 吊装流程图 3，同样方法完成其他主桁架安装

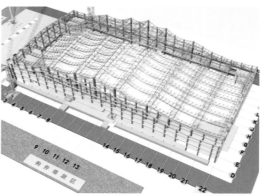

(d) 吊装流程图 4，依次安装屋面横向联系桁架

图 3.10-7　桁架吊装流程图

4. 工程图片

图 3.10-8　主桁架安装

图 3.10-9　联系桁架安装

图 3.10-10　索头张拉工装

图 3.10-11　预应力索张拉施工

撰稿人： 哈尔滨工业大学建筑设计研究院有限公司　张春富　魏震南

哈尔滨工业大学土木工程学院　　　　　　曹正罡　武　岳

3.11 乌鲁木齐奥体中心体育馆屋盖——辐射布置张弦梁

设　计　单　位：中信建筑设计研究院
总　包　单　位：中建三局建设集团有限公司
钢结构安装单位：浙江精工钢结构有限公司
索结构施工单位：南京东大现代预应力工程有限责任公司
索　具　类　型：坚宜佳·高钒镀层密封索
竣　工　时　间：2018 年

1. 概况

乌鲁木齐奥体中心位于喀什路东延以南、会展大道二期（北延）以东，总建筑面积约 30.6 万 m²，计划总投资 38 亿元。综合体育馆是一座国际比赛标准场馆，总建筑面积 7.68 万 m²，设置观众席位数 12000 余个，高 38.6m，檐口标高 29.95m。屋盖是国内最大的辐射布置张弦梁结构，跨度为 114～125m，也是"一带一路"新丝绸之路经济带上规模最大、硬件设施最先进的综合体育场馆，作为甲级体育场馆可举办全国和单项国际比赛，从高空俯瞰，体现了丝绸之路的跨越飞扬和体育运动的律动腾飞，将成为西北地区，各类大型文体文娱活动的绝佳选择。该馆拥有亚洲最大的中央悬吊 LED 高清斗屏、最先进的全景式 LED 灯光照明组、看台高清 LED 环屏组和南北两侧高清 LED 屏，让观众不错过运动的每个精彩瞬间，体验极致震撼的观赛感受（图 3.11-1）。

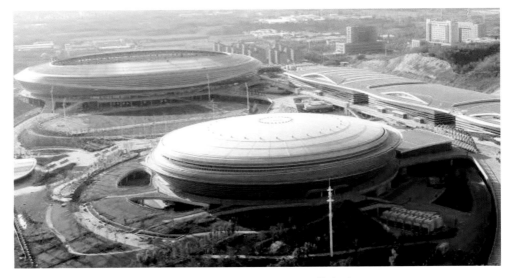

图 3.11-1　乌鲁木齐奥体中心体育馆

2. 索结构体系

1）结构整体概况

体育馆剖面见图 3.11-2。体育馆钢屋盖部分采用轮辐式张弦梁结构（图 3.11-3）。各榀张弦梁绕水平投影面的中心呈放射状布置，中心通过刚性环连接。张弦梁由上弦钢梁、下弦索及其之间的撑杆构成。张弦梁高度为 12.0m，张弦梁的上弦设置环向支撑，保证张弦梁平面外的稳定性，下弦拉索呈抛物线形布置。通过布置并张拉拉索，产生向上的等效预应力荷载，通过优化结构内力状态，提高结构刚度，平衡支座全部或部分推力，控制结构外形尺寸。

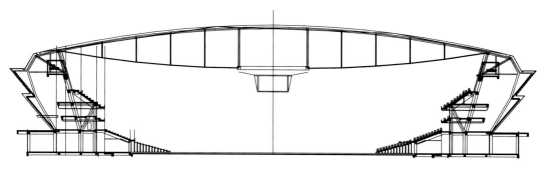

图 3.11-2 体育馆剖面图

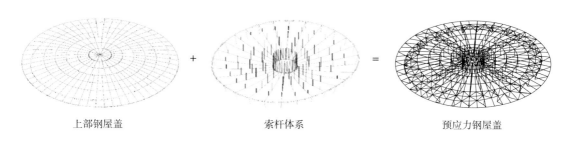

上部钢屋盖 + 索杆体系 = 预应力钢屋盖

图 3.11-3 屋盖结构组成

该工程拉索主要采用 95%锌 + 5%铝的混合稀土合金（Galfan）镀层的光面钢丝束高钒索；拉索两端锚具均为热铸锚，连接件为叉耳式。拉索参数见表 3.11-1。

拉索材料和规格　　　　　　　　　　　　　　　　　　表 3.11-1

位置	材料	规格	最小破断力/kN
径向索	高钒镀层钢绞线索	$2 \times \phi 80$	2×6250

2）结构重难点

①张弦梁吊装和下弦拉索穿索方式

该工程结构为辐射布置张弦梁，总共 28 榀，每榀都被中央刚性环从张弦梁的中点处断开，下弦拉索分成两段。在这种情况下，张弦梁只能分段吊装，且拉索必须在高空进行安装。高空穿索不仅对操作人员具有安全性的影响，同时较地面穿索而言，牵引设备的使用效率会降低，拉索的提升也会影响施工进度，大型起重机全过程参与穿索施工会产生较多的施工费用。

因此，提出在屋盖外围环梁支座处搭设施工平台，拉索在地面展开，并完成索夹安装，由葫芦提升机将拉索与中央刚性环安装，再通过多台葫芦提升机和牵引装置连接拉索与外围环梁，最后安装索夹，完成穿索施工。

②檩条和支撑安装时机以及相邻张弦梁索力的相互影响

檩条可在张弦梁张拉前安装，也可待张拉结束后再安装，两者各有优缺点。

若檩条在张弦梁张拉前安装，则檩条两端的高强螺栓孔距离不受张拉的影响，相对来说檩条易于安装，且张拉时张弦梁的稳定性更加容易保证，但中心支撑胎架荷载较大，拉索张拉力增大，另外也会增加张拉时相邻张弦梁间的相互影响。若檩条在张弦梁张拉后安装，则支撑胎架荷载较小，拉索张拉力小，相邻张弦梁间不存在相互影响，但檩条两端高强螺栓孔的距离受张拉的影响，相对来说檩条较难安装。

根据对比分析，得到张拉过程各榀张弦梁水平位移的特点，同时为了保证张拉过程的整体稳定性，确定支撑及檩条的安装顺序。

③中心刚性环对张弦梁整体受力性能的影响

中心刚性环将所有张弦梁的下弦拉索分成两段，原由拉索承担的拉力转由刚性环下部环梁承受，因此对拉索与中心环的连接以及中心环本身的安装质量提出了较高的要求。

④索力均匀性

该工程拉索为圆弧形，且在中央刚性环处断开，设计要求拉索张拉要保证各索段索力均匀。

显然，与一般单向张弦梁不同的是，相邻张弦梁拉索的索力存在相互影响。因此，该工程采用 28 榀张弦梁分阶段、分批次循环张拉的施工方案，并且每一张拉阶段都要以索力值为控制指标（最后一阶段同时考虑索力值和监测点位移值为控制指标）。

3. 索结构施工

1）结构总体施工方案（图 3.11-4）

①主体结构施工；

②搭设支撑架（含：屋盖外围支撑架、屋盖内部中圈支撑架、刚性环支撑架和中心支撑架），安装钢屋盖上弦杆件；

③安装钢屋盖柱间支撑、柱外斜撑、屋面支撑、檩条；

④卸载屋盖外围支撑胎架；

⑤安装幕墙钢结构；

⑥拉索预应力张拉（采用一端张拉，张拉端位于中心拉环处），屋盖内部中圈支撑架主动脱架；

⑦幕墙预应力施工张拉；

⑧拆除屋盖内部各支撑架（刚性环支撑架和中心支撑架）。

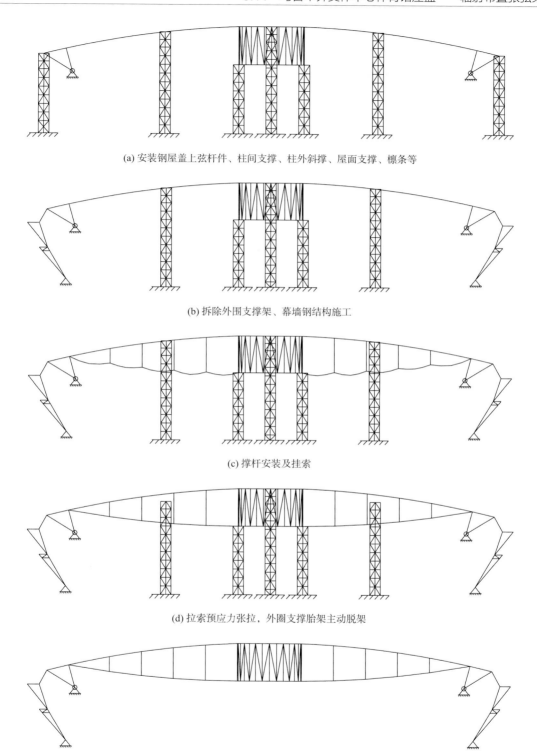

(a) 安装钢屋盖上弦杆件、柱间支撑、柱外斜撑、屋面支撑、檩条等

(b) 拆除外围支撑架、幕墙钢结构施工

(c) 撑杆安装及挂索

(d) 拉索预应力张拉，外圈支撑胎架主动脱架

(e) 拆除支撑胎架及幕墙施工，结构成形

图 3.11-4　总体施工方案

2）拉索施工方案

该工程采用一端张拉，张拉端位于中心拉环处。拉索分两阶段循环张拉：首先挂索并预紧，第一阶段将所有拉索张拉至最终张拉力的 75%，第二阶段将所有拉索张拉至最终张拉力的 100%。每阶段分 7 批循环张拉，将 28 榀张弦梁分为 7 批，每批 4 榀，具体分批情况如图 3.11-5 和表 3.11-2 所示。

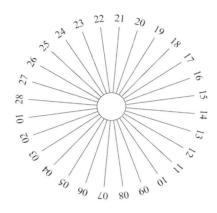

图 3.11-5　拉索编号图

拉索分阶段分批张拉表　　　　　　表 3.11-2

阶段	批号	每批拉索编号			
第一阶段	第 1 批张拉	1	8	15	22
	第 2 批张拉	2	9	16	23
	第 3 批张拉	3	10	17	24
	第 4 批张拉	4	11	18	25
	第 5 批张拉	5	12	19	26
	第 6 批张拉	6	13	20	27
	第 7 批张拉	7	14	21	28
第二阶段	第 1 批张拉	7	14	21	28
	第 2 批张拉	6	13	20	27
	第 3 批张拉	5	12	19	26
	第 4 批张拉	4	11	18	25
	第 5 批张拉	3	10	17	24
	第 6 批张拉	2	9	16	23
	第 7 批张拉	1	8	15	22

4. 工程图片

图 3.11-6 屋盖结构内部施工现场

图 3.11-7 拉索张拉现场

图 3.11-8 张拉成形后现场

图 3.11-9 体育馆内景

撰稿人： 东南大学 罗 斌

3.12 河北北方学院体育馆屋盖——类椭圆形弦支穹顶

设 计 单 位：清华大学建筑设计研究院
总 包 单 位：河北建工集团
钢结构安装单位：河北建工集团
索结构施工单位：南京东大现代预应力工程有限责任公司
索 具 类 型：巨力索具·高钒镀层钢绞线索
竣 工 时 间：2019 年

1. 概况

河北北方学院体育馆是 2022 年北京冬奥会基础场馆，也是河北省首个穹顶结构体育馆，是华北地区除京津以外规格最高的综合性场馆。体育馆地下一层，地上主体一层，局部四层；有 6179 个座席（固定座椅 3945 个，活动座椅 2234 个），钢筋混凝土框架结构，屋顶采用弦支穹顶结构，具有承担全国性综合运动会及国际级单项赛事的能力。该馆内部功能布局合理，能够满足对速度（大道）滑冰以外的所有冰上运动项目需要，实现了冬夏转换，场馆内地板都是可拆卸的，将地板撤走后，地下的制冰机可以立即开始制冰。体育馆方案选择颇具传统特色的"灯彩"建筑造型，采用"蓝白"作为建筑主色调，力求与校园及城市的人文特色相结合，并能够彰显出冬奥会项目的特质。从著名的张家口市蔚县剪纸艺术中汲取营养，外围很像剪纸，内部是彩色的，远看酷似灯笼，就像一个被旋转了 180° 的纸片，能够增加律动感（图 3.12-1）。

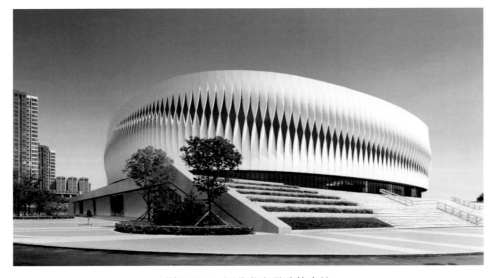

图 3.12-1　河北北方学院体育馆

2. 索结构体系

1）结构整体概况

弦支穹顶是传统索穹顶与空间网壳结构的混合体。作为一种新型的杂交结构体系，该种结构具有时代气息，具有用钢量小、结构轻盈、钢结构杆件类型较少、节点构造简洁、施工方便等优点。河北北方学院体育馆钢结构屋盖的弦支穹顶结构由上部单层网壳和下部索杆体系构成，平面投影尺寸约为 89.9m × 82.7m。结构上部单层网壳为类椭圆形，由凯威特型（Kiewitt）和联方型结合布置，网壳高度为 25.36m；下部索杆体系为 Levy 体系，设置 5 圈环索，6 道径向钢拉杆，最内圈径向钢拉杆与中心撑杆连接。该工程钢结构屋盖部分通过最外圈环形钢梁与下部柱相连，弦支穹顶的边界节点与环形钢梁通过焊接球节点连接，环形钢梁的部分节点与柱的连接采用铸钢球铰支座形式，共设 32 个支座，球铰支座安装在钢筋混凝土框架柱顶上。屋盖结构见图 3.12-2～图 3.12-4。拉索参数见表 3.12-1。

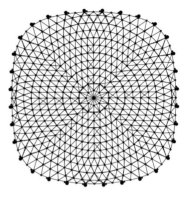

图 3.12-2 屋盖结构平面图

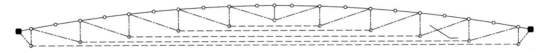

图 3.12-3 屋盖结构立面图

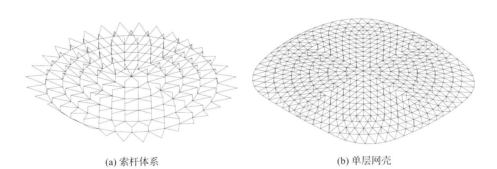

(a) 索杆体系　　　　　　　　　　　(b) 单层网壳

图 3.12-4 北方学院体育馆弦支穹顶结构组成

拉索材料和规格 　　　　　　　　　　　　　表 3.12-1

拉索		材料	规格
一环	环索（HS-1）	GALFAN 拉索	ϕ63
	斜索（H1-LG1）	550 级钢拉杆	D40
二环	环索（HS-2）	GALFAN 拉索	ϕ63
	斜索（H2-LG1～LG2）	550 级钢拉杆	D40

拉索		材料	规格
三环	环索（HS-3）	GALFAN 拉索	$\phi77$
	斜索（H3-LG1～LG3）	550 级钢拉杆	D40
四环	环索（HS-4）	GALFAN 拉索	$\phi77$
	斜索（H4-LG1～LG5）	550 级钢拉杆	D60
五环	环索（HS-5）	GALFAN 拉索	$\phi105$
	斜索（H5-LG1）	550 级钢拉杆	D60
五环外	斜索（H6-LG1～LG16）	550 级钢拉杆	D80

2）结构重难点

①拉索张拉方法

该工程拉索体量大、分布面广，且由径向钢拉杆、环向索及撑杆组成了整体张拉索杆体系。首先，拉索施工应穿插于单层网壳结构的安装施工中，与普通钢结构的施工顺序、方法和工艺密切相关。其次，弦支穹顶屋盖预应力的建立方法不同于普通预应力钢结构。由于张拉整体索杆体系中的径向钢拉杆、环向索及撑杆为一有机整体，索力与撑杆内力是密切相关的，相互影响、互为依托。对其中任何一根索进行张拉，也可在其他索中建立相应的预应力，也就是说能达到同样的预应力效果。因此该工程可以应用的拉索张拉方法有：撑杆调节法、环向索张拉法和径向索张拉法。但对于具体施工来说，不同的张拉方法将要采用的节点构造、张拉机具、施工工艺等都不同。因此，须进行详尽的考虑和分析，根据工程的特点，确定合理的张拉方法，在满足在结构中建立设计所要求的预应力的基础上，施工方便、节点构造简单、美观、容易控制误差和环索线形等。

此外，对于该工程而言，不论采取何种拉索张拉方法，一般均不可能对所有拉索同时同步施加预应力，通常的做法是采取分批分级的办法来实现。当结构较柔时，拉索分批分级张拉会因张拉先后顺序和张拉力级别的不同，导致群索之间的索力相互影响较大。因此，需对该工程进行张拉施工全过程的分析，来确定合理的张拉方案。

②节点设计

该工程撑杆下端索夹节点空间性强、受力复杂、空间定位要求准，且径向钢拉杆为 Levy 型索系，对索夹上耳板方向和角度的定位要求较高。因此，进行索夹节点构造设计时，除需考虑准确定位和受力安全外，还应满足拉索实际施工的要求（包括拉索安装和张拉）。同样，对于撑杆上端节点，设计初步给定了焊接球节点形式，因此在选择拉索张拉方法时应考虑这一特点。

③支座形式对结构施工的影响

该工程支座形式采用的是铸钢球铰支座。一般来说，为提高预应力效率，在施工阶段，特别是在预应力张拉阶段，预应力空间钢屋盖结构允许支座滑动，从而使预应力完全建立在屋盖结构中，形成预应力自平衡体系，避免下部结构对预应力的损耗。但允许支座滑动与结构整体设计计算的结果会有所不同，因此须进行结构对比分析，以确定拉索张拉阶段支座是否滑动，若保持滑动，还需确定支座与下部结构安装连接的时机。

④支架对结构预应力态的影响

该工程屋盖上部网壳安装时搭设了满堂脚手架，在拉索张拉时有两种选择，一是保留支架，待拉索张拉完毕后再脱架；二是脱架后再进行拉索张拉。前者可确保施工阶段结构的安全性，防止发生意外事故，但若张拉过程中屋盖始终不脱架，那么支架将会对施工过程中索力和结构变形产生一定的影响。而对于后者，因该屋盖网壳矢跨比较小（1/14），在形成整体结构（弦支穹顶）之前将网壳与支架脱开，屋盖将产生较大的结构变形和支座反力，对自身结构和下部支承体系都不利。因此，须比较两种情况下结构的受力性能，以选择相对合适的张拉方案。

3. 索结构施工

根据该工程特点，经详细的结构分析和方案比对，确定采用环向索张拉法在结构中建立所需的预应力。其中，外5环采用环索张拉法，最内环采用径向索张拉法；同一环的环索或径向索同步分级张拉。

外5环在张拉环索时，为减小索夹摩擦力引起的环索索力损失，从外向内5环环索的张拉点的数量分别为8、8、6、4、4，见图3.12-5。

总体施工步骤如下：

①搭设满堂脚手架至单层网壳节点安装位置；

②拼装网壳，并将支座初步固定；

③随网壳拼装作业过程，逐环安装撑杆和相应的拉索；

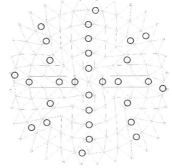

④从外环向内环进行第一次循环张拉，达到90%设计索力；然后卸载脱架；从内环向外环进行第二次循环张拉，达到100%设计索力；最后拧紧索夹。

⑤索张拉完毕后，安装马道和屋面材料等。

图 3.12-5 弦支穹顶环索张拉点示意图

环索张拉施工顺序如图3.12-6所示。

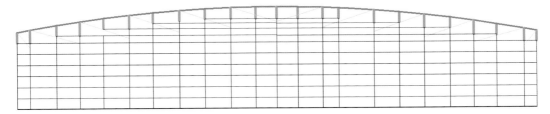

(a) 在满堂脚手架上完成网壳拼装

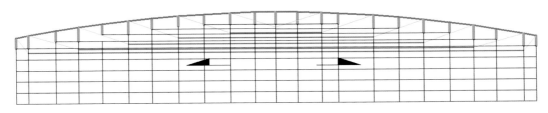

(b) 在满堂脚手架上开始第一阶段环索张拉

223

(c) 在结构脱架后开始第二阶段环索张拉

图 3.12-6　弦支穹顶环索张拉施工顺序示意图

4. 工程图片

图 3.12-7　屋盖结构施工完成

图 3.12-8　体育馆内景

撰稿人：东南大学　罗　斌

每一阶段张拉时，都是按照表 3.13-2 的顺序，从一侧向另外一侧逐步进行张拉。交叉的两根拉索同时张拉。

张拉过程索力实施表   表 3.13-2

张拉顺序	拉索处轴线号	拉索编号	第一阶段张拉实施张拉力/kN	第二阶段理论索力/kN	第三阶段张拉实施张拉力/kN
1	15	DLS-1/2	71.6/72.7	25.8/38.0	29.9/42.4
2	15/16	LS-1/2	111.2/113.9	74.4/73.0	82.8/82.0
3	16	LS-3/4	131.5/137.3	113.0/117.9	122.4/128.5
4	16/17	LS-5/6	161.7/158.7	143.4/132.3	159.2/147.7
5	17	LS-7/8	129.1/136.3	94.3/97.1	103.8/107.8
6	17/18	LS-9/10	111.0/119.2	91.5/95.0	98.0/102.7
7	18	LS-11/12	146.8/147.2	127.3/119.0	140.1/131.7
8	18/19	LS-13/14	125.8/134.0	90.4/96.1	98.7/105.9
9	19	LS-15/16	110.0/118.4	90.9/98.8	97.6/106.9
10	19/20	LS-17/18	161.0/160.0	142.5/133.6	158.2/149.0
11	20	LS-19/20	128.6/134.8	93.7/95.7	103.2/106.2
12	20/21	LS-21/22	111.1/118.9	91.4/94.8	97.9/102.5
13	21	LS-23/24	145.1/145.8	127.6/119.3	140.2/131.8
14	21/22	LS-25/26	125.0/133.0	86.1/92.2	94.3/101.8
15	22	LS-27/28	120.3/127.5	101.4/94.6	102.0/109.9
16	22/23	LS-29/30	83.4/88.3	72.6/76.6	78.1/82.7
17	23	DLS-3/4	35.1/25.7	34.8/25.5	35.5/24.3

4. 工程图片

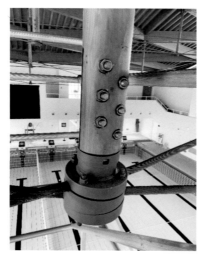

图 3.13-6　撑杆与拉索连接节点　　　　图 3.13-7　撑杆与木梁连接节点

图 3.13-8　苏州市第二工人文化宫游泳馆

图 3.13-9　游泳馆使用内景

参考文献

[1]　尹卫东. 游泳馆屋面弦支木结构的技术要求和安全措施——以苏州市第二工人文化宫项目为例[J]. 中国房地产业, 2021(29): 106-107.

撰稿人：东南大学　罗　斌

3.14 山西大学风雨操场屋盖——带稳定索张弦梁

设　计　单　位：清华大学建筑设计研究院
总　包　单　位：山西建工集团
钢结构安装单位：徐州大地钢结构有限公司
索结构施工单位：南京东大现代预应力工程有限责任公司
索　具　类　型：巨力索具·高钒镀层钢绞线索
竣　工　时　间：2020 年

1. 概况

山西大学东山校区（一期第一阶段）风雨操场建设地点位于太原市东山，北起南坪头水库南侧，南至南中环街东延西起 30m 规划路，东至 40m 规划路。总建筑高度约 29.4m，总建筑面积约 8136.06m²，建筑最大平面尺寸为 92.1m×42.0m。该工程共两层，一层采用钢框架支承＋大跨度桁架组合楼承板结构，层高为 12.5m，基本轴网尺寸为 7.2m×7.2m；二层采用钢框架支承＋张弦梁结构体系，层高为 10～17.4m，局部设夹层（图 3.14-1）。

图 3.14-1　山西大学风雨操场

2. 索结构体系

1）结构整体概况

屋盖采用张弦梁＋稳定索组合结构，其张弦梁由上弦钢梁、下弦承重索及之间的撑杆构成，稳定索布置在撑杆上与承重索形成交叉，张弦梁间设联系钢梁，形成正交网格上弦（图 3.14-2 和图 3.14-3）。

桁架柱弦杆尺寸为□400×400×8×8、腹杆尺寸为□200×200×6×6，屋盖上弦钢梁尺寸为□200×400×14×14，下部承重索和稳定索均为 1670MPa 级 Galfan 镀层钢绞线，其

中承重索规格为 $2\phi50$，稳定索规格为 $\phi71$，屋面檩条规格为 C200×60×30×3（表3.14-1）。

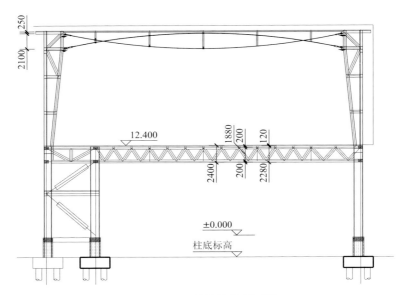

图 3.14-2　整体结构剖面图

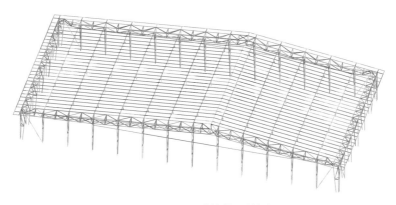

图 3.14-3　屋盖结构三维图

拉索材料和规格　　　　　　　　　　　　　　　　　　表 3.14-1

拉索	类型	索体			索头		
		级别/MPa	规格	索体防护	锚具	连接件	调节装置
承重索	钢绞线成品索	1670	$\phi50$	Galfan 镀层	热铸锚	叉耳式	螺杆
稳定索	钢绞线成品索	1670	$\phi71$	Galfan 镀层	热铸锚	叉耳式	螺杆

2）结构特点

①该工程屋盖结构采用张弦梁＋稳定索组合结构，具有张弦结构和索桁架结构的复合特性。屋盖轮廓呈长方形，尽管上部正交网格结构的传力途径具有一定的双向性，但整体结构以单向（短跨）传力为主，承重索和稳定索的拉力由长边的桁架柱和上部网格结构共同抵抗，空间作用显著。另外，承重索（双索）、稳定索（单索）和撑杆相互交叉，特别是

稳定索需穿过撑杆且形成球铰连接,使节点构造较为复杂。

②根据该工程的屋盖结构受力特性,基于恒载(结构自重＋屋面恒载)预应力态下,以竖向位移接近零为目标,优化承重索和稳定索的预应力,减少上部网格的弯曲应力和桁架柱的应力水平。并进行施工方案对比分析,确定上部网格结构、撑杆、承重索和稳定索的合理安装顺序和拉索的张拉方案,以保证施工成形态的应力分布和位形与设计相符。

3. 索结构施工

1)结构总体施工方案

①原位拼装桁架柱和上部网格结构(中部设支撑架);

②安装撑杆、稳定索和承重索;

③承重索和稳定索同步分级张拉;

④拉索张拉完成后,安装檩条。

2)张弦梁拉索施工方案

①拉索施工顺序

在拉索张拉前,上部网格结构要全部安装、焊接完成;然后,从两侧对称向中间逐榀进行拉索的安装和张拉。

②张拉分级程序

同一榀的承重索和稳定索在两端同步分级张拉,分级程序为:预紧→25%→50%→75%→100%。

③拉索张拉控制

该工程现场张拉主要控制拉索张拉力和桁架跨中竖向位移。

4. 工程图片

图 3.14-4 桁架柱安装完成　　　图 3.14-5 拉索张拉完成　　　图 3.14-6 风雨操场内景

撰稿人: 东南大学　　　　　罗　斌
辽宁工程技术大学　胡正平

3.15 西北大学长安校区体育馆屋盖——弦支空间桁架

设　计　单　位：北京中建建筑设计院有限公司
总　包　单　位：陕西建工集团股份有限公司
钢结构安装单位：陕西建工机械施工集团有限公司
索结构施工单位：陕西省建筑科学研究院有限公司
索　具　类　型：坚宜佳·高钒索
竣　工　时　间：2020 年

1. 概况

体育馆位于西北大学长安校区内，由主馆和两侧的副馆组成，总建筑面积为33791.24m²，座席数为 11000 席，主馆屋盖跨度为 115m，矢高 6.747m，顶标高 33.095m。体育馆下部为框架剪力墙结构，屋盖采用钢结构。屋盖平面投影为直径约 105m 的圆形，最高点标高 32.795m。屋盖主体采用空间弦支辐射布置桁架结构，其上弦由径向倒三角桁架、加强平面次桁架与环桁架，以及顶部单层网壳组成。单榀桁架最大长度约 48m，最大重量约24.5t，设内、中、外三道"加强环"。下弦由环向索及径向索组成，上下结构间通过竖向撑杆连接改善了上部空间桁架体系的稳定性，使边缘构件的设计更加简便、经济（图 3.15-1）。

图 3.15-1　西北大学长安校区体育馆

2. 索结构体系

体育馆屋盖整体结构三维示意图如图 3.15-2 所示。
该工程的结构特点有：

①该项目由上弦刚性桁架结构、下弦预应力
拉索结构和顶部单层网壳结构组成，结合了索穹
顶与单层网壳结构的特点，能够充分发挥柔性与
刚性结构的长处。上层钢结构和下层拉索之间由
撑杆进行连接，构成稳定的空间结构受力体系，
可以有效地提高整体结构的稳定承载力。拉索为
高强材料，可以有效地减小结构自重，并达到轻
巧、通透的建筑效果。

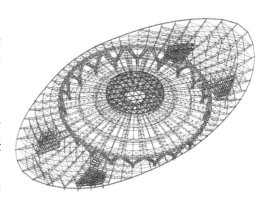

图 3.15-2　体育馆整体结构三维示意图

②通过对弦进行张拉，以及将撑杆与桁架
按实际造型需求进行组合，即基于结构的受力
特性进行构造。具有使结构受力更合理、刚度更
大等特点。相比于单层网壳结构，弦支空间桁架的索杆体系改善了上部桁架结构的稳定性，
使材料利用率充分提高，用钢量与单层网壳结构相比大幅度减少，同时具有更强的跨越
能力。

③相比于索穹顶，弦支空间桁架结构刚性上弦层的引入，可以满足不同屋面的矢跨比
要求，受力形式更加明确，设计时理论分析的难度也显著降低。

④在施工建造阶段引入预应力的过程中，上部单层网壳结构与下部索杆体系逐渐形成
受力的整体，自平衡效果随之产生，支座水平反力得到大幅降低，使下部支承体系的设计
更加灵活，可以满足更加复杂的建筑造型需要。

该屋盖索结构展现出以下两点创新：

①将传统弦支穹顶结构体系的上部网壳结构优化为由辐射布置倒三角桁架、加强平面
次桁架与环桁架组成。该结构具有跨越能力强、承载力高与稳定性好的优点，避免了因场
地限制带来的不便且施工效率更高，解决了传统弦支穹顶随跨度增加引起结构性能降低的
难题。

②该屋盖结构的上弦空间桁架体系相当于是一个巨型网格结构，即将传统的弦支穹顶
上部网壳结构替代为巨型网格结构，形成巨型网格弦支穹顶结构，具有良好的静动力性能，
经济指标较高。向巨型网格化发展，实现了弦支穹顶结构形式的创新和突破，进而可提高
大跨建筑结构的整体美观性、经济性和安全性。

屋盖结构索系中拉索均为国产高钒索，规格及数量列于表 3.15-1。

拉索规格与数量　　　　　　　　　　　　　表 3.15-1

位置（由内向外）	规格	数量/根	单根长度/mm
主馆四圈环向索（第 1 圈）	ϕ90	1	63617
主馆四圈环向索（第 2 圈）	ϕ90	2	62878
主馆四圈环向索（第 3 圈）	ϕ90	3	62616
主馆四圈环向索（第 4 圈）	ϕ105	4	67402
主馆径向索（第 1 圈）	ϕ55	20	9930

位置（由内向外）	规格	数量/根	单根长度/mm
主馆径向索（第 2 圈）	$\phi55$	20	9404
主馆径向索（第 3 圈）	$\phi55$	20	12330
主馆径向索（第 4 圈）	$\phi60$	20	11289
主馆稳定索（第 1 圈）	$\phi55$	4	11208
主馆稳定索（第 2 圈）	$\phi55$	4	12752
主馆稳定索（第 3 圈）	$\phi55$	4	17290
主馆稳定索（第 4 圈）	$\phi55$	4	20671
副馆拉索（第 1 圈）	$\phi60$	4	33775
副馆拉索（第 2 圈）	$\phi60$	4	27690
副馆拉索（第 3 圈）	$\phi60$	4	27690
副馆拉索（第 4 圈）	$\phi60$	4	18348

3. 索结构施工

根据西北大学长安校区体育馆结构特点，索结构张拉成形采用先张拉调整，后胎架卸载成形的方式。其中索结构的张拉施工采用张拉径向索的方式，即在调整好环向索初始长度和撑杆长度、位置后，直接对径向索张拉建立预应力的方法。根据场地条件和中心支撑胎架的位置，采用分级分批张拉的工艺，共分三级张拉，每一级每圈拉索又分为 2 批，每批张拉 10 根拉索。第 1 级（张拉到初张力的 10%）由内圈向外圈依次张拉完成，第 2 级（张拉到初张力的 70%）由外圈向内圈依次张拉完成，第 3 级（张拉到初张力的 100%）由内圈向外圈依次张拉完成。

1）屋盖结构施工工艺

屋盖结构施工工艺流程如下：①安装外围格构柱和屋盖钢结构构件；②安装径向斜索；③安装撑杆、安装环索及径向斜索，并对径向斜索进行预紧；④对径向钢斜索进行第 2 级张拉；⑤拆除支撑胎架；⑥对径向钢斜索进行第 3 级张拉；⑦安装并张拉 V 形稳定索；⑧根据实际监测结果对索力进行局部微调；⑨安装屋面系统及维护构件。见图 3.15-3。

其中拉索及相关构件的具体安装流程如图 3.15-4 所示。

2）拉索张拉操作要点

①张拉时采取双控原则：张拉力控制为主，结构变形控制为辅助。

②张拉设备安装：由于该工程张拉设备组件较多，因此在进行张拉设备安装时必须小心安放，使张拉设备形心与钢斜索重合，以保证预应力钢斜索在进行张拉时不产生偏心。

③钢斜索张拉（图 3.15-5）：油泵启动供油正常后，开始加压，当压力达到钢斜索设计

拉力时，根据监测结果决定是否超张拉，超张拉不应超过 5%，然后停止加压，完成预应力钢索张拉。张拉时，要控制给油速度，给油时间不应低于 0.5min。

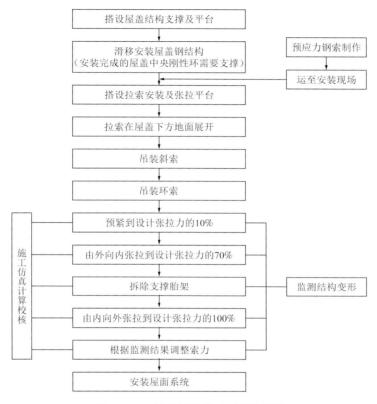

图 3.15-3　屋盖结构施工工艺流程图

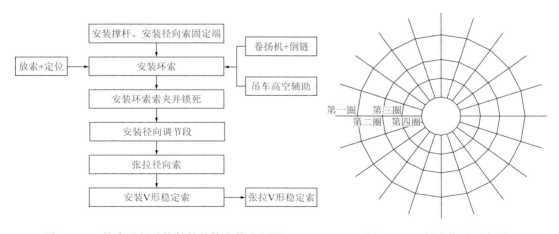

图 3.15-4　拉索及相关构件的具体安装流程图　　　图 3.15-5　斜索位置示意图

3）张拉控制措施

在第 2 级（70%张拉力）和第 3 级（100%张拉力）的张拉过程中再次细分为若干小级，在每小级中尽量使千斤顶给油速度同步，在张拉完成每小级后，所有千斤顶停止给油，如此通过每一个小级停顿调整的方法来达到整体同步的效果。

根据施工仿真计算得出拉索每级张拉的伸长值，张拉过程中通过控制拉索伸长值来达到整体同步的效果。

4）张拉顺序

第 1 级（张拉到初张力的 10%）由内圈向外圈依次张拉完成，第 2 级（张拉到初张力的 70%）由外圈向内圈依次张拉完成，第 3 级（张拉到初张力的 100%）由内圈向外圈依次张拉完成。上述张拉步骤完成后安装并张拉稳定索。

第 2 级张拉顺序如图 3.15-6 所示。

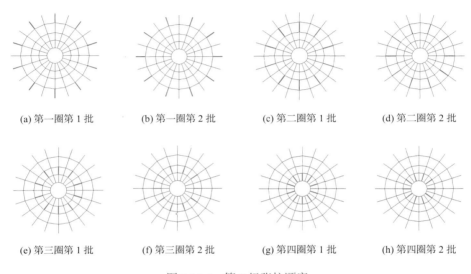

 (a) 第一圈第 1 批 (b) 第一圈第 2 批 (c) 第二圈第 1 批 (d) 第二圈第 2 批

 (e) 第三圈第 1 批 (f) 第三圈第 2 批 (g) 第四圈第 1 批 (h) 第四圈第 2 批

图 3.15-6 第 2 级张拉顺序

第 3 级张拉顺序如图 3.15-7 所示。

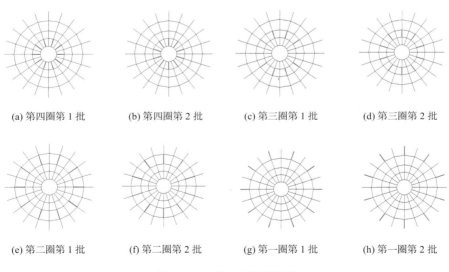

 (a) 第四圈第 1 批 (b) 第四圈第 2 批 (c) 第三圈第 1 批 (d) 第三圈第 2 批

 (e) 第二圈第 1 批 (f) 第二圈第 2 批 (g) 第一圈第 1 批 (h) 第一圈第 2 批

图 3.15-7 第 3 级张拉顺序

4. 工程图片

图 3.15-8　拉索节点

图 3.15-9　张拉施工

图 3.15-10　张拉完成整体效果

参考文献

[1]　柳明亮, 焦永康, 海然, 等. 大跨空间弦支轮辐式桁架结构旋转累积滑移施工技术与分析 [J]. 建筑技术, 2022, 53(12): 1620-1623.

[2]　王秀丽, 冯竹君, 任根立, 等. 大型复杂体育馆钢结构施工过程模拟分析[J]. 北京交通大学学报, 2020, 44(06): 17-24.

撰稿人：陕西省建筑科学研究院有限公司　柳明亮　张宇鹏

3.16 河北对外经贸职业学院实训基地屋盖
——弦支马鞍形网壳

设 计 单 位：天津大学建筑设计规划研究总院有限公司
总 包 单 位：河北建设集团股份有限公司
钢结构安装单位：河北建设集团钢结构工程有限公司
索结构施工单位：河北建设集团钢结构工程有限公司
索 具 类 型：坚宜佳·1670级GALFAN高强拉索
竣 工 时 间：2021年

1. 概况

河北对外经贸职业学院多功能综合教学实训基地，位于河北省秦皇岛市北戴河新区河北对外经贸职业学院内，建筑方案造型设计以"河海欢歌"为概念，借该案建筑形象，寓意秦皇岛这座美丽的海滨旅游城市为一颗由海浪烘托而起的明珠（图3.16-1）。总建筑面积17655m²，建筑高度24.6m，屋面防水等级一级，耐火等级二级，抗震设防烈度7度，设计使用年限50年。主体为钢框架结构，屋盖为弦支马鞍形单层网壳结构。主体结构由36根呈外倾11°布置的箱形柱、圆管钢柱和H形钢梁组成。

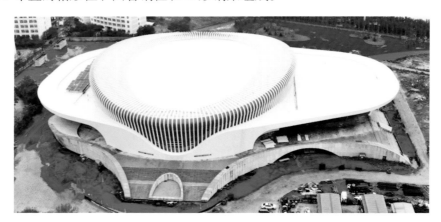

图3.16-1 河北对外经贸职业学院多功能综合教学实训基地

2. 索结构体系

1）索结构体系组成

屋盖弦支马鞍形单层网壳结构由联方型单层网壳、185根撑杆和双向正交布置的30道拉索及周围环梁组成。结构通过下层索系、上层刚性网壳和竖向撑杆共同工作承受外部荷载，结构通过对下层索系施加预应力而为结构提供足够的竖向刚度，并在结构内形成水平作用自平衡的结构体系。钢屋盖平面投影为椭圆形，结构尺寸为 84.660m × 108.443m，联方型单层网壳由 385 颗焊接球、1204 根杆件及周圈钢管环梁组成（图 3.16-2）。焊接球最大直径 650mm，钢管最大直径 900mm，拉索最大直径 115mm，最大钢板厚度 50mm，总用钢量 4720 吨。

上层单层网壳、环梁、撑杆采用焊接钢管或无缝钢管，材质为 Q355B。钢结构支座为成品球铰支座。

该工程拉索双向正交分布，X 向和 Y 向各为 15 根拉索，均为 GALFAN 索。GALFAN 拉索的钢丝表面采用 GALFAN 镀层（95%锌 + 5%铝的混合稀土合金），公称抗拉强度为 1670MPa。X 向的 15 根拉索（LS-X1～LS-X15），直径为 115mm，拉索有效截面面积为 7854mm²；Y 向的 15 根拉索，直径分别为 70 和 95mm，Y 向中间 7 根拉索（LS-Y5～LS-Y11）直径为 95mm，Y 向两侧各 4 根拉索（LS-Y1～LS-Y4、LS-Y12～LS-Y15）直径为 70mm，直径 70mm 拉索有效截面面积为 2930mm²，直径 95mm 拉索有效截面面积为 5320mm²。拉索参数见表 3.16-1。

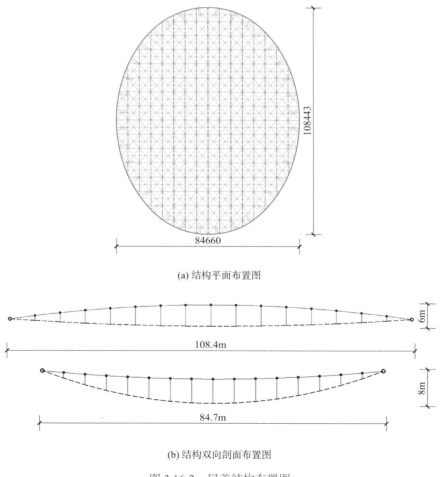

(a) 结构平面布置图

(b) 结构双向剖面布置图

图 3.16-2　屋盖结构布置图

拉索规格 　　　　　　　　　　　　　　　表 3.16-1

编号	截面	类型
LS-X1～LS-X15	φ115	
LS-Y5～LS-Y11	φ95	1670 级 GALFAN 高强拉索
LS-Y1～LS-Y4、LS-Y12～LS-Y15	φ70	

2）索结构体系受力特点

①弦支马鞍形网壳静力性能分析

对该屋盖进行静力特性分析，得出结构整体作用良好，结构刚度大，内力分布较均匀，静力性能良好。且该屋盖采用马鞍面造型，马鞍面受外力作用时，任意一条直母线会被另一族直母线分摊受力，这种相互作用使得结构更加稳定，使结构屋盖具有良好的受力性能。

②弦支马鞍形网壳动力特性分析

对该结构进行模态分析，得到了结构前 20 阶振型的频率（图 3.16-3）。从图中可以看出，结构从第 2 阶到第 3 阶，第 5 阶到第 6 阶，第 12 阶到第 13 阶振型频率增大趋势较为明显，其余变化较为平缓。总体结果表明结构刚度分布较为合理，自振频率较为密集，

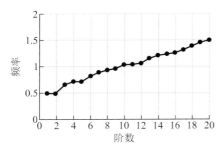

图 3.16-3　结构前 20 阶振型频率分布

结构质量分布及刚度分布较均匀，结构布置合理。

3）设计难点与解决方案

①马鞍形屋盖结构找形分析

该屋盖为马鞍形双曲面，结合建筑外轮廓，通过 Rhino 等三维软件找形，对于不同长度的单元分隔形式，提取结构点与线，并在结构软件中进行建模分析，最终确定经济性最好、受力最合理的结构模型。

②弦支马鞍形单层网壳拉索预拉力值确定

该弦支马鞍形单层网壳结构双向布置拉索，受力复杂，结合各拉索平面位置、各撑杆高度、网壳分格形式，针对不同预拉力对结构进行试算，最终优化确定出经济性最好、受力最合理的结构预拉力。

③弦支马鞍形单层网壳节点设计

针对钢索锚固处节点受力复杂，环梁与网壳弦杆受力较大问题，建立三维模型，采用有限元分析软件 Abaqus 对锚固节点进行受力分析，掌握锚固点受力和变形状态，优化结构设计（图 3.16-4）。

图 3.16-4　节点应力云图

3. 索结构施工

该工程拉索张拉遵循分阶段、分级、对称、缓慢匀速、同步加载的原则。

考虑尽量减少张拉引起撑杆的偏移，并考虑张拉先后顺序对索力影响，该工程拉索的张拉顺序遵从由外向内的对称张拉原则。

张拉顺序如图 3.16-5 和图 3.16-6 所示，分为 8 次，每次采用 8 台千斤顶同时张拉，具体顺序如下：

①第 1 次张拉边索 LS-X1、LS-X15、LS-Y1、LS-Y15；

②第 2 次张拉边索 LS-X2、LS-X14、LS-Y2、LS-Y14；

③第 3 次张拉边索 LS-X3、LS-X13、LS-Y3、LS-Y13；

④第 4 次张拉边索 LS-X4、LS-X12、LS-Y4、LS-Y12；

⑤第 5 次张拉边索 LS-X5、LS-X11、LS-Y5、LS-Y11；

⑥第 6 次张拉边索 LS-X6、LS-X10、LS-Y6、LS-Y10；

⑦第 7 次张拉边索 LS-X7、LS-X9、LS-Y7、LS-Y9；

⑧第 8 次张拉边索 LS-X8、LS-Y8。

按此顺序（即：1→2→3→4→5→6→7→8；1→2→3→4→5→6→7→8），共循环两次。

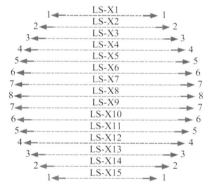
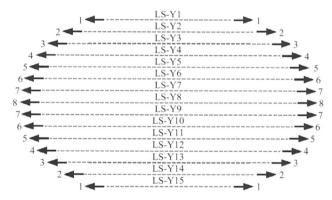

图 3.16-5　X向拉索张拉顺序　　　　　图 3.16-6　Y向拉索张拉顺序

4. 工程图片

图 3.16-7　主体钢框架安装　　　　　图 3.16-8　拉索安装

图 3.16-9　拉索张拉

图 3.16-10　屋盖结构安装完成

图 3.16-11　主体完工实景

参考文献

[1]　闫翔宇，郭凯旋，王彬，等. 弦支马鞍形网壳结构预应力张拉端节点有限元分析[C]//第二十一届全国现代结构工程学术研讨会论文集，2021.

[2]　刘腾达，郭行健，刘子健，等. 大跨度双向张弦网壳结构施工工艺[J]. 工程技术，2021(6)：316-318.

撰稿人： 天津大学建筑设计规划研究总院有限公司　闫翔宇

3.17 佛山德胜体育中心体育馆屋盖——金属屋面索穹顶

设 计 单 位：广东省建筑设计研究院

总 包 单 位：中建五局建设集团有限公司

钢结构安装单位：中冶钢构集团有限公司

索结构施工单位：南京东大现代预应力工程有限责任公司

索 具 类 型：巨力索具·高钒镀层密封索

竣 工 时 间：2021 年

1. 概况

佛山顺德德胜体育中心项目位于广东省佛山市顺德区，主要包括"一场两馆"，即一座综合体育场、一座综合体育馆（含体育馆主馆和训练馆）和一座游泳馆（图 3.17-1）。体育馆主馆屋盖为含重型刚性屋面的大跨度封闭式混合型索穹顶结构，由脊索、斜索、环索、撑杆、内拉环、外压环梁及外围支承结构等组成的空间预应力索杆体系，结构平面投影为椭圆形，其中支座间长轴方向的结构净跨 124.5m，短轴方向的结构净跨 105.5m，结构矢高 8.1m，长向矢跨比 1/15，短轴矢跨比 1/13，屋面最高点高度约为 38.4m，采用不锈钢金属屋面。地上混凝土结构包括看台和平台部分，体育馆混凝土结构不分缝。

图 3.17-1 佛山顺德德胜体育中心

2. 索结构体系

1）结构整体概况

体育馆的结构主要由四部分组成，分别为（图 3.17-2～图 3.17-4）：

①索穹顶屋盖：采用椭圆形抛物面混合型封闭索穹顶结构，总共包含四圈脊索、四圈斜索、

三圈环索和撑杆，由内向外第 1、2 圈采用 16 榀 Geiger 型，第 3 圈分叉开始采用 Levy 型，至第 4 圈为 32 榀 Geiger 型，这样既避免了因脊索和斜索太密造成建筑不美观，又避免了外圈檩条的跨度过大，同时从受力形式上提高了索穹顶的侧向刚度。拉索材料和规格见表 3.17-1。

②内拉环、外压环梁：内拉环为双层椭圆形钢构件，外压环采用两道环梁形式，起到两道防线的作用。

③结构外立面：采用管型钢柱，其中抗侧力构件分为外圈 V 形柱和内圈八个大 V 形柱，形成两道抗侧力体系。

④刚性屋面：由主次檩条、镀锌穿孔压型钢底板、吸声棉、保温棉、防水卷材、不锈钢焊接屋面板等组成，屋面（不含檩条）的重量达 52.45kg/m^2。

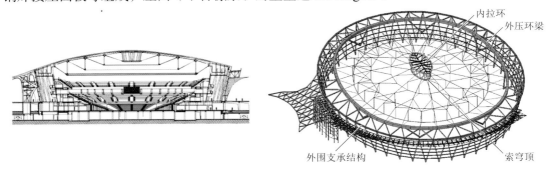

图 3.17-2　体育馆剖面　　　　　图 3.17-3　体育馆结构三维示意图

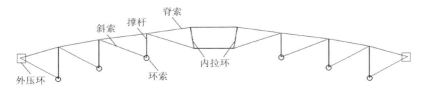

图 3.17-4　索穹顶剖面示意图

拉索材料和规格　　　　　　　　　　表 3.17-1

拉索	拉索编号	索体规格/mm	单根有效面积/mm²	单根最小破断力/kN	级别/MPa	备注
脊索	JS1a	1×ϕ100	5990	8800	1670	圆丝钢绞线
	JS1b	1×ϕ110	7180	10560		
	JS2a	1×ϕ120	8490	12190		
	JS2b	1×ϕ130	9960	14310		
	JS3a	1×ϕ70	2930	4310		
	JS3b	1×ϕ120	8490	12190		
	JS3c	1×ϕ110	7180	10560		
	JS4a	1×ϕ120	8490	12190		
	JS4b	1×ϕ130	9960	14310		

续表

拉索	拉索编号	索体规格/mm	单根有效面积/mm²	单根最小破断力/kN	级别/MPa	备注
斜索	XS1a	1×φ80	3770	5530	1670	圆丝钢绞线
	XS1b	1×φ80	3770	5530		
	XS2a	1×φ80	3770	5530		
	XS2b	1×φ90	4900	7210		
	XS3a	1×φ70	2930	4310		
	XS3b	1×φ70	2930	4310		
	XS4	1×φ130	9960	14310		
环索	HS1	2×φ90	5600	8090	1570	密闭钢绞线
	HS2	2×φ110	8460	12200		
	HS3	4×φ120	10100	14500		

值得一提的是，第三方单位为了进行索结构施工监测，该工程拉索中引入了带有耦合光纤光栅钢丝的智慧拉索[1]，尝试进行了施工全过程实时索力检测。

2）结构重难点

①索穹顶采用连续焊接不锈钢金属屋面的变形控制

综合体育馆屋盖形态为类椭圆形，长轴与短轴受力不均匀导致环索索力不均匀，同时屋面脊索长短向竖向变形不一致带来的金属屋面檩条的相对变形控制及环向主檩条的局部应力集中，通过调整索力和将内拉环形态调整为与外压环一致性来解决索力不均匀问题。调整索力控制相邻撑杆的相对变形外，同时径向主檩条采用铰接方式、环向主檩条在长短轴交接部位采用"可呼吸"滑动方式解决不均匀变形造成的影响；施工措施上采用对称、均匀分布的施工顺序避免集中堆载；从而达到控制金属屋面的变形和避免环向主檩条的局部应力集中。

②含刚性内拉环的封闭式索穹顶结构的成形

索穹顶结构作为全张力体系，其结构成形是一个动态的施工过程，结构内部会出现超大位移，过程中结构位形、刚度、荷载、内力、边界都不断变化。索穹顶结构总体施工方案包含钢构拼装、内拉环及拉索、撑杆安装等步骤。以前，索穹顶结构的施工多采用高空散装法，即搭设胎架、高空拼装并张拉，该方法费时费力；随着非线性动力有限元分析和张拉同步控制技术的发展，实现了地面拼装、高空张拉，这成为索穹顶等大跨空间索结构施工的有效方法。对于含刚性内拉环的封闭式索穹顶结构，由于内拉环与外压环的距离远且内拉环重量大，在施工过程中仅考虑外围牵引提升时，牵引提升力将会很大，且容易对完成态结构的形态与内力产生影响，因此该工程采用"内环竖向提升＋索杆系斜向牵引提升交替"的施工方法，有效解决了外环工装索牵引提升力很大的问题。

3. 索结构施工

1）结构总体施工顺序

①拼装结构外围的钢构件，支座状态与设计使用状态相符；

②在地面上拼装内拉环，安装内环提升塔架，组装索杆系，进行拉索的组装与施工；

③内拉环提升塔架卸载，拆除提升塔架；

④安装檩条、屋面及其他构件。

2）拉索施工总体方案

根据该工程索穹顶结构的特点，综合采用"一种索穹顶塔架提升索杆累积安装施工方法"[2]和"一种牵引下层索网整体提升和张拉双层索网结构的施工方法"[3]，即地面组装索杆、利用周边支承结构和中央塔架来交替提升索杆系和内拉环、高空张拉最外环斜索使结构成形。结构施工包含三个阶段，分别为索杆系安装与整体提升阶段、脊索锚接阶段、外斜索张拉成形阶段。

为详细说明施工全过程，将工装索分四类：主牵引工装索 a、主牵引工装索 b、次牵引工装索 c、内环提升工装索 d，四类工装索的位置见图 3.17-5。

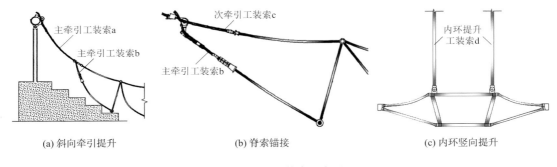

(a) 斜向牵引提升　　　　　(b) 脊索锚接　　　　　(c) 内环竖向提升

图 3.17-5　工装索示意图

拉索总体施工过程示意见图 3.17-6。

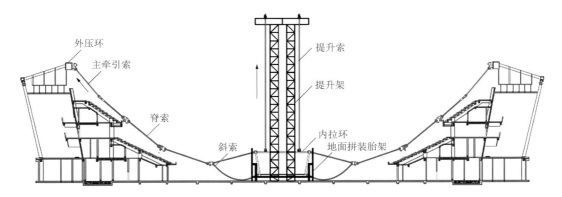

(a) 在看台和地面上拼装胎架，拼装内拉环，铺设环索、安装环索索夹，
铺设脊索、斜索和撑杆，连接脊索网和第一圈斜索，搭设提升塔架（牵引提升起始）

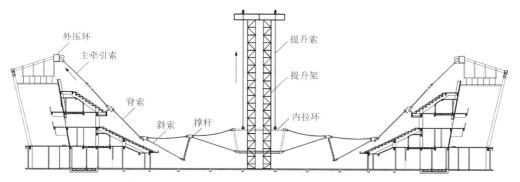

(b) 交替进行内拉环的提升和脊索网的牵引，到一定高度，安装连接第一圈撑杆、环索和第二圈斜索

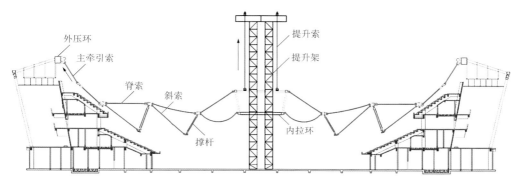

(c) 交替进行内拉环的提升和脊索网的牵引，到一定高度，安装连接第二圈撑杆、环索和第三圈斜索

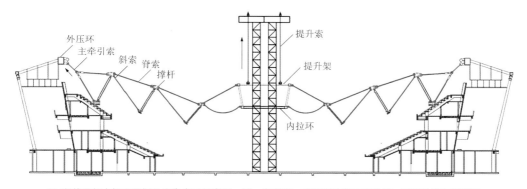

(d) 交替进行内拉环的提升和脊索网的牵引，到一定高度，安装连接第三圈撑杆、环索和第四圈斜索

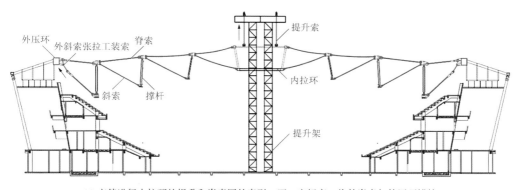

(e) 交替进行内拉环的提升和脊索网的牵引，至一定标高，将外脊索与外压环锚接

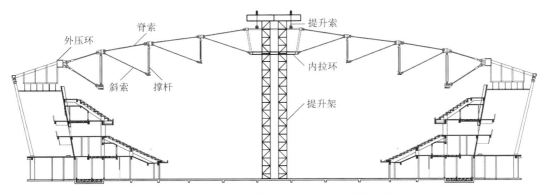

(f) 提升内拉环和张拉外斜索交替进行，直至张拉成形

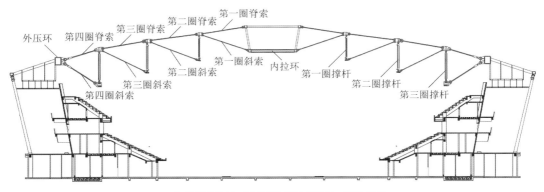

(g) 卸除提升塔架、提升索和部分构造索，结构成形

图 3.17-6　拉索总体施工过程示意图

4. 工程图片

图 3.17-7　索夹节点

图 3.17-8　内脊索索端节点

图 3.17-9　外压环索端节点

图 3.17-10　拉索开盘

图 3.17-11　拉索牵引提升

图 3.17-12　拉索张拉成形现场

图 3.17-13　体育馆屋盖仰视

参考文献

[1] 朱万旭, 覃荷瑛, 邢心魁, 等. 耦合光纤光栅的大量程智能高强钢丝及其制作方法[P]. 中国 CN201510761374. X, 2015-11-10.

[2] 郭正兴, 宗钟凌, 王永泉. 一种索穹顶塔架提升索杆累积安装施工方法[P]. 中国 CN200810234362. 1, 2008-11-12.

[3] 罗斌, 赵曹江, 张宁远, 等. 一种牵引下层索网整体提升和张拉双层索网结构的施工方法 [P]. 中国 CN202010557415. 4, 2020-6-18.

撰稿人：东南大学　罗　斌

3.18 杭州体育馆屋盖改造提升——马鞍形索网

设   计   单   位：浙江大学建筑设计研究院
总   包   单   位：浙江杰立建设集团有限公司
钢结构安装单位：浙江杰立建设集团有限公司
索结构施工单位：南京东大现代预应力工程有限责任公司
索   具   类   型：坚宜佳·高钒镀层密封索
竣   工   时   间：2021 年

1. 概况

杭州体育馆（原浙江省人民体育馆）在确定为 2022 年亚运会比赛场馆后，根据亚组委要求对体育馆进行提升改造设计。杭州体育馆位于杭州市体育场路梅登桥东北侧，主要由比赛馆、练习馆及附属设施组成，占地 3.4hm²，建筑面积约 12600m²。体育馆呈椭圆马鞍形，净空高 15m，场地面积 3523m²，屋盖为两向正交马鞍形索网结构（图 3.18-1）。市政府投资两千多万元改造后的杭州体育馆雄伟挺拔，极具时代气息，它既保留了国内仅存的原有"船体"造型，内外装修风格又与现代都市风貌相呼应。杭州体育馆有座位 5036 个，它以先进的设施，优雅的环境，吸引众多的市民前来健身、锻炼。体育馆符合举办各类体育比赛、群众性体育活动，文艺演出和大型会展的要求，于 2021 年 11 月 10 日重新使用。

图 3.18-1 杭州体育馆

2. 索结构体系

1）结构整体概况

体育馆屋面的马鞍形索网由 56 根主索（承重索）和 50 根副索（稳定索）组成，主索下设两根交叉索，平行副索方向设 34 根水平拉杆，索网屋面和水平拉杆之间用吊杆连接。屋面主索方向最大跨度 72.72m，设计垂度 4.4m；副索方向最大跨度 59.88m，设计拱度 2.6m（图 3.18-2）。该体育馆设计使用年限为 50 年，现已达到使用年限，需要进行翻新改造。其中索网改造除了对原有索网结构进行除锈防腐和旧索夹的更换之外，根据新的使用功能和荷载情况，在承重索 A1～A15 之间，共计新增 11 根主索（图 3.18-3），拉索材料和规格见表 3.18-1。

2）结构重难点

①改造过程中对于索网形状的控制

新屋面系统重量增加，导致原承重索最大拉力略超设计值。需要进行结构加固。通过不同方案的比选，确定了新增 11 根拉索的改造方案。在原屋面系统拆除过程中索网产生的较大上抬变形，必须设置配重以减小变形，在拆除原屋面系统和吊顶马道时，随拆随装配重（图 3.18-4）。

②拉索防腐处理措施和方案

原有拉索表面通过缠绕麻布并浇筑沥青形成保护层，阻隔外部空气与拉索接触。施工前检测发现，大部分拉索表面完好，但是考虑到索网已经服役 50 余年，在屋盖索网除锈防护方面，采用防腐胶带缠绕方案。施工步骤大致分为：（a）表面处理，包括麻布和沥青的清理、拉索表面锈蚀的打磨；（b）均匀涂抹防蚀膏，并检查表面平整程度；（c）缠绕防腐胶带。

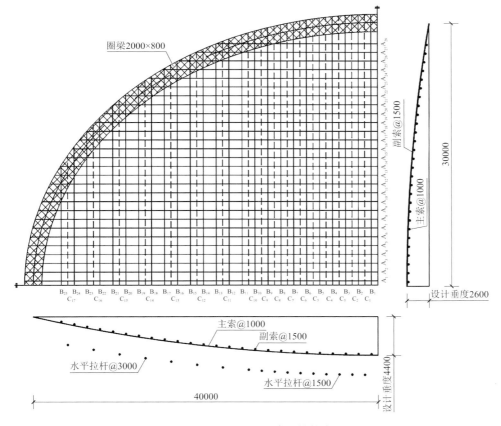

图 3.18-2　屋盖原马鞍形索网结构布置图

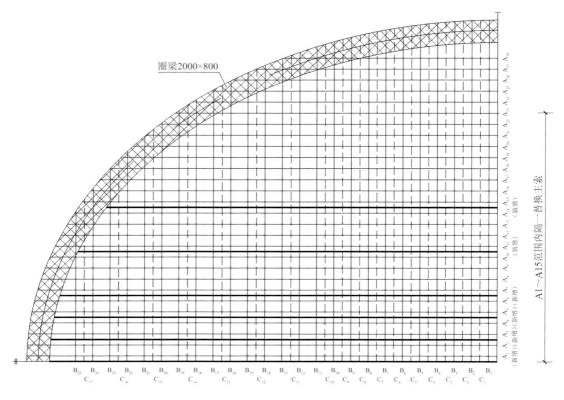

图 3.18-3　屋盖索网新增加拉索布置图

拉索材料和规格　　　　　　　　　　　　　　　　　表 3.18-1

拉索	类型	强度级别/MPa	直径/mm	有效截面积/mm²	线重/(kg/m)	弹性模量/10⁵MPa	最小破断荷载/kN
新增主索	密封索	1670	40	929	7.71	1.65	1363

图 3.18-4　现场配重

3. 索结构施工

根据结构的改造方案，拉索施工穿插在结构改造施工过程中进行，施工过程如下：

①索网施工前，应进行全过程施工模拟计算，保证索网施工过程中周圈钢结构的安全性及索网结构施工过程中的可控性。

②根据计算结构受力，进行拉索以及相关索夹、连接件的设计。

③拉索和索夹加工，运输到现场。根据深化设计，对结构进行节点改造，安装新布置的撑杆、索夹。

④现有屋面拆除，拆除旧索夹并安装新索夹。

⑤在承重索 A1～A15 之间，流水穿入 11 根主索，拉索穿入后，两头与结构耳板连接，中间与撑杆索夹连接。

⑥根据计算要求，进行拉索张拉。由中间向两侧对称流水张拉。张拉点设在拉索中间位置。

⑦待张拉完毕后，安装屋面系统。

4. 工程图片

图 3.18-5 索夹安装

图 3.18-6 索夹打胶

图 3.18-7 张拉前后对比

图 3.18-8 杭州体育馆内景

撰稿人：东南大学 罗 斌

255

3.19 国家速滑馆屋盖——马鞍形单层正交索网

设　计　单　位：澳大利亚博普勒斯设计有限公司

北京市建筑设计研究院有限公司

总　包　单　位：北京城建集团有限责任公司

钢结构安装单位：江苏沪宁钢机股份有限公司

索结构施工单位：北京市建筑工程研究院有限责任公司

索　具　类　型：巨力索具·密封索

竣　工　时　间：2021 年

1. 概况

国家速滑馆位于北京市朝阳区奥林匹克公园西侧，国家网球中心南侧，总建筑面积 9.7 万 m²，承担了 2022 冬奥运会速度滑冰项目的比赛和训练，是北京赛区唯一为这次冬奥会新建的冰上竞赛场馆。设计理念来源于老北京传统冬季冰上旋转的陀螺和飘动的丝带，两个灵感巧妙地合二为一，演变成了包裹外墙的 22 条"冰丝带"——代表着北京冬奥会举办的 2022 年（图 3.19-1）。屋盖结构投影尺寸为：226m × 153m，采用马鞍形单层正交索网。

图 3.19-1　国家速滑馆

2. 索结构体系

为实现复杂的建筑体型，设计团队提出了由屋盖索网、环桁架和外侧幕墙拉索组成的钢结构主受力体系，巧妙搭建起支承建筑绚丽"外衣"的骨架。采用了承重索、稳定索及索夹组成中间索网，连接于四周钢结构环桁架，并在环桁架外侧设置幕墙拉索，形成刚柔相间、刚柔相济的协同受力体系。其中屋盖索网平面尺寸为：198m × 124m，标高 15.800～

33.800m，最大高差 18m，是世界上跨度最大的单层正交索网结构，短轴方向拉索为承重索，长轴方向拉索为稳定索，索网中间节点采用了上下分层的正交节点形式，结构三维示意图、平面示意图、结构剖面及相关节点示意图如图 3.19-2、图 3.19-3 及图 3.19-4 所示。屋盖索网和幕墙拉索均采用了国产密封索，其中承重索和稳定索均为双索，拉索数量与长度等详见表 3.19-1。结构主要特点如下：①屋盖体系采用全柔性索网结构 + 单元式屋面相结合的方式；②拉索规格和内力都较大，承重索和稳定索均采用双索设计，增加了索网提升和张拉的难度；③索网最终成形态与施工过程和边界条件密切相关；④提升张拉施工过程中，环桁架支座可水平滑动，待张拉成形施加配重后才将支座全部约束，极大地增加了施工难度。

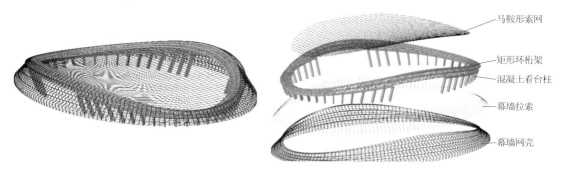

图 3.19-2　结构三维示意图

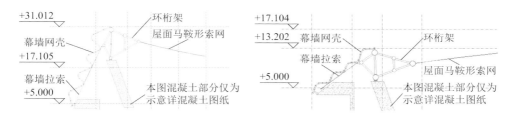

图 3.19-3　结构剖面示意图

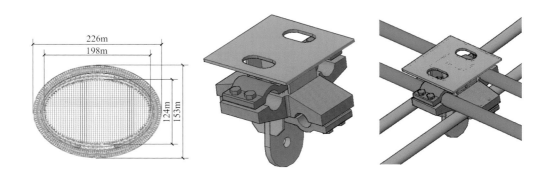

(a) 结构平面示意图　　　　　　　　(b) 索网中间节点示意图

图 3.19-4　结构平面和节点示意图

主要拉索规格和数量   表 3.19-1

名称	直径/mm	材质	长度/m	数量/根	锚具形式
承重索	64	密封索 极限抗拉强度 1570MPa	18-123	49 × 2 = 98	两端可调
稳定索	74		54-196	30 × 2 = 60	两端可调
幕墙索	48/56		7.8-21	52 + 68 = 120	一端可调，一端固定

3. 索结构施工

根据国家速滑馆实际情况，采用高空溜索或搭设满堂支撑架的方法都无法满足施工进度的要求，综合考虑施工安全、成本、工期等方面的因素，提出了"地面组装索网，承重索整体提升，稳定索同步张拉"的施工方法，该方法避免了大量满堂支架的搭设，大大节省了施工费用。低空组装提高了组装质量，高空作业量少，速度快，节省工期，是安全合理、先进科学的安装方法，总体施工工艺流程见图 3.19-5。

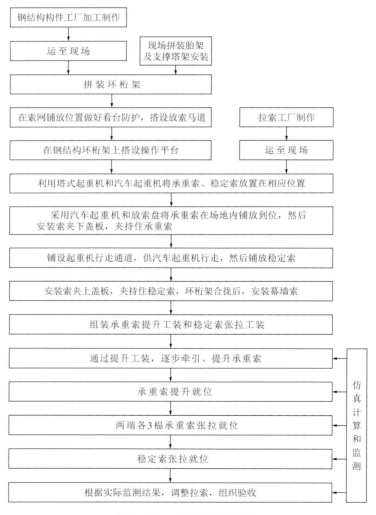

图 3.19-5　施工工艺流程图

1）屋面索网铺放与组装

①起重机行走通道

屋盖索网每根拉索长度较长，最大长度为 196m，索网间距为 4m，索网在体育馆内的投影将整个空间几乎布满，采用起重机铺放拉索，起重机前期有空间，随着索系的安装，起重机将没有站位空间，因此必须设置起重机行走通道，以保护索体。双索水平间距为 300mm，起重机拟采用 25t 汽车起重机，起重机轮距为 2.1m，行驶状态总重量为 400kN，最大轴荷 100kN，最大轮荷 50kN。索体的保护方式为：索体周围用 160mm×220mm 的枕木包住，枕木上方铺 20mm 厚钢板。行走通道和局部构造示意图见图 3.19-6（a）。

②承重索铺放

采用 25t 汽车起重机、放索盘以及卷扬机等设施铺放承重索，铺放较长承重索时，东西方向布置 1～4 台起重机，用卷扬机牵引一端索头，起重机提起索体，将拉索慢慢在地面展开，最后用起重机将另一端索头提至高空，将索头放置在看台上，见图 3.19-6（b）。

③稳定索铺放

同样的方法，利用 25t 汽车起重机、放索盘以及卷扬机等设施铺放稳定索，在索体上方放置索体保护装置，起重机可以在场地内自由通行，铺放较长稳定索时，南北方向同时布置 1～6 台起重机，见图 3.19-6（c）。

④索夹安装

该工程正交索网索夹数量为 1142 个，单个索夹重量约 135kg，索夹同时夹持承重索和稳定索两个方向的四根拉索。先将承重索铺放在地面上，然后采用起重机或门式架和导链将索体提离地面，安装一半索夹将双索夹持在一起，安装过程中，注意对齐索体上的标记点，然后通过专用扳手将索夹螺栓拧紧。承重索铺放完成后，铺放稳定索，将索夹按照索体标记点把稳定索夹紧，并通过专用扳手将索夹螺栓拧紧，见图 3.19-6（d）。

⑤幕墙拉索安装

采用汽车起重机吊住拉索的上端在放索盘上进行展索，利用 25 吨起重机和挂篮将拉索的上节点安装在顶部的环桁架上，下节点采用导链、举臂车等将其安装到位，见图 3.19-6（e）。

2）屋面索网提升与张拉

①承重索整体提升

根据仿真计算结果进行千斤顶的配置和提升与张拉工装的设计。根据仿真计算结果，将两侧各 3 榀承重索均旋出 30mm，承重索在提升过程中的索力为 110～633kN，两侧 3 榀承重索的张拉力为 690～1430kN。最终使用 184 个 1000kN 和 600kN 的千斤顶进行承重索整体提升，提升过程中应以控制工装索的牵引长度和牵引力为主，控制索网整体位形为辅，千斤顶位置和提升工装示意图见图 3.19-7（a）。

②稳定索同步张拉

根据仿真计算结果进行千斤顶的配置和张拉工装的设计。根据仿真计算结果，最大张拉力值为 3200kN，每个张拉点均配备 2 台 2500kN 千斤顶和 2 根 ϕ65 的钢拉杆，共使用 120 台 2500kN 的千斤顶进行稳定索的同步张拉，千斤顶位置和张拉工装示意图见图 3.19-7（b）。

③幕墙拉索张拉

索网提升与张拉前，幕墙拉索安装完成并进行预紧。经过仿真计算，稳定索张拉完成后，幕墙拉索最大张拉力 768kN，采用一台 100t 千斤顶进行幕墙索张拉，张拉示意图见图 3.19-7（c）。

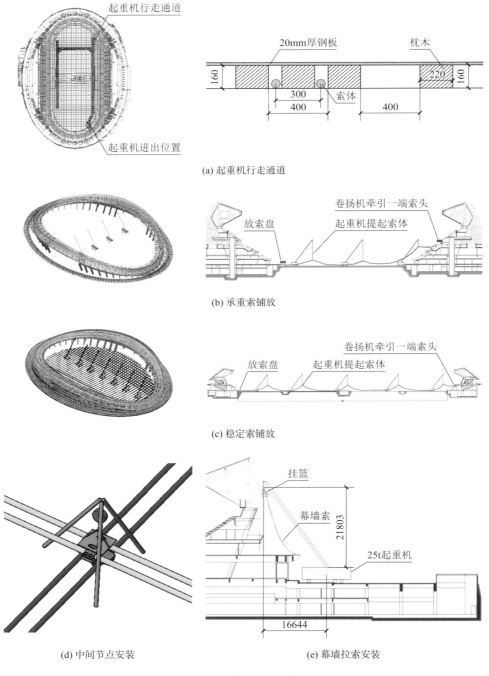

(a) 起重机行走通道

(b) 承重索铺放

(c) 稳定索铺放

(d) 中间节点安装

(e) 幕墙拉索安装

图 3.19-6　索网铺放与组装

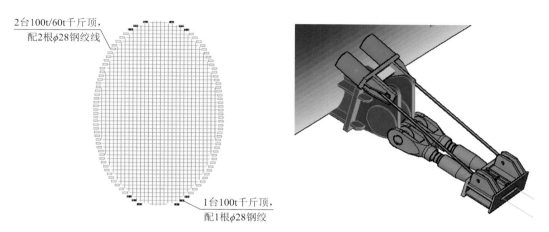

2台100t/60t千斤顶,
配2根φ28钢绞线

1台100t千斤顶,
配1根φ28钢绞

(a) 承重索整体提升

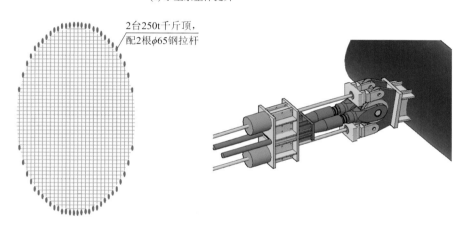

2台250t千斤顶,
配2根φ65钢拉杆

(b) 稳定索同步张拉

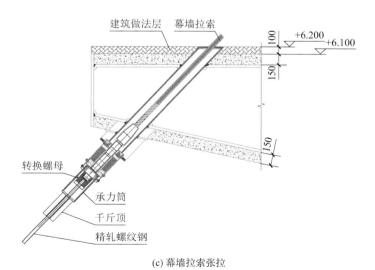

建筑做法层　幕墙拉索

100
+6.200
+6.100
150

150

转换螺母

承力筒

千斤顶

精轧螺纹钢

(c) 幕墙拉索张拉

图 3.19-7　索网提升与张拉

4. 工程图片

图 3.19-8　索网铺放与索夹组装

图 3.19-9　索网提升与张拉

图 3.19-10　张拉完成仰视　　　　　图 3.19-11　张拉完成俯视

参考文献

[1]　王哲, 白光波, 陈彬磊, 等. 国家速滑馆钢结构设计[J]. 建筑结构, 2018, 48(20): 5-11.

[2]　王泽强, 周黎光, 胡洋, 等. 单层双向正交马鞍形索网结构施工关键技术研究与应用[C]// 第十八届空间结构学术会议论文集, 2020: 746-753.

撰稿人：北京市建筑工程研究院有限责任公司　　王泽强　　胡　洋

3.20 咸阳渭城中学新建F体育馆——弦支混凝土梁结构

设　计　单　位：清华大学建筑设计研究院有限公司
总　包　单　位：陕西建工第六建设集团有限公司
钢结构安装单位：陕西建研结构工程股份有限公司
索结构施工单位：陕西省建筑科学研究院有限公司
索　具　类　型：竖宜佳·高钒拉索
竣　工　时　间：2021 年

1. 概况

咸阳渭城中学迁址新建项目——F 体育馆位于原陕西八方纺织有限公司生产区所在地（咸阳市渭城区民生路以北，塞纳绿洲小区以东），建筑用途为游泳、篮球、羽毛球等体育教学，建筑类型为甲类建筑，体育馆主体为现浇混凝土框架结构，总建筑面积为 10608.93m²，地上面积 7405.8m²，地下面积为 3203.13m²，地下 2 层，地上 4 层（图 3.20-1）。体育馆二层顶板、四层顶板均采用弦支混凝土梁结构体系，主要由混凝土主梁、混凝土次梁、边框梁及拉索组成，二层主梁共计 5 榀，次梁 10 榀，四层主梁共计 5 榀，次梁 11 榀。梁跨度为 34.8m，框架抗震等级为一级，预应力混凝土梁（YKL、YCL）的混凝土等级为 C40。

图 3.20-1　咸阳渭城中学迁址新建项目——F 体育馆

2. 索结构体系

按照设计方案和设计荷载建立有限元分析模型，合理划分网格，设置两端简支的边界条件，并施加荷载，主梁分析模型如图 3.20-2 所示，次梁分析模型如图 3.20-3 所示。

图 3.20-2　主梁分析模型　　　　　图 3.20-3　次梁分析模型

主梁拉索采用$\phi95$单索，目标索力3290kN，理论最小破断力为4310kN，拉索静载荷载不小于索体理论最小破断力的95%即4095kN，钢索有效截面积为2930mm²，弹性模量为$(1.6\pm0.1)\times10^5$N/mm²（图3.20-4）。次梁拉索采用$\phi70$单索，目标索力1667kN，理论最小破断力为7820kN，拉索静载荷载不小于索体理论最小破断力的95%即7429kN，钢索有效截面积为5320mm²，弹性模量为$(1.6\pm0.1)\times10^5$N/mm²（图3.20-5），均为高钒索，采用合金钢材料，强度等级1670MPa级。拉索索夹均采用G20Mn5铸钢材料，工字形撑杆α角度及圆角会随撑杆长度变化而变化（图3.20-6和图3.20-7）。拉索参数见表3.20-1。

主要拉索规格与数量　　　　　　　　　　　表3.20-1

编号	规格/mm	数量/根	长度/mm	极限抗拉强度/MPa	材质
LS1	$\phi70$	10	25638	1670	高钒索
LS2	$\phi95$	5	23118	1670	高钒索
LS3	$\phi70$	11	25738	1670	高钒索
LS4	$\phi95$	5	23218	1670	高钒索

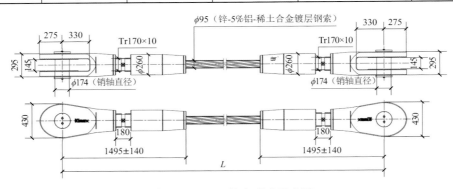

图 3.20-4　$\phi95$拉索形式示意图

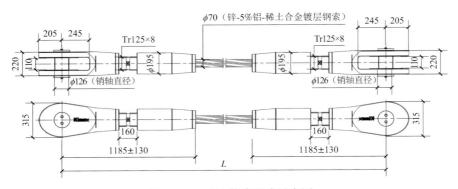

图 3.20-5　$\phi70$拉索形式示意图

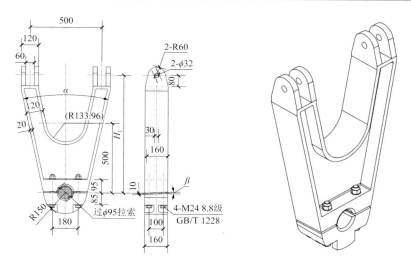

图 3.20-6 φ95 拉索索夹形式示意图

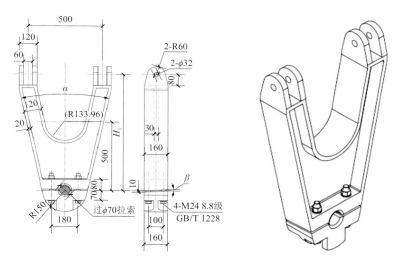

图 3.20-7 φ70 拉索索夹形式示意图

3. 索结构施工

1）施工工艺流程

二层混凝土梁预应力拉索总体施工顺序为：浇筑梁的同时埋设预埋件；在混凝土结构施工完毕并验收合格以后，依次安装拉索调节端和固定端；然后将所有拉索与撑杆连接；最后张拉调节端端部完成结构张拉成形。详细安装工艺流程见图 3.20-8。

2）结构张拉流程

①调整拉索

混凝土强度达到设计要求的张拉强度后，安装所有拉索，将所有拉索进行预紧，调整结构的初始状态。

②分级分批张拉下弦索

拉索分 3 级张拉到位，第 1 级张拉到初张力的 30%，第 2 级张拉到初张力的 70%，第

3 级张拉到初张力的 100%，张拉力如表 3.20-2 所示。

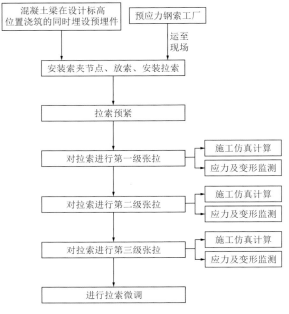

图 3.20-8　工艺流程图

张拉力值表　　　　　　　　　　　　　　　　　　　　　　　　　表 3.20-2

序号	索编号	张拉力/kN	第一级张拉/kN	第二级张拉/kN	第三级张拉/kN
1	LS1-1	1960	588	1372	1960
2	LS2-1	3840	1152	2688	3840

③张拉顺序

二层张拉顺序为：在第 1 级张拉中，先张拉两榀次梁，然后从两端主梁依次向中间张拉；第 2 级张拉从中间主梁依次向两端张拉，最后同时张拉剩余的两榀次梁；第 3 级张拉与第 1 级张拉顺序相同。拉索第 1 级张拉顺序如图 3.20-9 所示。

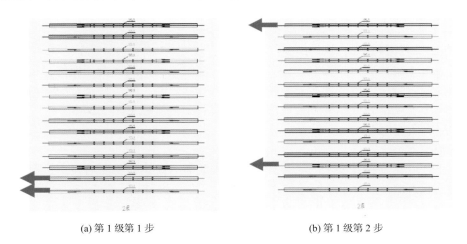

(a) 第 1 级第 1 步　　　　　　　　　　　　　　　(b) 第 1 级第 2 步

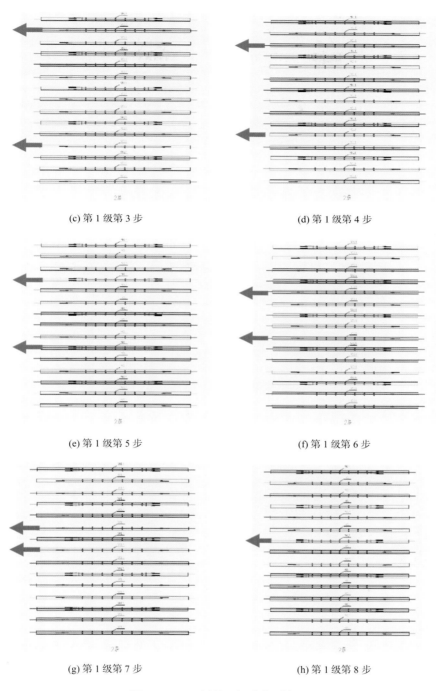

(c) 第 1 级第 3 步   (d) 第 1 级第 4 步

(e) 第 1 级第 5 步   (f) 第 1 级第 6 步

(g) 第 1 级第 7 步   (h) 第 1 级第 8 步

图 3.20-9 二层第 1 级张拉顺序图

    四层张拉顺序与第二层略有不同，第 1 级第 1 步先张拉一榀次梁，第 1 级第 2 步从两端同时往中间张拉，其余顺序与第二层张拉相同，第 1 级分 9 步张拉完成。第 2 级张拉从中间往两边张拉，与第 1 级相反，第 3 级张拉与第 1 级相同。

    现场预应力张拉施工见图 3.20-10。

图 3.20-10　现场预应力张拉施工

④张拉完成后，根据施工监测数据，对个别拉索进行微调。

4. 工程图片

图 3.20-11　张拉工装实物图

图 3.20-12　装修完工后　　　　　　　图 3.20-13　结构完工后

参考文献

[1]　杨攀，张栋，武朋军，等. 体外预应力张弦混凝土梁施工技术研究[J]. 陕西建筑, 2022(2): 37-41.

撰稿人：陕西省建筑科学研究院有限公司　柳明亮　周春娟

3.21 贵阳奥体中心二期体育馆屋盖——弦支穹顶

设　计　单　位：中国航空规划设计研究总院有限公司
总　包　单　位：中国建筑第八工程局有限公司
钢结构安装单位：浙江精工钢结构集团有限公司
索结构施工单位：上海固隆建筑工程有限公司
索　具　类　型：贵绳股份·高钒密封索，竖宜佳·钢拉杆
竣　工　时　间：2022 年

1. 概况

该工程位于贵阳市观山湖区云潭路与兴筑路交叉处贵阳奥林匹克体育中心地块内，位于规划总用地的最北端，西至云潭南路，北至黔灵山路，东至奥兴路，南至上麦路。项目总用地面积约 9.5 万 m²，建筑面积 1.3 万 m²，观众座位约 1.1 万个，按照甲级特大型馆标准设计。

屋面的外形呈球形，由弦支穹顶结构屋盖结构，外墙面单层网壳结构和环桁架三部分组成。弦支穹顶结构屋盖结构主要由单层网壳、拉索体系、环桁架及外围幕墙网格构成（图 3.21-1）；屋面平面呈圆形，屋盖结构圆形直径为 117m，整体钢结构轮廓外围圆形直径为 140m；屋盖最高处标高为 42.1m，环桁架上部标高为 33.1m，幕墙网格下部支座标高为 6m。

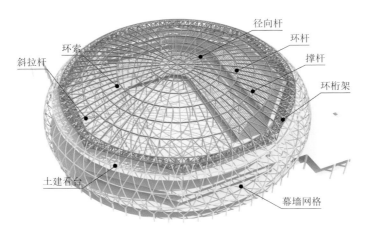

图 3.21-1　贵阳奥体中心二期体育馆

2. 索结构体系

该项目采用弦支穹顶结构，屋盖结构圆形跨度为 117m，矢高 9m，矢跨比为 9/117 = 0.077，如图 3.21-2 所示整体钢结构轮廓外围圆形直径为 140m。上部钢网壳属于大跨径、小矢跨比，偏于扁平的单层网壳结构，未施加预应力前网壳竖向刚度较小。

下部索杆体系采用 Levy 型索杆体系如图 3.21-3 所示，5 圈环索均为 16 边形，每个索夹处设置 2 根钢拉杆。张拉过程中控制同一索夹位置 2 根钢拉杆同步张拉，改善弦支穹顶张拉过程中的索内力和变形。

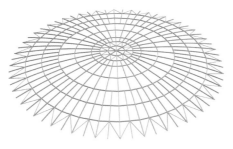 

斜索
环索
撑杆

图 3.21-2　单层网壳　　　　　　图 3.21-3　Levy 型索杆体系

1）细部节点构造

单层网壳径向主杆与外环钢梁为销接如图 3.21-4（a）所示，环向主杆与径向主杆为刚接如图 3.21-4（b）所示。索夹是连接索体和相连构件的一种不可滑动的节点，由主体、压板和高强螺栓构成，高强螺栓提供的预紧力满足克服索夹两端最大不平衡力的要求。根据每圈环索数量的不同分为单索索夹、双索索夹、四索索夹，如图 3.21-5 所示。

(a) 环桁架、径向杆和斜向拉杆连接节点　　　　　(b) 径向杆和斜向拉杆连接节点

图 3.21-4　单层网壳节点构造

(a) 单索索夹节点　　　　　(b) 双索索夹节点　　　　　(c) 四索索夹节点

图 3.21-5　索夹节点构造

2）索规格

贵阳奥体中心体育馆有 2 种类型拉索：环向索和径向钢拉杆。其中环向索材质为 1670MPa 级的密闭索，径向钢拉杆的材质为 E650，如表 3.21-1 所示。

拉索材料和规格 表 3.21-1

环数	拉索	材料	规格
第 1 环	环向索	高钒密闭索	ϕ45mm
	径向钢拉杆（32 根）	钢棒	ϕ30mm
第 2 环	环向索	高钒密闭索	ϕ55mm
	径向钢拉杆（32 根）	钢棒	ϕ40mm
第 3 环	环向索	高钒密闭索	$2 \times \phi$60mm
	径向钢拉杆（32 根）	钢棒	ϕ60mm
第 4 环	环向索	高钒密闭索	$2 \times \phi$70mm
	径向钢拉杆（32 根）	钢棒	ϕ70mm
第 5 环	环向索	高钒密闭索	$4 \times \phi$80mm
	径向钢拉杆（32 根）	钢棒	ϕ120mm

3. 索结构施工

1）索施工难点

大跨度弦支穹顶施工难点在于预应力未导入索系时，单层网壳刚度过小，需要在拼装过程中布置大量支撑胎架，导致施工作业面复杂（图 3.21-6）。撑杆下端与索夹的连接方式为焊接，不能采用常规的地面安装索夹再整体提升的方式，需要结合现场施工作业面提出合适的挂索方案。

该工程钢结构跨度较大，设计计算采用结构完工状况为计算模型。由于在结构安装过程中结构在各阶段的受力状况均与完工状态有较大差别，存在平面外稳定问题，项目对安装过程中各阶段进行了施工过程分析，对各施工关键阶段的结构稳定、结构变形进行了理论计算，从而确保整个安装过程的结构稳定性和安全性。

该项目采用 BIM 技术对关键施工步骤的碰撞问题进行检查，如展索、挂索和张拉过程，做到提前规避，从而对汽车起重机站位、伸臂和摆臂的位置控制进行了预判（图 3.21-7）。

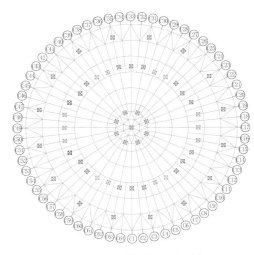

图 3.21-6 胎架布置平面图

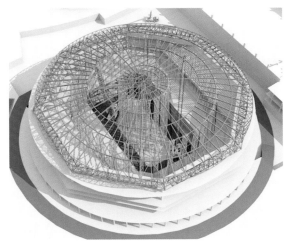

图 3.21-7 BIM 技术指导机械站位

为了控制结构成形后变形，在网壳安装时设置了多个关键位移控制点，通过在安装过程中不断测量更新实际坐标点来辅助安装网壳，保证安装下部索系时屋面网壳的安装误差控制在精度要求范围内。

2）选择合适的张拉方案

弦支穹顶通常有 3 种预应力拉索施工方法，即顶升撑杆、张拉径向索、张拉环向索。贵阳奥体中心体育馆由于构造的特殊性，第 5 圈环索与撑杆不汇交于一点，直接排除顶升撑杆的张拉方法。项目对张拉径向索和张拉环向索的方案进行了施工分析比较。

方案一：从环向索的形状为圆形分析该工程适合张拉环向索，张拉原理见图 3.21-8(a)。第 5 圈环索有 4 道单索，最大初始态索力较大，需配置大吨位的张拉设备，并且环索设置 16 个索夹，张拉环索不利于环索在索夹内传力，不能有效控制撑杆垂直度，导致环索内力分布不均，达不到设计初始态内力。

方案二：径向钢拉杆数量为偶数，可以采用张拉径向钢拉杆的方式进行预应力施工，张拉原理见图 3.21-8（b）。通过控制钢拉杆分批和分级张拉，便于控制钢拉杆预应力的导入，又能很好地调整撑杆垂直度和环索线形。

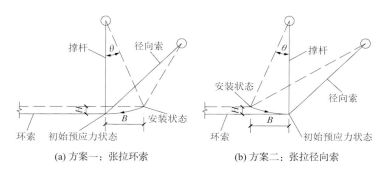

(a) 方案一：张拉环索　　　　　　(b) 方案二：张拉径向索

图 3.21-8　两种张拉方式示意

根据施工组织设计，挂索顺序由场内至场外，每圈挂索流程为：撑杆→环索→钢拉杆，因为第 3～5 圈环索有 2 和 4 根，2 根环索安装顺序为：外圈环索→内圈环索；4 根环索安装顺序为：外圈上环索→内圈上环索→外圈下环索→内圈下环索。在挂索施工前，所有屋面网壳位移关键控制点均应符合要求，焊缝均经过探伤合格，并按照复核后的空间长度适当调整索的无应力安装长度。

该项目张拉施工按照下述步骤张拉：整体思路为由外至内分批张拉第 1 级→由外至内分批张拉第 2 级→由内至外分批张拉第 3 级。

总体张拉顺序为：

第 1 步：在胎架上安装主体钢结构；

第 2 步：安装撑杆、环索和钢拉杆，张拉前将胎架与上弦杆处理，调整为只接触；

第 3 步：张拉前索系预紧至施工预应力的 10%；

第 4 步：分 5 批，分步张拉至 40%初始态索力；

第 5 步：分 5 批，分步张拉至 90%初始态索力；

第 6 步：分 5 批，分步张拉至 100%初始态索力，超张拉 5%；

第 7 步：分批张拉过程过程中，所有支撑胎架均在过程中脱胎，移交工作面。

其中第1次和第2次分批循环张拉的原则以控制内力为主、变形为辅，第3次分批循环张拉的原则以控制变形为主、内力为辅。

3）数值分析和施工监测

正式张拉前，结合设计意图、场地工况、气候条件等制定了张拉原则和顺序，编制张拉专项方案，采用虚拟张拉技术对整个张拉施工过程进行施工全过程分析。

首先依据设计说明和资料确定结构初始状态，尽管找形和找力是弦支穹顶的找形关键目标，该项目结合项目控制重点，找形主要目标设定于控制下部索杆体系中撑杆垂直度，在拉索预应力和结构自重的作用下结构达到平衡状态，即要在预应力施工完成后达到设计初始态。初始态找形除考虑构件自重以外，还考虑其深化模型的差异定义自重系数，有较大集中荷载的铸件和索夹位置定义集中荷载。

其次根据初始态找形结果，结合索施工张拉方案定义施工步骤。施工过程计算的步骤严格按照张拉方案分级分批，对于钢构安装和胎架位置做到精确模拟。

最后，由于屋盖钢结构施加预应力时结构尚未进入工作状态，屋盖张拉前支承于临时支撑，约束条件较好；同时，下部结构相对半刚性屋盖结构刚度大，变形小；因此，在张拉过程中，控制上部屋盖结构的位形变化，仅取体育馆的上部屋盖钢结构进行建模分析，底部约束条件按照固定铰接处理。图3.21-9和图3.21-10为环向索和径向索张拉索力变化。

对张拉施工流程进行施工模拟数值分析，分析结果表明，该结构在张拉过程中安全可靠，屋面网壳处于弹性阶段，弦支穹顶竖向最大变形在网壳中心处，结构变形在−21～37mm范围之内。结构初始态屋面网壳出现部分下挠，需要在张拉关键阶段使胎架分步主动脱胎，控制网壳变形。根据理论分析和现场实测分别得到各阶段屋面网壳变形监测值见图3.21-11，钢拉杆内力监测值见图3.21-12。第三方监测单位对预应力施工进行全过程跟踪监测，相关监测结果与张拉过程比较相符，均满足相关规范要求。

4）四索索夹分析

第5圈环索由4根单索组成，由于设计、深化等因素，撑杆与环索中心线延长线不汇交于一点，如图3.21-13（a）所示环索中心线整体往场内偏心350mm，又考虑到索夹两端在各工况下会产生不平衡力，故需要对索夹建立实体模型并进行精细化分析。

精细化分析可知包络工况下索夹应力较小，如图3.21-13（b）所示大部分区域在100MPa及以下，耳板拉断截面处应力达近200MPa，盖板应力在与索夹接触的端面上较大，可达200MPa，其余区域应力较小，计算模型参数设置符合设计要求，索夹结构强度和刚度均能满足本项目要求。

5）张拉装置分析

张拉过程中，预应力导入主要由张拉工装顶紧径向钢拉杆的防松螺母，使得原先受力的调节套筒把内力转移至张拉工装，通过旋紧调节套筒使钢棒缓慢受力，循环上述步骤直至钢拉杆内力达到设计要求。

如图3.21-14（a）所示张拉装置由2组张拉工装、钢棒和千斤顶组成。如图3.21-14（b）所示由精细化分析可知张拉工装最大应力为259MPa，发生在立劲板位置上，绝大部分应力在100MPa以下，最大变形为0.4mm，计算模型参数设置符合设计要求，张拉工装结构强度和刚度均能满足本项目要求。

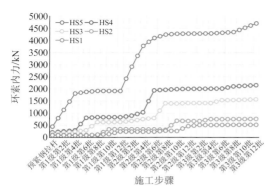

图 3.21-9　施工过程理论环索内力变化趋势

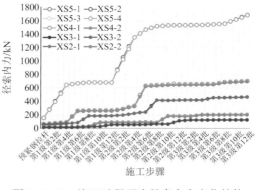

图 3.21-10　施工过程理论径索内力变化趋势

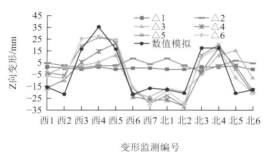

图 3.21-11　张拉过程中关键变形位置监测数据

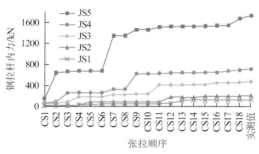

图 3.21-12　张拉过程中径向钢拉杆内力数值

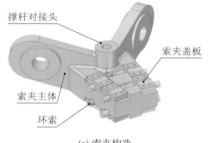

(a) 索夹构造

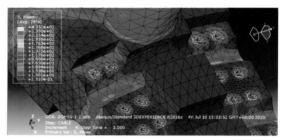

(b) 索夹应力云图

图 3.21-13　四索索夹分析

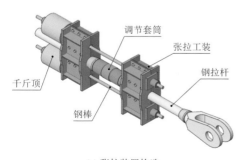

(a) 张拉装置构造

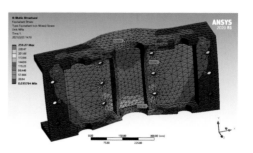

(b) 工装精细化分析

图 3.21-14　张拉装置分析

贵阳奥体中心体育馆弦支穹顶结构采用了主动张拉径向钢拉杆的拉索施工方案，在正式张拉前利用有限元软件进行全过程施工模拟，做到了切实完善的理论分析，指导了施工现场。通过全站仪、精密油压表和数显式靠尺分别对屋面网壳变形、钢拉杆预应力和撑杆垂直度进行施工过程监测。最终结果为：第3圈钢拉杆施工预应力与理论内力比值为102.8%（841kN），最大屋面网壳变形为+37mm，撑杆偏摆量控制标准为1/120（54mm），实际环向最大8mm，径向最大23mm。预应力拉索施工完成后，屋面变形、钢拉杆内力和撑杆垂直度监测结果均满足要求。

4. 工程图片

图 3.21-15　钢拉杆及其安装

图 3.21-16　环索安装　　　　图 3.21-17　张拉成形

参考文献

[1] 葛家琪, 刘邦宁, 王树, 等. 预应力全索系整体张拉结构设计研究[J]. 建筑结构学报, 2019, 40(11): 73-80.

[2] 傅绍辉, 吴小兰. 当明天成为昨天——贵阳奥林匹克体育中心主体育馆建筑设计[J]. 当代建筑, 2020, 6(6): 34-36.

[3] 张国栋, 杨宗林, 罗晓群, 等. 贵阳奥体中心体育馆弦支穹顶预应力拉索施工[J]. 建筑技术开发, 2021, 48(14): 107-109.

撰稿人：上海固隆建筑工程有限公司　张国栋

同济大学　　　　　　　　　罗晓群

3.22 兰州奥体中心综合馆屋盖——吊挂大斗屏弦支穹顶

设　计　单　位：中国航空规划设计研究总院有限公司
总　包　单　位：中国十七冶集团有限公司
钢结构安装单位：上海祥谷钢结构工程有限公司
索结构施工单位：上海固隆建筑工程有限公司
索　具　类　型：巨力索具·高钒索
竣　工　时　间：2022 年

1. 概况

兰州奥体中心项目位于兰州市七里河区崔家大滩片区，为兰州市承办 2022 年省运会的主场馆，更是兰州市民进行日常体育活动的核心场地。项目总用地面积 515989.30m²，总建筑面积 450080m²（地上建筑面积 321430m²，地下建筑面积 128650m²）。其中兰州奥体中心综合馆结构标高 35.7m，平面投影成椭圆形，长轴 185m、短轴 140m。上部钢结构屋面和侧幕墙采用钢结构，下部主体结构采用框架-剪力墙结构，剪力墙沿环向基本均匀布置。正中心屋面采用弦支穹顶结构，是世界上首个吊挂大吨位斗形屏的矢跨比小于 1/12 的 90m 级大跨度弦支穹顶结构工程（图 3.22-1）。

图 3.22-1　兰州奥体中心综合馆

2. 索结构体系

弦支穹顶结构跨度 94m，矢高 8m，滑动支座 24 个。该弦支穹顶结构由上部肋环型单层网壳和下部 Levy 型索支体系构成。其中径向杆和环向杆的截面类型均为箱型而斜向支撑杆的截面类型为圆管型，材料均为 Q355B。下部 Levy 型索支体系由 5 圈环索、186 根径向钢拉杆和 90 根竖向撑杆构成,其中环索为高钒镀层拉索、径向钢拉杆为 Q690D 实腹圆杆、竖向撑杆为 Q355B 圆钢管。其余屋面部分采用钢桁架结构,桁架延伸至侧幕墙,桁架的最大跨度约 37.3m。综合馆结构特征主要体现在弦支穹顶部分跨度大、矢高小,且需要悬挂大吨位斗屏荷载。有关学者对该结构的抗震性能进行了针对性研究[1-3]。

1)弦支穹顶结构主要组成部分

综合馆弦支穹顶部分主要由上部单层肋环形网壳以及下部索撑体系所组成,如图 3.22-2 和图 3.22-3 所示。其中索撑体系中包括环向索、径向索以及撑杆,如图 3.22-4 所示。

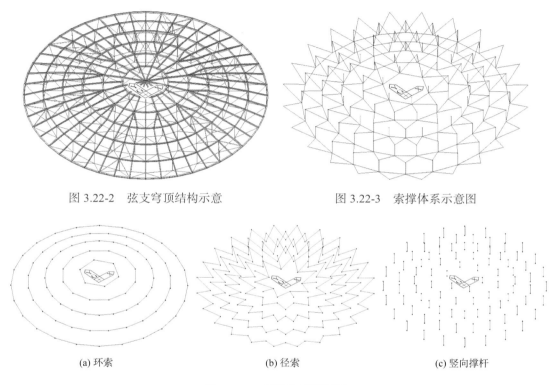

图 3.22-2 弦支穹顶结构示意   图 3.22-3 索撑体系示意图

(a) 环索   (b) 径索   (c) 竖向撑杆

图 3.22-4 索撑体系拆解图

2)主要构件规格

弦支穹顶结构主要分为上弦网壳,下部钢吊杆,环向索及径向索组成。网壳杆件截面为 B450×250×12×12~B600×40×20×20,下部钢吊杆截面为 $\phi219\times10$,具体构件规格如表 3.22-1 所示。环向索为高钒索,索径 40~130mm;径向索材质 Q650E,索径 40~80mm。

主要构件规格表   表 3.22-1

序号	截面尺寸/mm	钢材材质	截面形状	备注
1	HN500×200×10×16	Q355B		
2	□600×40×20×20	Q355B	焊接箱形	弦支穹顶
3	□500×300×12×12	Q355B	焊接箱形	

序号	截面尺寸/mm	钢材材质	截面形状	备注
4	□500×300×14×14	Q355B	焊接箱形	
5	□500×300×12×12	Q355B	焊接箱形	
6	□450×300×10×12	Q355B	焊接箱形	
7	□450×450×16×16	Q355B	焊接箱形	
8	□450×250×12×12	Q355B	焊接箱形	
9	□500×250×12×12	Q355B	焊接箱形	
10	□450×450×12×12	Q355B	焊接箱形	
11	□500×250×10×10	Q355B	焊接箱形	弦支穹顶
12	ϕ180×10	Q355B	热轧圆管	
13	ϕ245×10	Q355B	热轧圆管	
14	ϕ351×8	Q355B	热轧圆管	
15	ϕ325×10	Q355B	热轧圆管	
16	□500×450×18×16	Q355B	焊接箱形	
17	ϕ377×15	Q355B	热轧圆管	
18	ϕ168×10	Q355B	热轧圆管	
19	HN500×200×10×16	Q355B	热轧圆管	
20	ϕ273×10	Q355B	热轧圆管	
21	ϕ219×10	Q355B	热轧圆管	

3. 索结构施工

综合馆在上部单层网壳的施工中临时支撑架搭设共布置 19 个，其中内圈 1 个、中圈 6 个、外圈 12 个。临时支撑架最大搭设高度 35m。由于单根索过长，不便于运输，而对单根索进行分段处理。对于索的安装采取在地面展索，地面拼接对接头，整体提升环索＋索夹的高空挂索方案。而对于索夹的安装，考虑到拉索安装态是零应力状态，并且现场不能量测拉索长度，所以在拉索制作时在张力条件下的索体表面标记索夹位置。总体分段示意图如图 3.22-5 所示，索夹标记位置及安装如图 3.22-6～图 3.22-8 所示。

为确保综合馆弦支穹顶部分索结构预应力成功施加，项目部结合监测数据、张拉自检和现场联合检查以及多次的专项研讨会。最终确定借助预应力智能张拉液压系统，采取南北、东西向对称同步张拉方案进行索力施张作业，过程中重点监测滑动支座径环向位移及转角、穹顶结构控制点应力应变及竖向位移、索力值及其分布等内容，确保张拉过程穹顶结构整体稳定性受控。

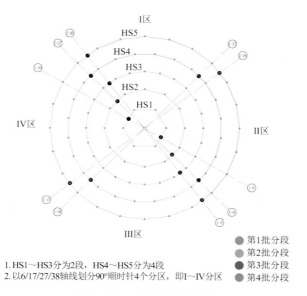

1. HS1～HS3分为2段，HS4～HS5分为4段
2. 以6/17/27/38轴线划分90°顺时针4个分区，即Ⅰ～Ⅳ分区

● 第1批分段
● 第2批分段
● 第3批分段
● 第4批分段

图 3.22-5　总体分段示意图

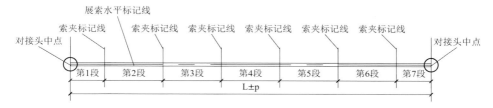

图 3.22-6　拉索索夹位置标记图

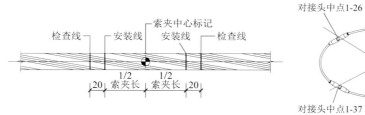

图 3.22-7　索夹标记线说明图　　　　图 3.22-8　对接头安装位置图

4. 工程图片

图 3.22-9　索张拉完成

图 3.22-10　钢结构安装完成

图 3.22-11　斗屏悬挂实景

图 3.22-12　局部节点

参考文献

[1]　李雄彦, 刘人杰, 景辉, 等. 面向工程的大跨度空间结构动力缩尺模型设计制作方法[J]. 建筑结构学报, 2022, 43(12): 267-275.

[2]　Zhao Z, Li X, Liu R, et al. Influence of considering substructures on seismic performances of suspen-dome structure[C]//Proceedings of the Institution of Civil Engineers-Structures and Buildings, 2022: 1-23.

[3]　Xue S, Zhao Z, Li X, et al. Shaking Table Test Research on the Influence of Center-Hung Scoreboard on Natural Vibration Characteristics and Seismic Response of Suspen-Dome Structures[J]. Buildings, 2022, 12(8): 1231.

撰稿人：兰州理工大学　王秀丽　陈　铭

3.23 温州瓯海奥体中心体育馆屋盖——无环索弦支网壳

设 计 单 位：中南建筑设计研究股份有限公司
总 包 单 位：中建科工集团有限公司
钢结构安装单位：中建钢构有限公司
索结构施工单位：北京市建筑工程研究院有限责任公司
索 具 类 型：坚宜佳·高钒拉索
竣 工 时 间：2022 年

1. 概况

瓯海区奥体中心项目位于浙江省温州市瓯海区娄桥街道商汇路亚运公园南侧。建筑规模 182000m²。瓯海奥体中心体育馆呈曲线形，平面投影呈圆形，屋盖形式采用无环索弦支网壳结构，屋盖结构主要由上部网壳、下部无环索交叉索系及竖向撑杆组成，上部网壳部分为曲线形焊接箱形钢结构（图 3.23-1）。屋盖主体支承于 24 根外圈环梁上，屋盖最大跨度约为 100.6m。上弦网壳为圆柱面，矢高 9.425m。

图 3.23-1 瓯海奥体中心

2. 索结构体系

体育馆屋盖结构为无环索弦支网壳结构（图 3.23-2），屋盖结构顶标高 29m，距地面绝对高度 35m。下部交叉索系投影呈花瓣形状，其中内环花瓣由两个三角形索系交叉组成，

281

拉索规格为ϕ40；中环花瓣由两个三角形索系交叉组成，拉索规格为ϕ75；外环花瓣由 3 个 4 边形交叉组成，拉索规格为ϕ110（图 3.23-3）。每层索系通过竖向撑杆将整个网壳撑起。拉索参数见表 3.23-1。

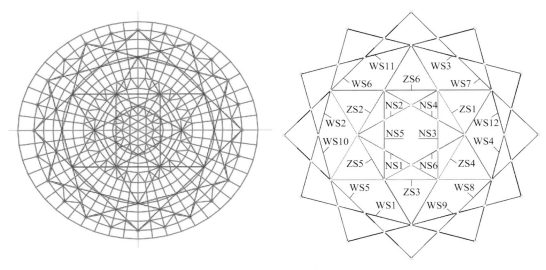

图 3.23-2　屋盖结构平面图　　　　　图 3.23-3　拉索编号图

拉索主要参数　　　　　　　　　　　表 3.23-1

部位	长度/m	数量/根	材质	规格/mm	技术参数	工程量/t
NS1～6	36.4～36.6	6	高钒索	D40	1670MPa	约 71.3
ZS1～6	62.7～63.4	6	高钒索	D75	1670MPa	约 2.4
WS1～12	68.5～69.6	12	高钒索	D110	1670MPa	约 14.2

3. 索结构施工

1）施工总体安装步骤

拉索运输至现场→开盘放索→安装撑杆和上索夹→测定撑杆下节点安装偏差→按照环索索皮表面的标记，并考虑撑杆下节点安装偏差及索长误差，调整拉索长度后，吊装内环拉索并安装索夹→吊装中环拉索并安装索夹→吊装外环拉索并安装索夹→内环拉索张拉第一级→中环拉索张拉第一级→外环拉索张拉第一级→外环拉索张拉第二级→中环拉索张拉第二级→内环拉索张拉第二级（100%索力值）→验收最终索力及位移→索力微调→施工完成。

2）安装过程图示

该工程拉索分安装拉索和张拉拉索两个大环节，安装原则要求拉索编号及拉索上下位置关系与施工图吻合，具体施工顺序如下：

第一步：安装内环拉索（6 根）（图 3.23-4）；

第二步：安装中环拉索（6 根）（图 3.23-5）；

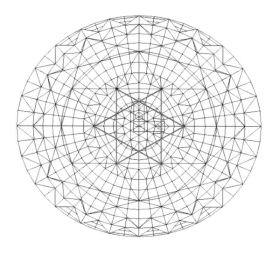 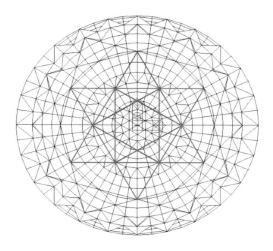

图 3.23-4　安装第一步示意图　　　　图 3.23-5　安装第二步示意图

第三步：安装外环拉索 12 根（图 3.23-6）。

图 3.23-6　安装第三步示意图

3）张拉施工顺序图示

张拉控制原则是索力值与屋盖位形值满足设计要求。索网组装完成后，对拉索进行由内向外第一级张拉至张拉力的 70%，然后对拉索进行由外向内第二级张拉至张拉力的 100%，以达到设计索力。

第一步：张拉内环拉索第一级（图 3.23-7）；

第二步：张拉中环拉索第一级（图 3.23-8）；

第三步：张拉外环拉索第一级（图 3.23-9）；

第四步：张拉外环拉索第二级（图 3.23-10）；

第五步：张拉中环拉索第二级（图 3.23-11）；

第六步：张拉内环拉索第二级（图 3.23-12）。

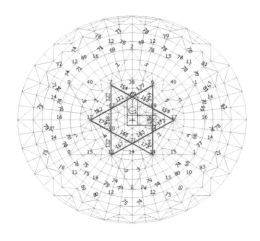

图 3.23-7　张拉第一步示意图

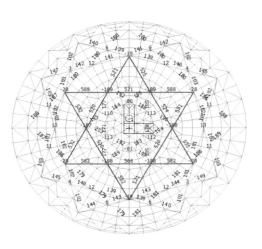

图 3.23-8　张拉第二步示意图

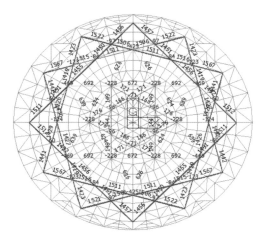

图 3.23-9　张拉第三步示意图

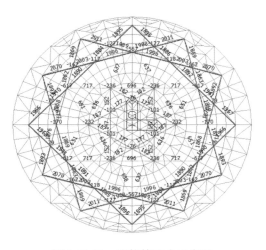

图 3.23-10　张拉第四步示意图

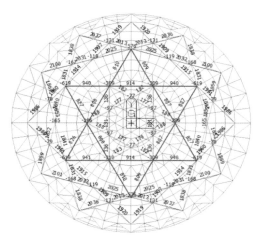

图 3.23-11　张拉第五步示意图

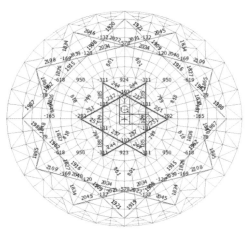

图 3.23-12　张拉第六步示意图

4）索施工关键技术

根据内环拉索、中环拉索及外环拉索的位置关系和总体施工流畅有序的施工总体思想，首先铺放并安装内环拉索，然后铺放中环拉索并安装中环拉索，最后铺放外环拉索并安装外环拉索。组装原则：确保拉索编号、索夹标记点位置及拉索的上下位置关系与施工图相吻合（图 3.23-13）。

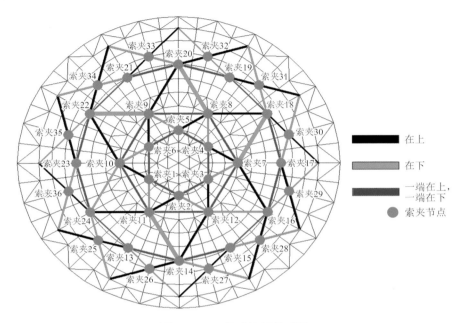

图 3.23-13 拉索位置关系图

4. 工程图片

图 3.23-14 体育馆内景

图 3.23-15　无环索预应力索杆体系

图 3.23-16　体育馆外景

参考文献

[1] 薛素铎, 刘人杰, 李雄彦, 等. 无环索预应力索支结构新体系[J]. 空间结构, 2020, 26(4): 15-22.

[2] 刘人杰, 邹瑶, 薛素铎, 等. 去索对无环索弦支穹顶静力性能的影响规律研究[J]. 建筑结构学报, 2020, 41(S1): 1-9.

　　撰稿人：北京市建筑工程研究院有限责任公司　　鲍　敏　高晋栋　马　健　王泽强

3.24 青岛康复大学体育馆屋盖——弦支穹顶

设 计 单 位: 青岛腾远设计事务所有限公司
总 包 单 位: 中启胶建集团有限公司
钢结构安装单位: 青岛泰龙钢构有限公司
索结构施工单位: 南京东大现代预应力工程有限责任公司
索 具 类 型: 坚宜佳·高钒镀层密封索
竣 工 时 间: 2022 年

1. 概况

青岛康复大学体育馆项目建设地点位于青岛高新区双积路以南、经二路以北、安和路以西。主要建设内容包括创新核学部、体育馆等工程,青岛康复大学(三标段)由体育馆和游泳馆组成。体育馆屋盖为圆形,跨度(直径)76.35m,采用弦支穹顶结构形式。作为主要工程之一的体育馆,建成后,将为在校师生提供一个集运动健身、休闲娱乐、观赏比赛于一体的体育交流平台,对于进一步完善康复大学公共体育设施,推进校园建设具有重要意义,对着力打造一所集一流师资、一流人才、一流学科的国际化高水平大学也将发挥重要作用(图 3.24-1)。

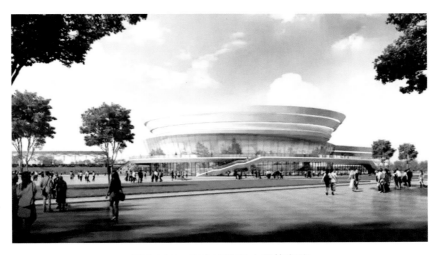

图 3.24-1 青岛市康复大学体育馆

2. 索结构体系

1)结构整体概况

青岛市康复大学体育馆屋盖弦支穹顶结构体系由上部单层网壳,下部竖向撑杆,径向拉索和环向拉索组成（图 3.24-2～图 3.24-4）。弦支穹顶采用外圈联方型 + 凯威特型网格形式，下设四道环索，网壳以空心球节点为主，对受力较大，构造复杂的节点考虑铸钢节点，索与撑杆下节点采用铸钢节点。弦支穹顶屋盖结构利用下部周边布置的 28 根混凝土大柱作为屋盖的多点支座，支座为双曲面抗压球形钢支座。弦支穹顶结构是传统空间网壳与索穹顶下部索杆系的杂交结构。对拉索施加预应力后，将有利于减小支座水平推力和网壳竖向变形，优化杆件内力，从而改善结构整体受力性能。拉索参数见表 3.24-1。

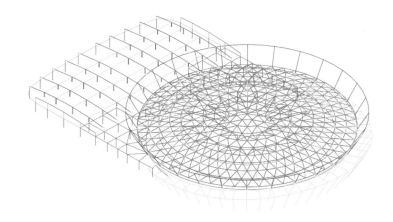

图 3.24-2　整体结构三维图

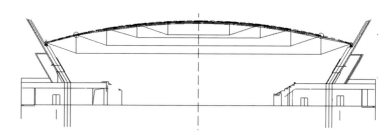

图 3.24-3　体育馆结构剖面图

图 3.24-4　体育馆索杆体系布置

拉索材料和规格 表 3.24-1

拉索	类型	索体			索头		
		级别/MPa	规格	索体防护	锚具（固定端）	连接件（固定端）	调节装置
HS1	GALFAN钢绞线索	1670	$\phi44$	锌-5%铝-稀土合金镀层	热铸锚	螺杆	螺杆
HS2			$\phi44$				
HS3			$\phi90$				
HS4			$2\phi95$				
JS1	钢拉杆	550	$\phi40$	环氧富锌漆	热铸锚	叉耳式	螺杆
JS2			$\phi40$				
JS3			$\phi45$				
JS4			$\phi70$				
LS2			$\phi75$				

2）结构重难点

①顶升过程中钢网壳的成形过程与设计成形状态存在较大的差异。例如，顶升过程中钢网壳向外会有一个水平的侧推力，会导致网壳产生径向位移，会产生跨中下挠变形，导致钢网壳部分杆件应力水平较高（弯曲应力较大），另外由于侧推力的存在，对支撑架的安全性是不利的，因此，为了保证顶升过程中控制钢网壳的内力和变形，对于拉索进行了流水方式的安装和第一阶段的张拉，待钢网壳合拢之后，再进行拉索第二阶段的张拉，最终达到结构所设计的成形状态。

②为了防止顶升架对最终成形状态的影响，在第二阶段，分为了两个循环。在第一循环，采用由外向内逐圈分批进行张拉，张拉到90%后，拆除顶升架，顶升架卸载之后，再从内向外进行第二循环的张拉。

3. 索结构施工

体育馆弦支穹顶有 168 根径向钢拉杆和 4 道环向索。为减少高空作业工作量，降低工程造价，在比赛场地从最高处开始拼装，然后采用液压同步顶升设备将钢结构顶升至适当高度并向四周延伸拼装钢结构，同时进行索杆安装及其预应力张拉工作，直至将单层钢结构拼装完成。最后将单层钢结构顶升至设计高度完成与支座的安装并进行最后的张拉。

1）总体施工流程

总体施工流程：比赛场地拼装钢结构→顶升钢结构→安装索杆并预紧→延伸拼装钢结构→重复顶升、安装相应索杆并预紧、延伸拼装钢结构→顶升钢结构至设计高度→正式张拉。

受场地看台限制，第一次拼装四个网格，见图 3.24-5 和图 3.24-6；

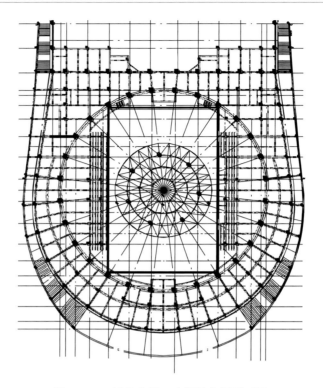

图 3.24-5　场地内第一次拼装范围平面图

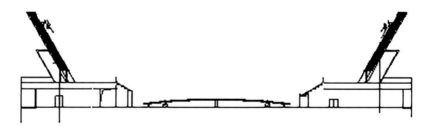

图 3.24-6　场地内第一次拼装范围剖面图

2）顶升钢结构

顶升设备由千斤顶、泵站、标准节及电脑等组成，每顶升一个标准节为一个行程。一个行程有四个步骤。

第一步：启动泵站使千斤顶活塞同步上升一个行程，见图 3.24-7。

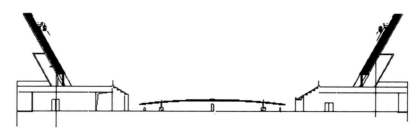

图 3.24-7　启动泵站使千斤顶活塞同步上升一个行程

第二步：安装顶升架标准节，见图 3.24-8。

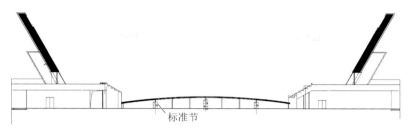

标准节

图 3.24-8 安装顶升架标准节

第三步：泵站回油使千斤顶缸体上升，见图 3.24-9。

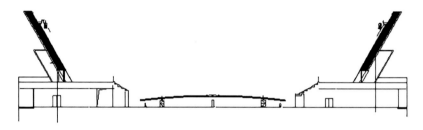

图 3.24-9 泵站回油使千斤顶缸体上升

第四步：将方钢管（受力杆件）移至上一个标准节，完成一个行程，见图 3.24-10。

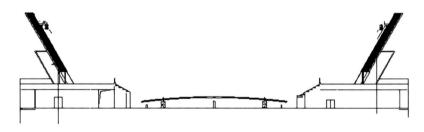

图 3.24-10 将方钢管（受力杆件）移至上一个标准节，完成一个行程

3）重复上述一至四步工作使网壳逐步上升。

4）继续顶升一个标准节，安装并预紧第一道环向索及径向索，见图 3.24-11。

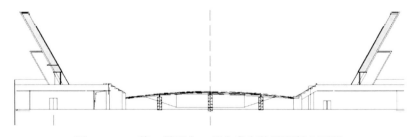

图 3.24-11 第一道环向、径向索安装及预紧立面图

5）继续顶升并及时向四周延伸拼装钢结构，当拼装至第六圈时增加 14 个顶升点（为

避免与索碰撞，将顶升点设置在三个节点之间），安装并预紧第二道环向索及径向索，见图 3.24-12 和图 3.24-13。

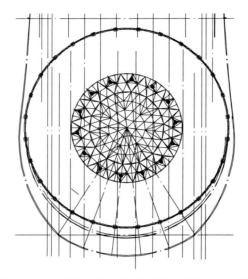

图 3.24-12　拼装至第六圈时新增加顶升点平面图

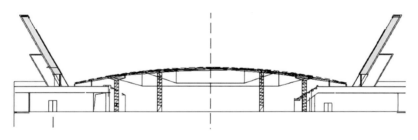

图 3.24-13　第二道环向、径向索安装及预紧立面图

6）第三道环向、径向索安装及预紧，见图 3.24-14。

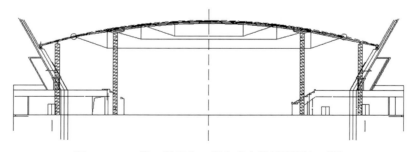

图 3.24-14　第三道环向、径向索安装及预紧立面图

7）继续顶升并及时向四周延伸拼装钢结构，再增加 14 个顶升设备，见图 3.24-15 和图 3.24-16。

8）继续顶升至设计高度，停止顶升。

9）安装封边杆件。

10）第四道环向、径向索安装及预紧，见图 3.24-17。

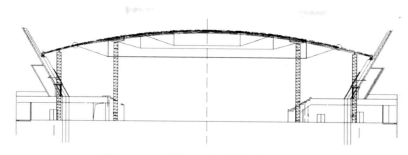

图 3.24-15 增加 14 个顶升设备立面图

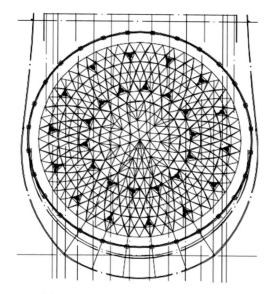

图 3.24-16 增加 14 个顶升点平面图

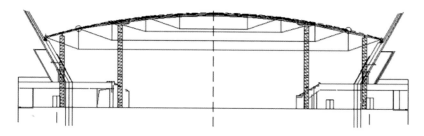

图 3.24-17 第四道环向、径向索张拉立面图

11）张拉第一阶段，由外向内进行张拉。

12）卸载。该工程 28 个顶升点，距支座距离有两种。因此，卸载分两步走。第一步先卸载内圈 14 个千斤顶，内圈 14 台千斤顶在电脑控制下每次同步降落 10mm，每次降落后观察钢结构及顶升设备是否有异常现象，若无异常现象，再进行下一个 10mm。直至千斤顶与钢结构脱离。然后再卸载外圈 14 个千斤顶，方法与内圈相同，待所有千斤顶均与节点脱离后拆除设备及楼板加固结构，完成结构安装，见图 3.24-18。

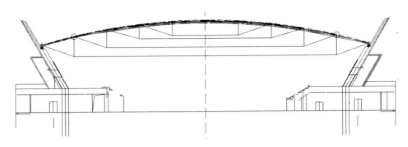

图 3.24-18　卸载后立面图

13）张拉第二阶段，由内向外进行张拉。

4. 工程图片

图 3.24-19　拉索未张拉前的现场

图 3.24-20　单索索夹　　　　　　图 3.24-21　双索索夹

图 3.24-22　张拉成形后　　　　　　图 3.24-23　结构完成全景

撰稿人： 东南大学　罗　斌

4

公共建筑

>>>>>>>>>>>

　　本章所述的公共建筑涉及了会展中心、休闲中心、市民中心、音乐广场、客运中心、跳台滑雪中心、机场航站楼、高层建筑等，这里索结构多用于屋盖，也有的用于罩棚、幕墙、采光顶和楼层等，可以看到索结构在公共建筑中的应用十分广泛。

　　采用的索结构形式包括了单层正交索网、单层异形索网、双层索网、连续跨索桁架等悬索体系，弦支穹顶、下凹形张弦梁、上凸形张弦拱壳、斜交张弦桁架、预应力悬挑桁架等混合结构，以及用于支承楼层的筒体斜拉转换结构和用于幕墙或采光顶的单向拉索体系等，应用各有特色，可谓琳琅满目。表明结合公共建筑的功能需求，均能找到适合应用的索结构形式。

　　本章收录的项目仅仅是索结构在公共建筑中应用的有特点、有代表性的一小部分，可以预计索结构在公共建筑中的应用必将大有可为。

4.1 南京禄口国际机场交通中心采光顶——弦支穹顶

设　计　单　位：华东建筑设计研究院有限公司
总　包　单　位：北京城建集团有限公司
钢结构安装单位：北京城建集团有限公司
索结构施工单位：南京东大现代预应力工程有限责任公司
索　具　类　型：坚宜佳·不等强钢拉杆
竣　工　时　间：2014 年

1. 概况

交通中心工程为南京禄口国际机场二期建设工程的一个子项，是集办公、宾馆、地铁车站、公交车站、联系步行通道及商业服务设施、机场运营指挥中心等多项功能为一体的建筑综合体（图 4.1-1）。工程总建筑面积 11.7 万 m^2，主体结构总长超过 300m，宽度近100m。结构设计结合建筑平面设置了 2 道防震缝，将上部结构分为 3 个相对独立的结构单体。单体 I 为连接交通中心与南京禄口机场一期的通道，屋面高度为 15.3m；单体 II 和单体Ⅲ建筑功能基本相同，大屋面标高为 36.7m。地铁换乘大厅中庭上空的圆形采光天窗，采用弦支穹顶结构，跨度为 30m，矢高为 3.4m。

图 4.1-1　南京禄口国际机场二期建设工程交通中心

2. 索结构体系

地铁换乘大厅中庭采光天窗弦支穹顶的上弦采用联方型和肋环型混合单层网格，外圈为联方型网格，内圈为肋环型网格，构件截面为矩形钢管。下弦由 10 道径向分布的高强度钢拉杆和 1 道环向分布的高强度钢拉杆组成，其平面投影位置与上弦外圈联方型网格一致，径向拉杆一端与环向拉杆相连，另一端与上弦杆相连。上下弦之间在网格点处通过竖向撑杆连接，竖向撑杆采用圆形高强度钢棒。径向和环向拉杆与竖向撑杆之间的连接节点采用铸钢节点以达到建筑美观效果。整个弦支穹顶结构通过周边钢柱支承于主体结构裙房屋面上。

弦支穹顶三维实体模型图如图 4.1-2 所示，弦支穹顶结构平面布置图如图 4.1-3 所示，剖面图如图 4.1-4 所示。拉索参数见表 4.1-1。

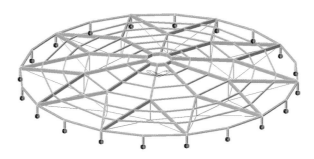

图 4.1-2　弦支穹顶三维模型图

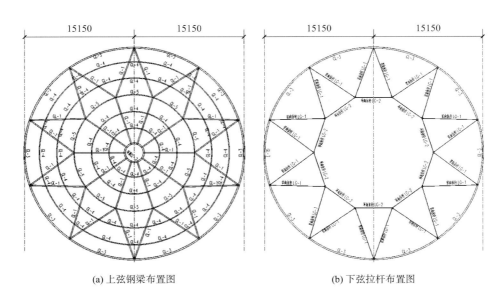

(a) 上弦钢梁布置图　　　　　　　　　　(b) 下弦拉杆布置图

图 4.1-3　弦支穹顶结构平面布置图

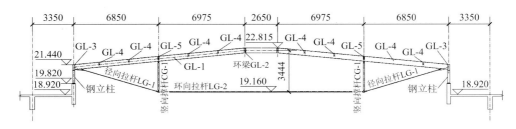

图 4.1-4　弦支穹顶结构剖面图

拉杆材料和规格表 表 4.1-1

拉杆	材料	规格	节间长度/mm
下弦径向拉杆	钢拉杆	φ50	5130
下弦环向拉杆	钢拉杆	φ65	7908
竖向钢撑杆	高强度钢棒	φ100	2500

3. 索结构施工

1）施工重难点

①交通中心弦支穹顶结构组成主要有以下特点：单层网壳部分钢梁截面为不对称的焊接箱形梁且为弧形，在构件加工尤其是现场安装的过程中必须严格保证构件的弧度等指标的准确性；结构中主要节点类型有环梁刚性节点、梁柱刚性节点、拉杆铸钢节点，特别是支撑杆和环向、径向拉杆节点采用的是五向铸钢节点，在制作中必须保证完全按照设计模型加工，控制角度及螺纹位置；钢拉杆的安装一方面要求拉杆两端耳板的投影应在一条直线上，保证钢拉杆是二力杆受力条件，同时还要满足铸钢节点的角度限制，安装精度要求极高。综合考虑以上因素，施工过程中通过对比选采用了利用工厂预制穹顶上部网壳钢构件，现场搭设满堂脚手架组拼成形后安装下部拉杆体系并张拉成整体的施工方案。同时，为了造型美观，环向钢拉杆仅有两根中部有调节装置，且径向、环向钢拉杆均拧入节点。

②弦支穹顶屋盖预应力的建立方法不同于普通预应力钢结构。由于张拉整体索杆体系中的径向钢拉杆、环向钢拉杆及撑杆为一有机整体，索力与撑杆内力是密切相关的，相互影响、互为依托。对其中任何一个进行张拉，也可在其他中建立相应的预应力。因此，综合考虑张拉力需求、拉杆调整点数量、张拉千斤顶数量、节点构造导致的预应力损失程度、同步张拉稳定性及工期长短等因素，该工程最终选取了张拉力需求小、预应力损失少以及穹顶结构最终受力受临时支撑影响最小的径向拉杆张拉法，即主动张拉径向钢拉杆，环向钢拉杆被动张拉的方法。

③该工程屋盖上部网壳安装时搭设了满堂脚手架，在拉索张拉时有两种选择，一是保留支架，待拉索张拉完毕后再拆除支架。二是拆除所有支架后再进行拉索张拉。前者可确保施工阶段结构的安全性，防止发生意外事故，但若张拉过程中屋盖始终不脱架，那么支架将会对施工过程中索力和结构变形产生一定的影响。而对于后者，因该屋盖网壳矢跨比较小，在形成整体结构（弦支穹顶）之前拆除支架，屋盖将产生较大的结构变形和支座反力，对自身结构和下部支承体系都不利。因此，经过比较两种情况下结构的受力性能，选择仅拆除影响拉索张拉的部分支架，大部分支架仍然支承上部钢网壳时进行张拉的方案。

2）总体施工方案

①拉杆安装总体原则和顺序

随网壳拼装过程，先安装撑杆，再安装索夹和径向拉杆，最后安装环向拉杆。

拉杆安装顺序：安装撑杆和上索夹→在撑杆竖直状态下，实测撑杆上下节点与径向拉杆上节点之间的距离，确定安装误差→根据安装误差，调整径向拉杆的安装长度将径向拉杆安装就位（应保证同环撑杆的偏摆方向和偏摆量一致）→安装并预紧环向拉杆（应保证各环段的索力均匀）。

②撑杆安装

搭设拉索临时安装支撑架，用起重机或手动葫芦将地面编好号的撑杆逐根吊起，将撑杆上节点与网壳相连。

③径向钢拉杆的安装

径向钢拉杆安装前须在撑杆竖直状态下测定撑杆上、下节点与径向拉杆上节点的安装误差，并根据径向钢拉杆的实际生产长度误差，调节钢拉杆长度，然后安装，以确保同环撑杆的偏摆方向和偏摆量与理论分析值的一致性，以及同环的均匀性。

④环向钢拉杆安装

用多台葫芦提升环向钢拉杆，将环向钢拉杆与撑杆下端的索夹相连。通过在张拉点设置张拉设备，对环向钢拉杆预紧。

3）拉杆张拉的总体原则

①采用环向拉杆张拉方法，即拉索张拉主要是主动张拉环向钢拉杆。张拉一次性到100%初始预张力。环向拉杆的各张拉点同步张拉。

②张拉前，网壳须安装成形，拆除部分影响张拉的支架，张拉在有支架的条件下进行。

③张拉点和千斤顶数量

张拉点为10个。每个张拉点需2台千斤顶，则单次同步张拉最多需要20台千斤顶。

④拉索张拉控制采用双控原则：控制结构内力和变形，其中以控制张拉点内力为主。

⑤结构安装和预应力张拉前屋盖支座先固定。

4）环向拉杆各张拉点同步分级张拉的程序

为控制环索的线形，保证撑杆垂直度和环索索力的均匀性，环向各张拉点同步分级张拉，并对张拉实行双控，即控制张拉力和撑杆垂直度。分析结果见图4.1-5～图4.1-7。

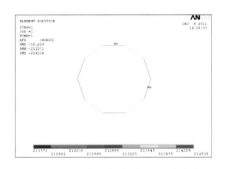 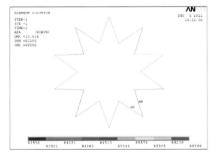

图 4.1-5　环索张拉完毕时环索索力图　　图 4.1-6　环索张拉完毕时径向索索力图

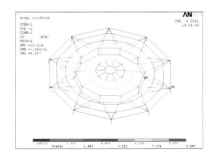

图 4.1-7　环索张拉完毕时结构竖向变形图

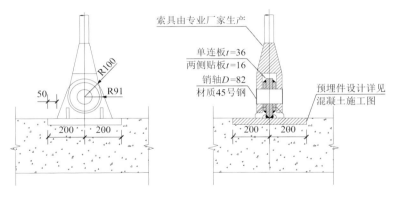

图 4.2-9 A 塔中庭幕墙拉索节点大样

A 塔拉索幕墙位于中庭东侧面 43～60 层，轴线间总高度 70.8m，共设置鱼腹桁架 9 榀，跨度 27m，鱼腹桁架两端与塔楼 A 型钢混凝土柱连接，一端采用固定铰支座连接，另一端采用单向滑动铰支座连接；拉索最上端连接于钢桁架，最下端通过支座连接于地面。中庭幕墙由竖向拉索与鱼腹桁架构成，桁架内外侧弦杆采用 350mm×200mm×20mm×20mm 的箱形截面，外侧弦杆形状为半径 199.7m、跨度 25.66m 的圆弧线，每榀鱼腹桁架设置外侧弦杆，分别采用 5 根φ50 和 4 根φ40 的不锈钢拉索，连接于桁架内、外侧弦杆与腹杆相交的位置。

该幕墙具有如下特点：

①竖向拉索仅承担结构自重（包括鱼腹桁架、单元玻璃板块及其他附属构件），不参与抵抗各种水平荷载，风荷载、水平地震荷载等由鱼腹桁架承担，故要求鱼腹桁架两端支座竖向基本不受力。

②需要通过大量有限元分析来保证预应力张拉结束后，鱼腹桁架的位形满足单元式玻璃板块的安装要求；在玻璃板块安装完成后，鱼腹桁架基本保持水平，即桁架内、外侧弦杆基本在一个水平面内，对于张拉成形精度要求很高。

③由于结构形式的特殊性及玻璃板块安装顺序与安装精度的要求，需要在拉索安装过程及安装完成后对拉索索长进行调整，调整时要综合考虑最终拉力、索长加工误差、钢结构制作误差等因素。

由于以上结构特点和精度要求，使得 A 塔索幕墙安装、张拉难度大大增加，需要采取合理有效的方法进行整体结构安装，索力与鱼腹桁架变形的精准控制。

3. 索结构施工

以 A 塔中庭索幕墙为例描述该项目单索幕墙施工的重难点与解决方法。

1）施工组织总体思路

根据 A 塔中庭索幕墙结构受力特点，施工过程采用"分层安装提升、逐层调整索长、一级张拉成形"的施工方法。首先装水平鱼腹桁架和竖向拉索，安装并张拉，整体完成后根据索力实际监测结果进行局部调整，最后安装玻璃板块。

2）索结构安装

采用拉索安装与鱼腹桁架提升同步、交叉、协调进行的方法，即当鱼腹桁架提升至合适高度（1.2～1.5m），安装与鱼腹桁架下部耳板相连的拉索，接着提升鱼腹桁架到约 1 根拉索高度后，将拉索与下一榀鱼腹桁架的上耳板连接，并安装好该榀鱼腹桁架下部的拉索，再提升、安装拉索，直至全部结构安装完成。安装时借助导链，用吊装带将导链固定在桁架钢梁对应耳板处，用另一吊装带绑紧索体提升拉索，当提升至索头接近对应耳板处时，微调整索头的位置和角度，利用销轴将索头固定到对应耳板上（图 4.2-10）。

图 4.2-10　拉索安装示意

3）拉索索长调整

根据有限元计算结构和拉索的初始应力，并综合考虑拉索加工误差、钢结构安装制作误差等因素对索长的影响，确定每层每根拉索的精确调整量，借助拉索张拉工装，采用多点对称、同步的方式完成拉索索长的调整。

4）拉索张拉

①通过张拉最底层拉索使结构成形，张拉过程也是采用分批分级、多点对称同步的方式。

②张拉工装设计

根据设计提供的拉索预应力值，进行施工仿真计算，连廊幕墙张拉力最大为 10kN 左右，每批对称张拉两根，因此选用 2 套张拉设备进行预应力张拉，即 4 台 25t 千斤顶，2 台油泵及配套张拉工装等；A 塔中庭幕墙张拉力最大为 50kN 左右，每批对称张拉两根，因此选用 2 套张拉设备进行预应力张拉，即 4 台 25t 千斤顶，2 台油泵及配套张拉工装等（图 4.2-11～图 4.2-13）。

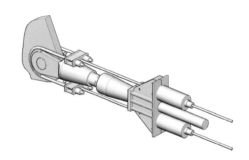  

图 4.2-11　张拉工装示意图　　图 4.2-12　张拉油泵及油压表　图 4.2-13　张拉工装实物

③张拉分级

由于张拉力较小（最大张拉力为 50kN），采取一级张拉到位的方式，最后根据实测结果的索力进行局部调整。

④张拉顺序

共 9 根拉索，一次张拉 2 根，分 5 批张拉完一级，张拉顺序如图 4.2-14 所示。

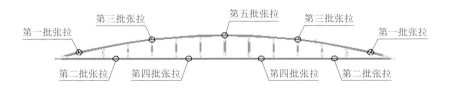

图 4.2-14　张拉顺序图

5）鱼腹桁架固定与玻璃安装

焊接鱼腹桁架两端的耳板，用销轴将鱼腹桁架固定到主体结构上。采用由下往上的顺序，逐层安装单元式玻璃板块，过程中要做好索力和鱼腹桁架结构变形的监控。

4. 工程图片

图 4.2-15　幕墙拉索张拉

图 4.2-16　拉索张拉完成

参考文献

[1] 束伟农, 高建民, 宋玲, 等. 深圳南山中心区 T106-0028 地块中 A 座超高层结构设计与研究[J]. 建筑结构, 2009, 12(39): 127-131.

[2] 张东, 王磊, 孙善星, 等. 深圳南山幕墙预应力结构施工技术研究[J]. 施工技术, 2015, 44(21): 51-54.

撰稿人：北京市建筑工程研究院有限责任公司　鲍　敏　王泽强

4.3 绍兴金沙东方山水国际商务休闲中心 ABC 馆
——弦支穹顶

　　设 计 单 位：同济大学建筑设计研究院
　　总 包 单 位：中建六局建设集团有限公司
　　钢结构安装单位：中冶钢构集团有限公司
　　索结构施工单位：南京东大现代预应力工程有限责任公司
　　索 具 类 型：巨力索具·高钒镀层钢绞线索
　　竣 工 时 间：2014 年

1. 概况

　　绍兴金沙·东方山水国际商务休闲中心位于绍兴柯南大道以北，独山路以南，南大池以东，总投资约 80 亿元，总用地面积 398145m²，总建筑面积约 100 万 m²，由以商务办公、酒店式公寓和五星级酒店为主的 K-01A 商业区，以室内山馆和水馆为主题的 K-01B 旅游区，以高档低层住宅和高层住宅为主的 K-02 住宅区三个功能区块组成，该项目是浙江省重点旅游项目及县工业、商贸旅游"双百亿"重大项目之一，主要包括室内海滩馆、山水馆、旅游商业街区以及景观桥等，着重突出旅游和休闲功能，提供不同寻常的消费理念及文化体验场所，旨在打造集观光、戏水、休闲娱乐和餐饮购物于一体的大型观光室内热带雨林和滨水旅游度假休闲乐园的城市综合体（图 4.3-1）。

图 4.3-1　绍兴金沙东方山水国际商务休闲中心

2. 索结构体系

1）结构整体概况

绍兴金沙·东方山水国际商务休闲中心 A、B、C 三馆钢结构主体部分结构形式类似，均借鉴了巨型结构体系的概念，采用"主骨架＋次结构"形式的钢桁架穹顶组合网壳（图 4.3-2 和图 4.3-3）。钢桁架穹顶组合网壳的主骨架由多道辐射状布置的拱形径向主桁架与中央刚性环桁架组成（图 4.3-4），次结构由联方型网格和环梁组成，中央穹顶则采用刚性单层网壳或刚柔结合弦支穹顶（图 4.3-5），结构体系十分复杂。以最具代表性、跨度最大的 C 馆为例，其外观呈椭圆形，长轴跨度 227m，短轴跨度 136m。C 馆钢屋盖主要由 16 道截面宽 4m、高 4m 的倒三角径向主桁架、1 道截面宽 6m、高 4m 的倒三角环桁架及中央肋环形弦支穹顶结构组成。其上部弦支穹顶呈椭圆形，长轴 63.7m，短轴约 44m，矢高 0.48m，安装高度 28.5～29m，共 3 环，每环由环向高钒镀层钢绞线索、径向钢拉杆及竖向撑杆组成，上下、左右双向对称。拉索参数见表 4.3-1。

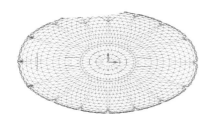
图 4.3-2　结构平面图

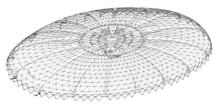
图 4.3-3　结构轴测图

图 4.3-4　径向主桁架及环桁架

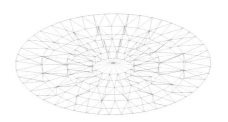
图 4.3-5　弦支穹顶轴测图

拉索及钢拉杆材料和规格　　　　　　　　　　　　　　　　表 4.3-1

构件	材料	规格	标称破断荷载/kN
拉索	高钒镀层钢绞线索	$\phi60$	2890
		$\phi80$	5130
		$\phi100$	8020
钢拉杆	GLG650	$\phi60$	1837
		$\phi70$	2500
		$\phi80$	3266

2）结构重难点

①C 馆的钢桁架穹顶组合网壳跨度巨大，壳体平面尺度 228m × 137m，为国内第一。矢跨比小，短轴的矢跨比为 1/4.66，明显超过规程规定的 1/6～1/9 范围，受力复杂。同时，考虑到中部区域平坦，受弯作用显著，需加强中部区域的竖向抗弯刚度。结合工程使用功能要求有较高的净空，建筑造型的寓意使得结构方案应尽可能通透、简洁，通过采用径向与环向三管桁架主骨架 + 中央弦支穹顶 + 联方型次网格的结构形式，将各分体系的优点进行有机组合，结构体系简洁，中央区域弦支穹顶，刚度良好，采光效果好，经济性良好。

②该工程 6 个场馆混凝土平台连成整体，且各场馆平面位置部分重叠，导致施工交叉，不具备跨外吊装条件，施工区域被限制在场内，施工场地极其狭小，在结构吊装时将不可避免地产生非对称的施工顺序。采用非对称的施工顺序应保证径向主桁架优先对称施工，避免非对称施工的不利作用。施工顺序为：以椭球形组合网壳的中央穹顶为中心，一台主吊装机械大型履带吊在外围网壳结构范围内作业，从起点开始沿一个方向行走吊装，安装的构件不需考虑对称，施工过程允许出现极限的单边堆载情况，完成主要构件的吊装作业，同时安排小型吊装机械跟进补装次要构件。同时采取一些反变形措施，保障水平方向反变形措施为在环桁架的吊装过程中预留变形值，通过预变形来尽量消除结构完全成形后的侧向位移。垂直方向反变形措施为将环桁架及穹顶中心胎架预起拱 5cm，即将胎架顶标高增加 50mm。预起拱可抵消部分基础沉降，对结构最终成形的建筑效果有利。同时，明确统一的起拱值，便于现场工人操作。

③该工程各场馆屋盖结构复杂，结构中的诸多杆件呈现出三维空间弯扭特性，一般的详图设计软件难以实现其三维建模和自动出图。为确保详图深化设计的快速、准确与适用，项目实施过程中，通过编程自主研发 Tekla 自动管桁架节点生成软件，实现了较高程度的自动化建模出图、需进行贯口切割构件的精确下料、相贯节点域的分析和计算、既需进行贯口切割又需煨弯的构件煨弯平面标记的自动添加。

④该工程为椭圆形弦支穹顶，预应力确定与常规圆形弦支穹顶有所不同，因此在设计过程中提出了弦支穹顶预应力确定的新方法——自平衡逐圈确定法，并进行了实例验证。该方法概念明确、应用方便，既适用于圆形弦支穹顶，也适用于椭圆形弦支穹顶，所确定的预应力数值合理可行，能显著改善整体结构的受力性能，同时证明了"预张力-水平径向位移"迭代法亦行之有效。

3. 索结构施工

根据该工程的特点和张拉设备能力，采用弦支穹顶索杆系逐环提升安装方法。下面以 C 馆为例介绍索结构施工流程：

①搭设临时支撑胎架，具体布置如图 4.3-6 所示；

②在胎架上安装钢结构；

③在地面依次由外向内组装每一环的撑杆、钢拉杆及拉索；

④依次由外环向内环通过 16 个主牵引点、16 个辅助牵引点由穿心式液压千斤顶整体牵引提升各环撑杆、钢拉杆及拉索并安装就位，如图 4.3-7 所示。

⑤预紧外环钢拉杆；

⑥依次同步张拉外环第 1 组、第 2 组钢拉杆至 80%（外环钢拉杆 GLG3 奇数号为第 1 组，偶数号为第 2 组）（图 4.3-8）；

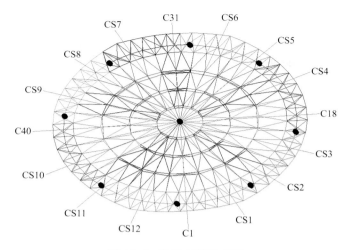

图 4.3-6 胎架布置示意图

图 4.3-7 牵引提升示意图

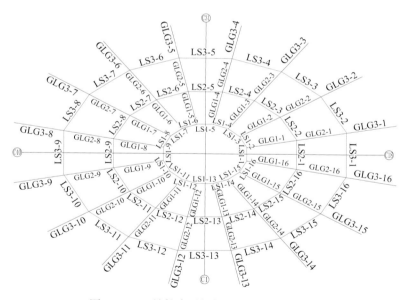

图 4.3-8 C 馆拉索及钢拉杆平面布置示意图

⑦预紧中环钢拉杆；

⑧依次同步张拉中环第 3 组、第 4 组钢拉杆至 80%（外环钢拉杆 GLG2 奇数号为第 3 组，偶数号为第 4 组）；

⑨预紧内环钢拉杆；

⑩依次同步张拉内环第 5 组、第 6 组钢拉杆至 80%（外环钢拉杆 GLG1 奇数号为第 5

组，偶数号为第 6 组）；

⑪拆除临时支撑胎架；

⑫依次从第 6 组～第 1 组补张拉钢拉杆至 100%。

4. 工程图片

图 4.3-9　中部环桁架安装

图 4.3-10　径向桁架安装

图 4.3-11　断开环索连接节点

图 4.3-12　贯通环索索夹节点

图 4.3-13　结构张拉成形

图 4.3-14　全景

参考文献

[1]　陈桥生, 潘荣娟, 金平, 等. 大跨度钢桁架穹顶组合网壳设计施工关键技术[J]. 施工技术, 2014(14): 33-37.

撰稿人：东南大学　罗　斌

4.4 南宁吴圩机场航站楼幕墙——单向拉索体系

设 计 单 位：北京市建筑设计研究院有限公司
总 包 单 位：中国建筑第八工程局有限公司
幕墙安装单位：温州亚飞幕墙有限公司
索结构施工单位：北京市建筑工程研究院有限责任公司
索 具 类 型：坚宜佳·不锈钢拉索
竣 工 时 间：2015 年

1. 概况

南宁吴圩国际机场新航站区为广西壮族自治区重点工程，航站楼总建筑面积约 18 万 m²，工程总投资约 65 亿元。航站楼设计地下室一层，地上三层，为混凝土框架＋钢结构形式。屋盖为交叉桁架钢结构，屋面采用铝镁锰直立锁边金属屋面，围护采用玻璃幕墙。航站楼设计灵感来自于合浦出土的汉代文物——风灯，寓意"双风还巢"（图 4.4-1）。吴圩国际机场新航站楼出发大厅采用造型优美、采光极好的拉索幕墙，该幕墙位于航站楼正立面 W11 轴至 EC11 轴之间。标高位于+0.000 以上，幕墙最大高度为 31.8m，长度 195m，总面积近 6000m²。拉索幕墙是航站楼最大的亮点之一。科学技术含量高，造型新颖，目前是国内首屈一指的新型幕墙。

图 4.4-1 南宁吴圩国际机场效果图

2. 索结构体系

该拉索幕墙位于南宁市吴圩国际机场新航站楼正立面，W11 轴至 EC11 轴之间。标高位于+0.000 以上，拉索幕墙最大高度为 28m，长度 185m，总面积 5000m²。

该工程拉索幕墙采用单层单向拉索结构形式，幕墙面向外侧有 15°的倾角，水平方向为弧面。拉索采用浇铸系列不锈钢索，为双索布置，包括ϕ45、ϕ40 和ϕ36 三种型号。材料参数见表 4.4-1。

主要构件   表 4.4-1

索类型	直径/mm	截面积/mm²	最小破断力/kN	弹性模量/10⁵MPa
不锈钢	45	1196.11	1352.80	1.3
不锈钢	40	945.07	1192.21	1.3
不锈钢	36	765.51	965.69	1.3

拉索固定在顶部桁架拱上，拱为空间桁架，最大高度为 7m，均匀布置了 6 个支撑柱，来抵抗拉索的拉力。拉索水平向的间距为 3m，玻璃竖向分格为 1.5m，通过索夹固定幕墙玻璃。拉索幕墙模型见图 4.4-2。

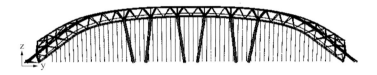

图 4.4-2　拉索幕墙模型图

该工程拉索幕墙的技术特点如下：

①幕墙为单层单向双索结构；

②幕墙向外倾斜 15°；

③幕墙面水平投影为弧线；

④拉索跨度大，张拉力大，幕墙横向长度为 185m，单向拉索的跨度（高度方向）为 28m，最大拉索为双φ45，双索张拉力为 490kN，跨度和张拉力在单向拉索幕墙工程中都是较大的。

⑤幕墙边界钢结构为不规则弧线，对玻璃的制作和拉索的定位都有更高的要求。

3. 索结构施工

1）拉索编号图

每一个编号含两根索，西边拉索以"W"表示，东边拉索以"E"表示（图 4.4-3 和图 4.4-4）。

图 4.4-3　西侧拉索编号图	图 4.4-4　东侧拉索编号图

2）张拉顺序和张拉分级

张拉分为两级，第一级张拉至设计张拉力的 60%，第二级张拉至设计张力的 100%，然后根据索力实测结果,对不满足要求的索力进行微调。每级分为 18 步张拉,每步最多同步张拉 4 对拉索,张拉过程见表 4.4-2。

张拉顺序与分级 表 4.4-2

分级	步骤	张拉索编号	分级	步骤	张拉索编号
第一级张拉至60%	第 1 步	W3, E3	第二级张拉至100%	第 1 步	W3, E3
	第 2 步	W2, E2		第 2 步	W2, E2
	第 3 步	W1, E1		第 3 步	W1, E1
	第 4 步	W4, E4,W9, E9		第 4 步	W4, E4,W9, E9
	第 5 步	W5, E5,W8, E8		第 5 步	W5, E5,W8, E8
	第 6 步	W6, E6,W7, E7		第 6 步	W6, E6,W7, E7
	第 7 步	W10, E10,W15, E15		第 7 步	W10, E10,W15, E15
	第 8 步	W11, E11,W14, E14		第 8 步	W11, E11,W14, E14
	第 9 步	W12, E12,W13, E13		第 9 步	W12, E12,W13, E13
	第 10 步	W16, E16,W32, E32		第 10 步	W16, E16,W32, E32
	第 11 步	W17, E17,W31, E31		第 11 步	W17, E17,W31, E31
	第 12 步	W18, E18,W30, E30		第 12 步	W18, E18,W30, E30
	第 13 步	W19, E19,W29, E29		第 13 步	W19, E19,W29, E29
	第 14 步	W20, E20,W28, E28		第 14 步	W20, E20,W28, E28
	第 15 步	W21, E21,W27, E27		第 15 步	W21, E21,W27, E27
	第 16 步	W22, E22,W26, E26		第 16 步	W22, E22,W26, E26
	第 17 步	W23, E23,W25, E25		第 17 步	W23, E23,W25, E25
	第 18 步	W24, E24		第 18 步	W24, E24

每级张拉应再细分小级,第一级张拉细分为 5 个小级,分别为张拉力的 10%、20%、30%、40%、60%,第二级张拉细分为 5 个小级,分别为张拉力的 70%、80%、90%、100%、105%,每级中间做一下短暂的停顿(30s),测量伸长值。分小级是保证同步张拉的措施。

3)张拉力表及目标索力表

张拉力表是张拉施工的重要依据,张拉力不等于最终索力,它是根据最终索力利用倒拆法计算出来的。张拉其他索时已经张拉的拉索索力会不断变化,根据理论计算最终张拉完成后索力会逐步变化到目标索力。施工过程中应监测索力的变化趋势,与理论计算的结果进行对比,当误差太大时应查找原因,并进行调整。

由于钢索张拉力之间的互相影响,张拉后部分索力可能达不到要求,需要进一步调整。调整的方法是采用测力仪对索力进行测量,对不满足要求的钢索张拉力进行调整,直到所有钢索的张拉力均满足要求为止。

张拉完成时刻的设计索力，即目标索力，同时也是张拉验收的验收索力，目标索力见表 4.4-3。

目标索力表　　　　　　　　　　　表 4.4-3

索编号	张拉完成索力/kN	索编号	张拉完成索力/kN	索编号	张拉完成索力/kN	索编号	张拉完成索力/kN
W1	2×245	E1	2×245	W17	2×240	E17	2×240
W2	2×245	E2	2×245	W18	2×238	E18	2×238
W3	2×245	E3	2×245	W19	2×237	E19	2×237
W4	2×245	E4	2×245	W20	2×236	E20	2×236
W5	2×245	E5	2×245	W21	2×236	E21	2×236
W6	2×245	E6	2×245	W22	2×234	E22	2×234
W7	2×245	E7	2×245	W23	2×232	E23	2×232
W8	2×245	E8	2×245	W24	2×230	E24	2×230
W9	2×244	E9	2×244	W25	2×226	E25	2×226
W10	2×244	E10	2×244	W26	2×221	E26	2×221
W11	2×243	E11	2×243	W27	2×216	E27	2×216
W12	2×243	E12	2×243	W28	2×205	E28	2×205
W13	2×243	E13	2×243	W29	2×193	E29	2×193
W14	2×243	E14	2×243	W30	2×162	E30	2×162
W15	2×241	E15	2×241	W31	2×144	E31	2×144
W16	2×240	E16	2×240	W32	2×117	E32	2×117

计算拉索伸长值时，弹性模量取值为 130000MPa。弹性模量的误差对索力没有影响，而对拉索伸长值略有影响。索厂提供精确弹性模量有变化时，应对计算伸长值进行一定的修正。

4）张拉过程安全性分析

张拉过程中各项指标均与张拉完成时刻比较接近（表 4.4-4），从张拉过程中结构的受力状态来看，张拉方案是比较合理的。总结张拉过程中的索力，最大索力值远小于极限状态的索力设计值，张拉过程应严格控制张拉力不要偏差太大，以保证张拉过程的安全。

张拉过程特征值　　　　　　　　　　表 4.4-4

项目	索力/kN	桁架变形/mm	桁架应力/MPa	索力衰减率
张拉过程中最大值	245	21	67	<10%
张拉完成时刻最大值	245	21	65	

4. 工程图片

图 4.4-5 南宁吴圩国际机场外景 　　图 4.4-6 南宁吴圩国际机场施工中

图 4.4-7 南宁吴圩国际机场拉索幕墙内景

参考文献

[1] 唐际宇，黄业信，王维. 南宁吴圩国际机场新航站楼双曲面玻璃幕墙施工技术[J]. 施工技术, 2016(20).

[2] 陶署生，侯恩宏，罗丕均. 南宁吴圩国际机场新航站楼大跨度双曲面网架同步卸载施工[J]. 施工技术, 2015(2).

[3] 唐际宇，黄业信，王维. 南宁吴圩国际机场新航站楼曲面外倾斜拉索幕墙玻璃安装施工技术[J]. 施工技术, 2015(9).

撰稿人：北京市建筑工程研究院有限责任公司　杜彦凯　胡　洋　王泽强

4.5 长沙国际会展中心屋盖——下凹形张弦梁

设　计　单　位：同济大学建筑设计研究院（集团）有限公司
总　包　单　位：北京建工集团有限责任公司、中国建筑第三工程局有限公司
钢结构安装单位：江苏沪宁钢机股份有限公司、中建钢构有限公司
索结构施工单位：北京市建筑工程研究院有限责任公司
　　　　　　　　南京东大现代预应力工程有限责任公司
索　具　类　型：巨力索具·高钒拉索
竣　工　时　间：2015 年

1. 概况

长沙国际会展中心单层展馆一共有 12 个，东西各 6 个，分别为 W1～W6 和 E1～E6。西区的 6 个展馆中，W1 和 W2、W3 和 W4、W5 和 W6 分别通过连接馆相连。东区的 6 个展馆中，E1 和 E2、E3 和 E4、E5 和 E6 分别通过连接馆相连。W3 和 W4 如图 4.5-1 所示。12 个单体展馆的结构形式及结构尺寸完全相同。每个展馆的屋盖结构平面尺寸为 100m × 163m，跨度方向为 100m，屋面高度从 18～32m 不等（图 4.5-2 和图 4.5-3）。沿纵向一共布置有 8 榀下凹形张弦梁。

图 4.5-1　长沙国际会展中心

2. 索结构体系

该工程屋盖结构包括：预应力张弦梁体系、纵向联系体系、屋面支撑体系、张弦梁侧向稳定体系、连接馆下弦支撑体系。

每榀张弦梁下弦各布置 2 根 ϕ97 的高钒镀层拉索，拉索钢丝强度 1770MPa，主梁截

面为 1600×500 的箱形钢梁，纵向布置有 650×250 的 H 形钢次梁。拉索连接节点见图 4.5-4。

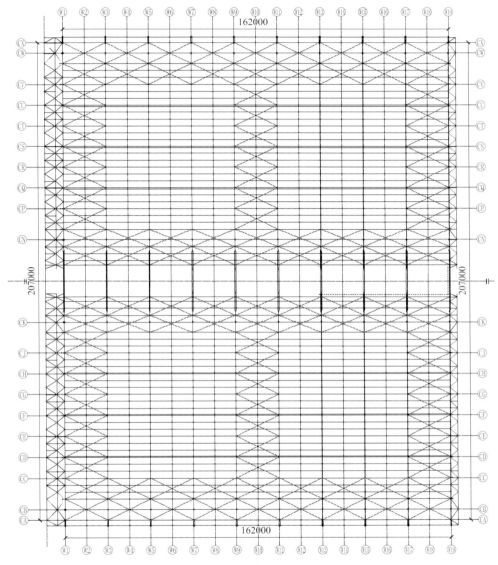

图 4.5-2 展馆平面布置图

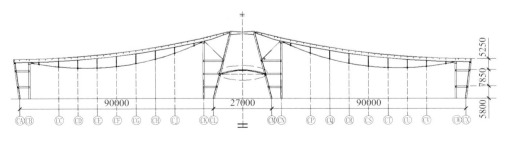

图 4.5-3 展馆立面图

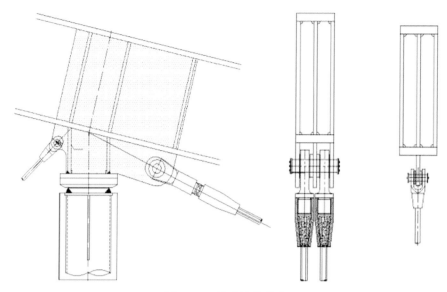

图 4.5-4　拉索连接节点

该工程结构有以下特点：

①该工程屋盖结构组成部分较多，需根据结构受力形式及传力机理，确定拉索的先后施工顺序，确保预应力的施加能够满足设计要求。

②该工程张弦梁主梁为下凹布置，拉索为双索布置，且索头为 O 形索头，对拉索安装和张拉提出很高的要求，施工难度相对一般张弦梁增大。

③撑杆和拉索夹角较大，可能造成索夹产生滑移，需在施工过程中采取严格措施确保撑杆和拉索不产生滑移。

④该工程拉索为高钒拉索，拉索直径为 97mm，属于大直径拉索，容易产生跳丝，对拉索倒运、展开提出很高的要求。需采取可靠措施确保拉索在施工过程中不产生跳丝。

⑤该工程是通过对拉索进行张拉的方式对结构施加预应力的，因此节点设计需考虑受力、施工空间的要求，尤其是对本工程的 O 形锚具的拉索，施工难度大。

⑥纵向稳定索采用钢拉杆的形式，钢拉杆是分段安装张拉。张拉过程中需要确保张弦梁的侧向稳定。

⑦屋面交叉支撑拉索的张拉需要搭设高空操作平台，而操作平台不具备有效的着力点，需要对操作平台进行设计并确保施工安全。

3. 索结构施工

拉索、拉杆的安装和张拉施工穿插在钢结构的施工过程中，总体步骤为：

①张弦梁钢结构主体结构安装完成以后，同时安装斜拉索并张拉（斜索的索力很小，为 250kN），并一次张拉到位；

②分两级张拉主索，并张拉完成，索力和位移符合要计算要求；

③安装张拉屋面索，屋面索稳定索的索力约为 40kN，因此也是一次张拉到位；

④连接馆钢结构安装完毕；

⑤安装并张拉 D60 下弦拉杆；

⑥安装屋面系统。

图 4.5-5～图 4.5-16 给出了整个施工过程的具体图示。

1）第 1 步，安装边跨钢结构

①钢结构柱施工完毕（图 4.5-5）；

图 4.5-5　钢结构柱施工完毕

②搭设拼装胎架及操作平台（图 4.5-6）；

③拼装胎架为门式格构式胎架，间距 1.5m，如图 4.5-7 所示；

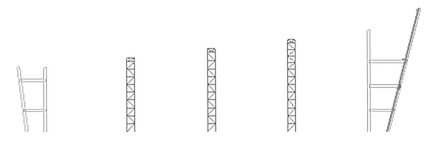

图 4.5-6　搭设拼装胎架及操作平台　　　　　　　图 4.5-7　门式
　　　　　　　　　　　　　　　　　　　　　　　　格构式胎架

④分段拼装钢梁（图 4.5-8）。

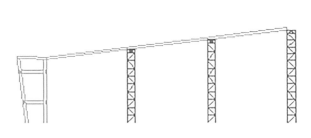

图 4.5-8　分段拼装钢结构

2）第 2 步，安装第一榀张弦梁

①钢结构安装完毕以后安装撑杆和次梁（图 4.5-9）；

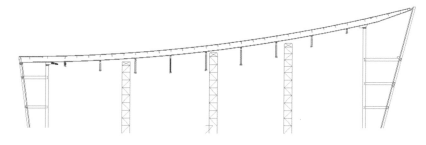

图 4.5-9　安装撑杆和次梁

②在地面利用放索盘展开拉索，同时安装斜拉索（图 4.5-10）；

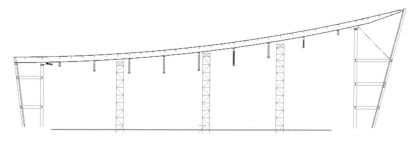

图 4.5-10　安装斜拉索

③利用主梁布置倒链或者卷扬机，准备拉索提升（图 4.5-11）；

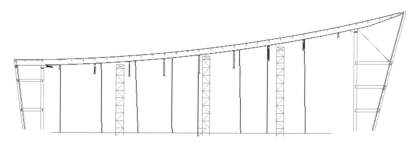

图 4.5-11　准备提升拉索

④利用倒链和卷扬机对拉索进行提升（图 4.5-12）；

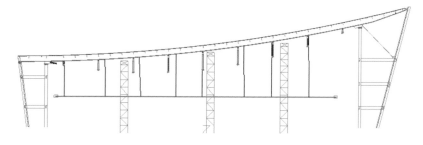

图 4.5-12　拉索提升

⑤将拉索提升至高出撑杆下节点 1m，安装拉索索头，将拉索下放，安装索夹（图 4.5-13）；

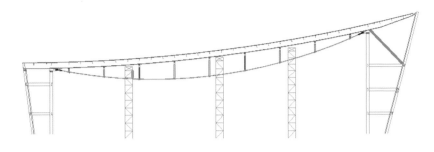

图 4.5-13　安装索头、索夹

⑥张拉斜拉索（图 4.5-14）；

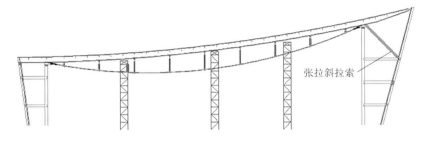

图 4.5-14　张拉斜拉索

⑦按照相同的方法安装第二榀张弦梁；
⑧连接第一榀和第二榀张弦梁之间的檩条；
⑨按照相同的方法安装第二榀、第三榀张弦梁；
⑩按照相同的方法安装第四榀张弦梁，同时张拉第一榀张弦梁的主索，直到张弦梁主梁刚好与支撑胎架脱离（图 4.5-15）。

3）第 3 步，以此类推安装完所有的张弦梁和边梁

4）第 4 步，安装屋面交叉支撑并进行张拉

图 4.5-16 中紫色加粗线为屋面交叉支撑。

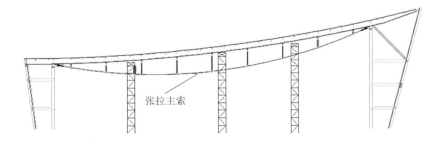

图 4.5-15　第一榀梁安装完成

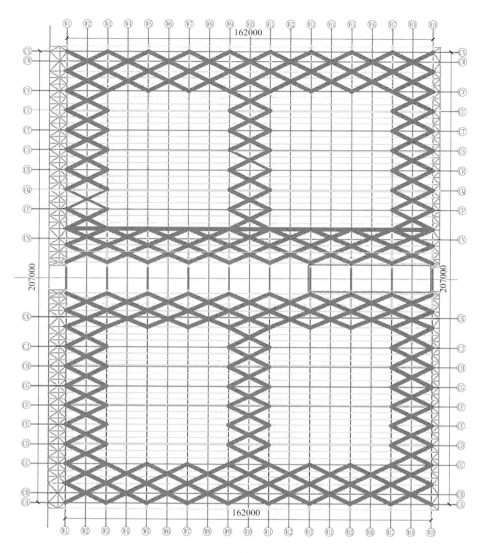

图 4.5-16　屋面拉索施工流程图

4. 工程图片

图 4.5-17　屋盖结构张拉完成

图 4.5-18　屋盖结构张拉完成内景一

图 4.5-19　屋盖结构张拉完成内景二

图 4.5-20　会展中心全景

参考文献

[1]　张峥, 丁洁民, 李璐, 等. 长沙国际会展中心展厅大跨度下凹形钢屋盖结构选型与设计[J].
建筑结构, 2020, 50(7): 67-73.

[2]　卫启星, 段有恒, 马锦姝, 等. 基于 BIM 的长沙国际会展中心张弦梁施工精细化技术研究
[J]. 施工技术, 2020, 47(7): 153-156.

撰稿人：北京市建筑工程研究院有限责任公司　鲍　敏　王泽强

4.6 邯郸客运中心主站房——筒体斜拉转换结构

设 计 单 位：同济大学建筑设计研究院

总 包 单 位：上海宝冶集团有限公司

钢结构安装单位：中冶钢构集团有限公司

索结构施工单位：南京东大现代预应力工程有限责任公司

索 具 类 型：巨力索具·高钒镀层钢绞线索

竣 工 时 间：2015 年

1. 概况

邯郸客运中心主站项目（站房及主楼）位于邯郸市东部新区，东至和谐大街，南到丛台路，西临站前大街，北靠新区纬九路，是集长途客运、出租车辆、社会车辆及综合商业服务于一体的客运枢纽。该工程为一类高层公建，地下一层，地上部分为十层，建筑高度48.75m，总建筑面积91039.97m²。建筑上部主结构采用的结构体系为钢筋混凝土筒体支承的带斜拉索的钢桁架体系，次结构体系为钢结构框架。地下一层，采用框架结构。客运中心以"太行石韵"为设计灵感，充分体现太行山质朴、厚重的地域文化特色，其独特的设计造型使其成为邯郸市的地标性建筑（图 4.6-1）。

图 4.6-1 邯郸客运中心主站房

2. 索结构体系

1）结构整体概况

邯郸客运中心主站房设计采用预应力斜拉索转换结构,在建筑底部形成连续的大空间,将上部结构的荷载转换到竖向构件。

结构平面布置 6 个核心筒，从地面伸至顶层；地下室一层，地上 10 层为钢筋混凝土筒体和钢结构组成的混合框架结构，其中为了实现 3、4 层的大空间布置，最大跨度超过 40m，第 5 层以上有部分钢结构框架利用拉索悬吊于筒体结构上（图 4.6-2～图 4.6-4）。拉索共 32 根，长索和短索各 16 根，截面根据受力大小不同分为 3 种。拉索参数见表 4.6-1。

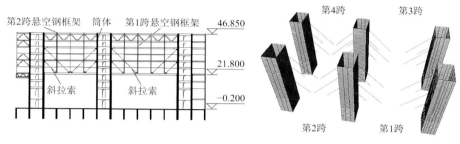

图 4.6-2　结构立面图　　　　　图 4.6-3　斜拉索轴测图

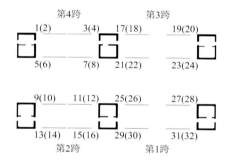

图 4.6-4　拉索平面布置图

拉索材料和规格　　　　　　　　　　　表 4.6-1

类型	索体				索头		
	级别/MPa	拉索编号	规格	索体防护	锚具	连接件	调节装置
GALFAN 钢绞线索	1670	GLS-1	$\phi136$	GALFAN 镀层	热铸锚	叉耳式	螺杆
		GLS-1A					
		GLS-2	$\phi110$				
		GLS-2A					
		GLS-2B					
		GLS-3	$\phi68$				

2）结构重难点

①根据拉索张拉和楼面混凝土浇筑的先后顺序，拟定 2 个结构总体施工顺序。

方案 1：浇筑混凝土核心筒、设置支撑胎架并安装上部拉索和钢结构→张拉斜拉索→拆除胎架→浇筑混凝土板；

方案 2：浇筑混凝土核心筒、设置支撑胎架并安装上部拉索和钢结构→浇筑混凝土板→张拉斜拉索→拆除胎架。

从两个方面考虑结构总体的施工顺序：一方面，在施工过程中，方案 2 中拉索最大施工张拉力为 5266.04kN，比方案 1 中的 3742.67kN 大 40.7%，方案 2 中支撑塔架压力过大（最大压力 2806.3kN），且在拉索张拉完成后有部分塔架仍受压，不能主动脱架。另一方面，方案 1 中，由于钢结构张拉成形且拆除支架后浇筑混凝土楼面，混凝土楼面的自重会对斜拉索力产生影响，但楼面刚度不会对其产生影响；而方案 2 中，由于混凝土楼面浇筑且硬化后再张拉拉索，混凝土楼面的自重和刚度都会对后续拉索张拉的索力产生影响。因此，为方便施工，总体施工顺序确定为方案 1。

②该工程 5 层及以上钢结构部分安装时搭设了支撑塔架，对结构初始预应力态有影响。如果拆除所有支架后再进行拉索张拉，因上部结构体量以及跨度较大，在形成整体结构（预应力拉索为上部钢结构提供支点）之前拆除支架，上部钢结构将产生较大的附加结构变形和支座反力，结构强度和变形均难以满足要求。故采取保留支架进行张拉的方案，可确保施工阶段结构的安全性，防止发生意外整体坍塌事故，且支架对施工过程中索力和结构变形产生的影响较小。

③该工程拉索体量大、分布面广，共有 32 根斜拉索，部分斜索单根长度和重量都较大，如最长的拉索大于 23m，重量约 5t，难以对这些拉索同步张拉，需要分批张拉。考虑到结构的对称性，将拉索分为 4 批，同批拉索的根数为 8 根，并采取如下分批张拉顺序：

a. 分两批张拉长索，先张拉轴线 1/N 和 Q 上的长索，再张拉另一侧长索；

b. 分两批张拉短索，先张拉轴线 1/N 和 Q 上的短索，再张拉另一侧短索。

④由于不能对所有拉索同步张拉，为保证各批拉索张拉后最终均达到设计要求，需要采取有效、简便的方法对索力测试。因此，采用振动法，利用附着在拉索上的精密无线传感器，采集拉索在风环境激励的振动信号，经过滤波、放大和频谱分析，再由频谱图确定拉索的自振频率，然后根据自振频率与索力的关系确定索力。

3. 索结构施工

根据该工程的特点，拉索安装施工穿插于普通钢结构的安装施工中，故介绍结构总体及拉索的施工方案。

1）总体施工顺序

第一步，将地下室和混凝土筒体施工完毕，如图 4.6-5 所示；

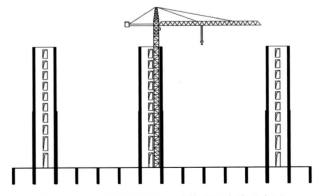

图 4.6-5　地下室和混凝土筒体施工完毕示意图

第二步，普通钢结构安装和钢拉索安装同步、交替进行；

①在第一层楼面处搭设安装胎架至第五层楼面位置，支撑胎架平面布置如图 4.6-6 所示，安装第五层楼面主次梁及钢筋桁架楼承板，如图 4.6-7 所示；

②安装第六层钢柱、楼面主次梁及钢筋桁架楼承板，再安装相应短拉索节点，然后安装拉索，如图 4.6-8 所示；

③安装第七、八层钢结构部分，同时安装索节点，然后安装拉索，如图 4.6-9 所示；

④施工剩余所有钢结构部分，如图 4.6-10 所示。

第三步，待所有钢结构和拉索安装完毕后，检查关键节点强度满足要求后，进行拉索的张拉施工；

第四步，张拉完毕后拆除胎架，浇筑混凝土楼面层。

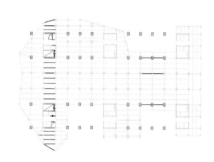

图 4.6-6　支撑胎架平面布置图

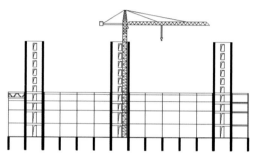

图 4.6-7　第五层楼面梁、楼承板安装示意图

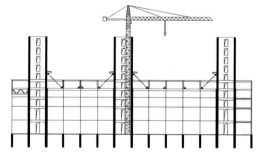

图 4.6-8　第六层钢柱、楼面梁、楼承板、
拉索安装示意图

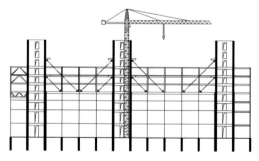

图 4.6-9　第七、八层钢柱、楼面梁、楼承板、
拉索安装示意图

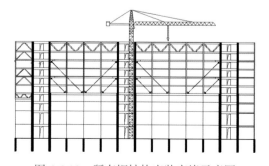

图 4.6-10　所有钢结构安装完毕示意图

2）拉索施工方案

①检验钢结构桁架耳板尺寸，成品索进场，后沿索盘圈的反方向使索盘旋转打开，在相应的索头位置安装牵引索；

②钢拉索安装与普通钢结构安装交叉进行，采用塔吊吊装的方法安装钢拉索；

③全部拉索以及钢结构安装完毕后，进行拉索张拉工作，采用同步分五级张拉。先同步张拉长索，至施工张拉力的 20%→40%→60%→80%→100%；

④再同步张拉短索，至施工张拉力的 20%→40%→60%→80%→100%；

⑤张拉结束，拆除临时胎架和浇筑混凝土楼面。

4. 工程图片

图 4.6-11　拉索安装　　　　　　　　图 4.6-12　索力监测

图 4.6-13　拉索张拉图

参考文献

[1] 王俊, 孙岩, 罗斌, 等. 河北邯郸客运中心主站筒体斜拉转换结构预应力施工技术研究[J]. 施工技术, 2016(2): 71-74.

撰稿人： 东南大学　罗　斌

4.7　石家庄国际会展中心屋盖——连续跨索桁架

设　计　单　位：清华大学建筑设计研究院有限公司

总　包　单　位：中国建筑第八工程局有限公司

钢结构安装单位：中建钢构有限公司

索结构施工单位：北京市建筑工程研究院有限责任公司

　　　　　　　　南京东大现代预应力工程有限责任公司

索　具　类　型：巨力索具、坚宜佳·高钒拉索

竣　工　时　间：2017 年

1. 概况

石家庄国际展览中心项目位于石家庄市中心东北的正定新区。建设场地北面依次分布有规划市政府中心公园、市政府、图书馆，南侧隔滨水大道与滹沱河相望。项目规划用地面积 64.4 万 m²，总建筑面积 35.6 万 m²，是由周边展厅和中间核心会议区组成的集展览、会议于一体的大型会展中心。

该项目由 3 组标准展厅（A、C、E）、1 组大型展厅（D）及核心区会议中心（B）组成（图 4.7-1）。其中展厅 A、D 设一层地下室，建筑面积约 4.5 万 m²，核心区会议中心 B 设一层地下室，建筑面积约为 6.2 万 m²。四个展馆的屋盖均采用连续跨索桁架结构体系，沿着跨度方向设置 2 道或者 3 道预应力主桁架，在预应力主桁架间设置预应力索桁架，构造出了高低起伏的大跨度曲线形屋面结构。

图 4.7-1　石家庄国际展览中心

2. 索结构体系

石家庄会展中心 A、E 展厅结构形式类似，下面以 A 展厅为例进行介绍。

A 展厅的横向长度 180m，进深 135.6m，最高点高度 28.65m，索桁架间距 15m，一共

布置有 10 道索桁架。沿着进深方向设置 2 道预应力主桁架作为屋脊，在长度方向将结构分为 3 跨，屋顶起伏高差 10.65m。预应力主桁架采用体内预应力平面桁架结构，主桁架承重索采用 4 根 D133 的高钒索，端部设置 4 根 D97 拉索竖向锚固在地面基础上；索桁架上弦为 2 根 D97 高钒索，下弦采用 1 根 D63 高钒索；边柱端部采用 2 根 D133 高钒索斜向锚固在地面上。上下弦之间采用 D26 高钒拉索连接，结构布置如图 4.7-2 所示。

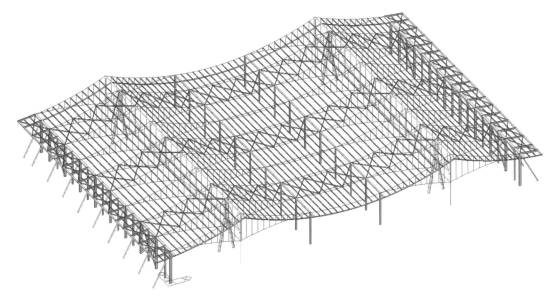

图 4.7-2　主体结构轴测图

该项目预应力索结构具有以下特点：

①结构体系的支承结构在索系刚度建立之前刚度较弱，不能为拉索安装和张拉提供可靠稳定的支承；

②索桁架端部排架柱底部连接形式为铰接，柱高 18m，间距 7.5m，排架柱自身的平面外刚度相对于拉索索力来说相对较弱；

③A、C 展厅中间跨索桁架的上下索有交叉点，该特点决定了在成形以前，该部分索系的形状不容易控制；

④A、C 展厅和 E 展厅的主桁架之间设置有摇摆柱，在屋面安装以后起到竖向承载作用，在风吸作用下起到抗风作用，同时也为索系成形以后的形状提供帮助。但是在索系安装时，该摇摆柱基本不参与受力。

综上分析，主桁架在索系安装和张拉过程中的稳定是制约索系施工成形的最大难点，也是该工程的最大特点。

3. 索结构施工

1）施工总体安装步骤

展厅总体施工思路为：安装临时支撑体系，铺放主桁架拉索，安装主桁架钢结构和边部排架柱，安装主桁架拉索并预紧，然后从中间对称往两边依次安装 10 榀索桁架。每安装完一榀索桁架将该榀拉索张拉到位，最后张拉主桁架拉索使主桁架建立刚度，实现支撑结构自动卸载，最后安装屋面檩条。

2）施工过程图示

根据施工流程，绘制索桁架施工过程图示如表 4.7-1 所示。

单榀索桁架施工过程 表 4.7-1

步骤	内容	图示
1	安装支撑胎架	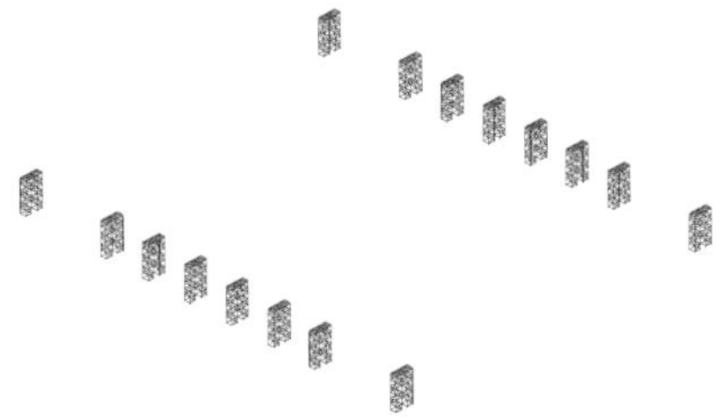
2	安装主桁架钢结构和主桁架拉索，边柱用缆风绳临时固定	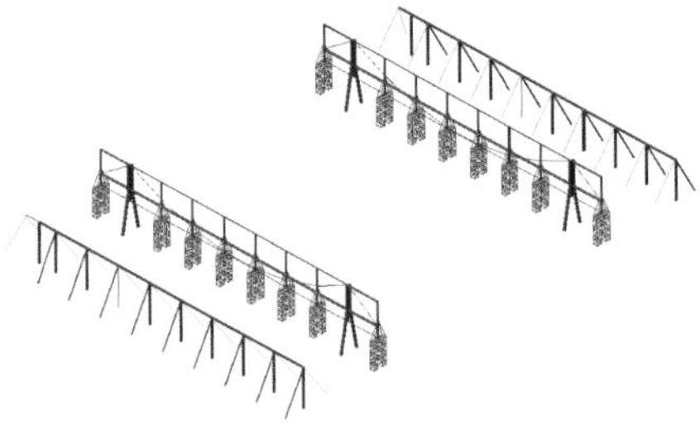
3	地面组装中间跨索桁架，并将边跨索桁架与边柱一端连接	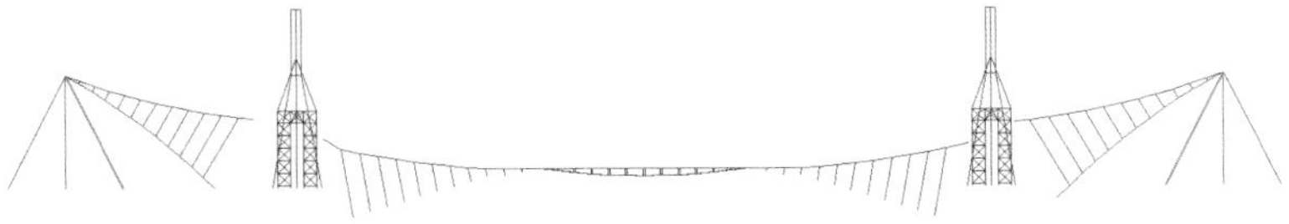
4	将索桁架的上弦利用工装索和主桁架连接	
5	提升索桁架上弦离开地面，连接中间跨索桁架的吊索和下弦	
6	索桁架上弦提升就位	
7	将索桁架下弦放松，然后安装销轴	 放松200mm，安装销轴

续表

步骤	内容	图示
8	张拉锚地索	
9	索桁架下弦拉索张拉就位	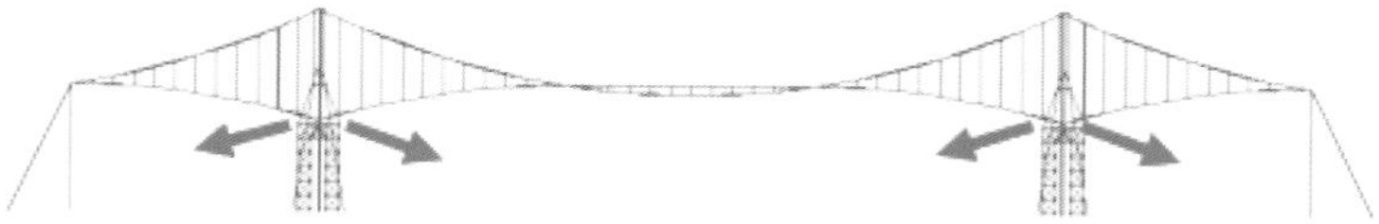
10	第1批索桁架安装张拉到位	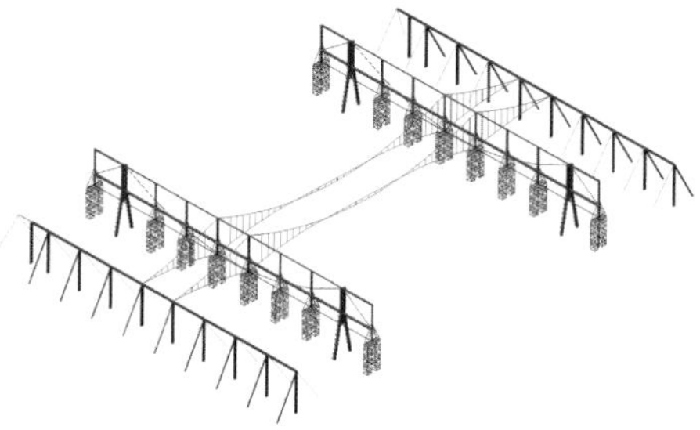
11	第2批索桁架安装张拉到位	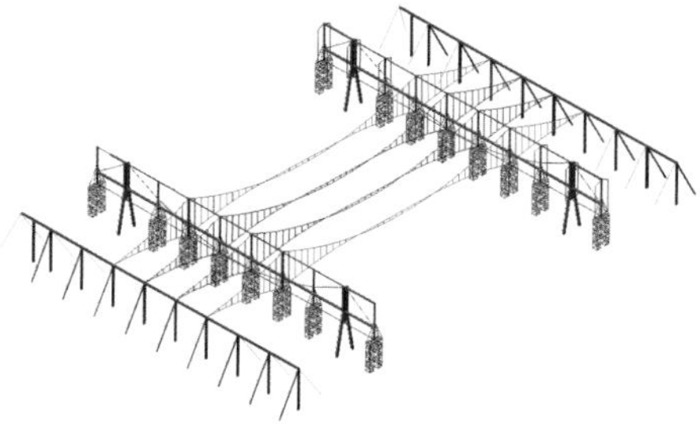
12	第3批索桁架安装张拉到位	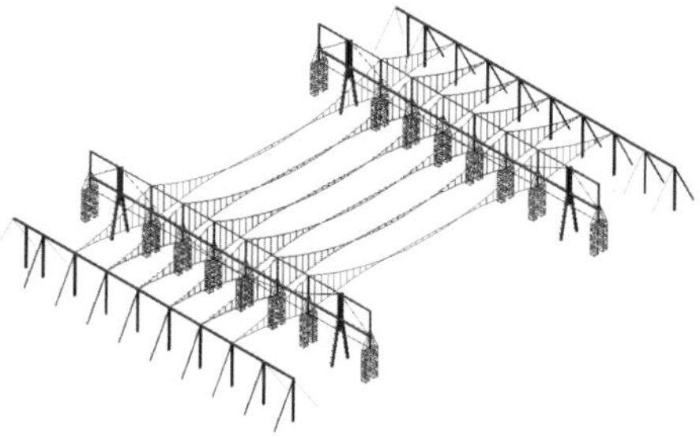
13	第4批索桁架安装张拉到位	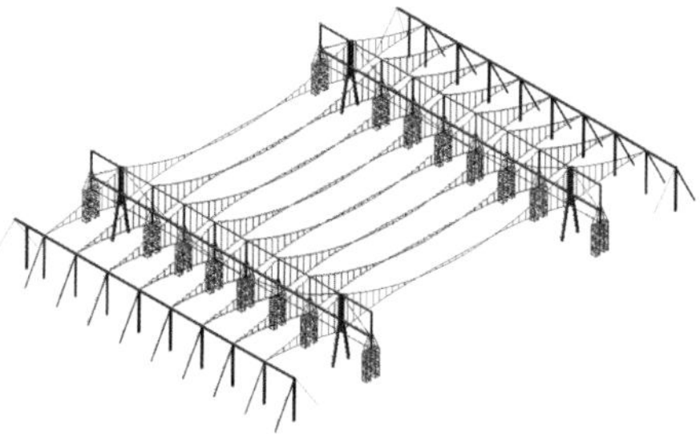

续表

步骤	内容	图示
14	第 5 批索桁架安装张拉到位	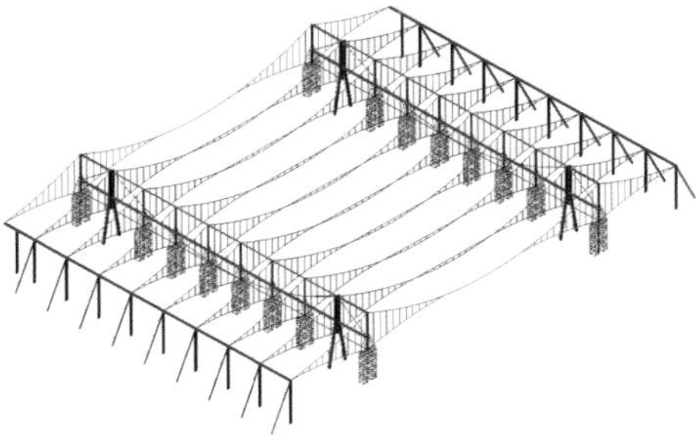
15	张拉主桁架端部斜拉索	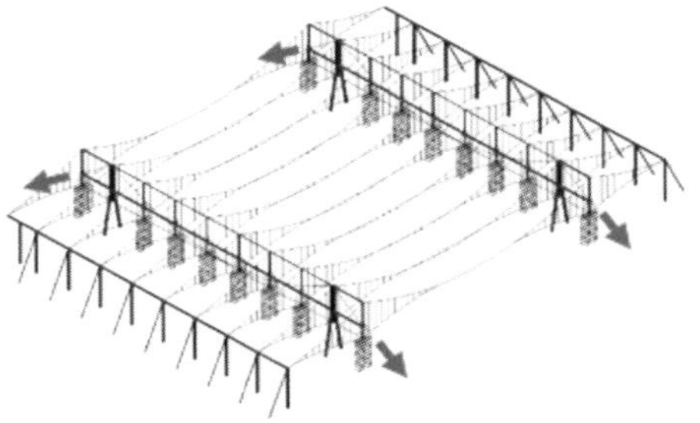
16	卸载主桁架端部支撑架，张拉主桁架端部锚地索	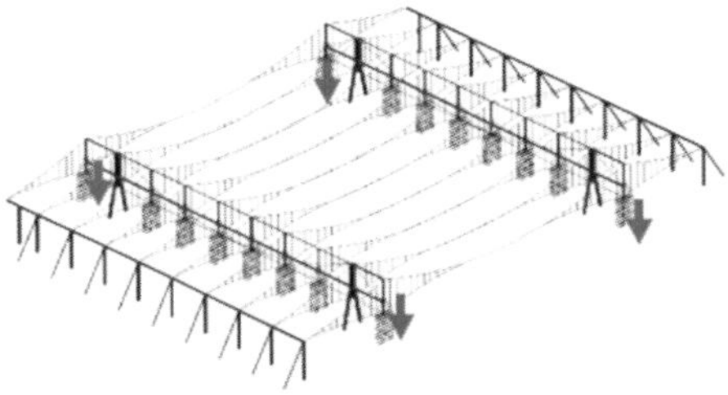
17	张拉主桁架主悬索	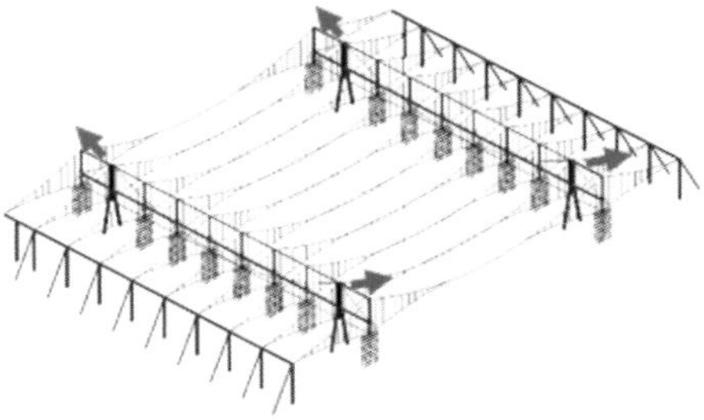
18	安装摇摆柱	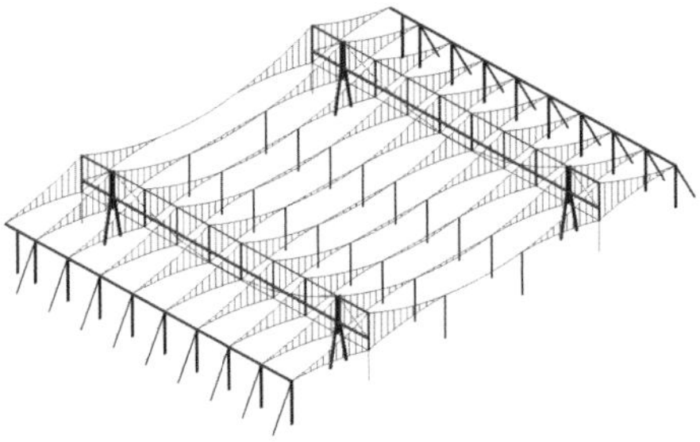

续表

步骤	内容	图示
19	安装屋面檩条和屋面板	

4. 工程图片

图 4.7-3　拉索提升就位

图 4.7-4　背索张拉

图 4.7-5　张拉完成内景

图 4.7-6　张拉完成外景

参考文献

[1] 张爵扬, 张相勇, 张春水, 等. 石家庄国际会展中心施工模拟分析及应用研究[J]. 建筑结构, 2020, 50(23): 37-42.

[2] 陈宇军, 段春姣, 盖珊珊, 等. 石家庄国际展览中心双向悬索结构参数化设计[J]. 建筑结构, 2020, 50(12): 28-34.

撰稿人： 北京市建筑工程研究院有限责任公司　鲍　敏　高晋栋　王泽强

4.8 国家会议中心二期屋盖——圆柱面上凸式张弦拱壳

设　计　单　位：北京市建筑设计研究院有限公司
总　包　单　位：北京建工集团有限责任公司
钢结构安装单位：北京建工集团有限责任公司总承包部
索结构施工单位：北京市建筑工程研究院有限责任公司
索　具　类　型：坚宜佳·密封索
竣　工　时　间：2017 年

1. 概况

国家会议中心二期项目功能定位是国家"一带一路"战略的落地平台，首都"国际交往中心"的核心项目，是北京市重点工程，也是冬奥工程。承担 2022 年冬奥会期间的 IBC（国际广播中心）、MPC（主新闻中心）转播功能。项目位于北京市朝阳区，原国家会议中心一期项目北侧，为北京城市中轴线上展示首都风貌的重要建筑。项目结构为一整体，总建筑建筑面积约 40.9 万 m²，宴会厅及屋顶花园屋面采用圆柱面上凸式张弦拱壳结构体系（图 4.8-1）。

图 4.8-1　国家会议中心二期

2. 索结构体系

屋面上凸式张弦拱壳结构跨度 72m，由屋面钢结构、拉索、拉杆组成，共计 41 榀。具体的结构形式为：上弦刚性构件由矩形钢管型钢三向斜交和局部两向正交的拱形网壳组成，下弦为上凸的钢拉索布置，上下弦之间为受拉的钢拉杆，同时上弦拱壳为可开启的屋面结构（图 4.8-2 和图 4.8-3）。屋面钢构件主要截面为：□700×200×18/20/25/30/35、

□500×250×10/14、□500×200×10/16，材质为 Q345GJC（板厚 35mm）、Q355C、Q355B。索体采用ϕ110 和ϕ95 密封索。跨中设 2 根拉杆，其中ϕ40 钢拉杆对应ϕ95 索，ϕ45 钢拉杆对应ϕ110 索。拱壳端部支座边界条件复杂，支座约束有 4 种情况：三向约束、xy向释放、y向释放、x向释放，其中y向滑移最大允许值 150mm，部分最大允许值 120mm。

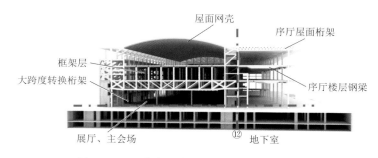

图 4.8-2　国家会议中心二期项目断面示意图

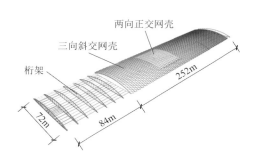

图 4.8-3　国家会议中心二期项目屋盖结构示意图

上凸式张弦拱壳结构主要特点为：①由上凸的下弦拉索平衡上弦拱的水平推力，仍然保留了张弦结构自平衡的优势；②上下弦间的连接竖杆由撑杆变为拉杆后，避免了张弦拱壳用于大跨度结构时中间撑杆由于受压杆长细比控制而使其截面尺寸过大问题；③结构只有上弦拱为压弯构件，其余都为拉杆，更为简洁、轻巧，同时结构效率更高；④拉索上凸有更大的建筑室内空间可以利用，内部视觉效果也更为明快，特别适用于大跨度公共建筑的屋盖结构；⑤上弦拱壳杆件可根据建筑的需求灵活布置成正交或斜交方式。正交与斜交混合使用则兼具两种布置的优点，显得既大方又不呆板，而且可以实现划分不同的功能分区的作用。

3. 索结构施工

该工程施工的重难点为：国家会议中心二期工程屋盖跨度大，安装精度及变形控制要求高，支座边界条件复杂，施工方法选择难；场地狭窄、结构体量大、面积大、单件构件重，场地交通布设难；如何利用首层楼面施工，大型履带吊上楼面施工技术难度大。

针对上述重难点问题，对国家会议中心二期工程屋盖施工方法进行比选确定合理的施工方法。屋面张弦拱壳结构施工方案按照施工精度控制为主，工期控制为辅的原则确定。初步拟定的施工方案包括"累积滑移施工""整体液压提升""高空原位拼装""部分提升"。经过综合比较分析，钢结构安装方案确定采用施工精度高、工期可控的"地面小拼、操作平台中拼、累积滑移"施工方案。拉索的施工与钢结构的安装方案紧密结合。

1）施工总体安装步骤

屋面张弦拱壳平面尺寸 72m×252m，标高 43.78～51.78m，拱壳矢高 7.65m。其中两向正交拱壳共 18 榀，设置 9 道ϕ110 密封索；三向斜交拱壳共 64 榀，设置 32 道ϕ95mm 密封索。将屋盖分成 3 个区同时进行施工，包括 6 个滑移段和 7 个合拢段（图 4.8-4）。

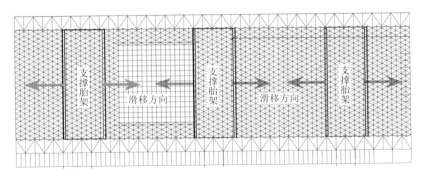

图 4.8-4 屋面拱壳累积滑移示意图

屋面拱壳共 205 个小拼单元，共设置 26 组小拼胎架进行地面拼装；在 30m 楼面设置 3 组宽度 27m 的滑移操作平台，平台上设置了 3 道 27m 的短滑轨，平台两端设置了 2 道 252m 的通长滑轨。首先在操作平台上拼装宽度 15m 的初始单元；然后向两侧累积滑移，每滑移 6m 进行一次索张拉，每扩拼 9m 进行一次滑移，累计滑移 30 次 168m；拱壳合拢后按顺序进行支座转换，并完成 41 道索的最终张拉。

2）施工流程（图 4.8-5）

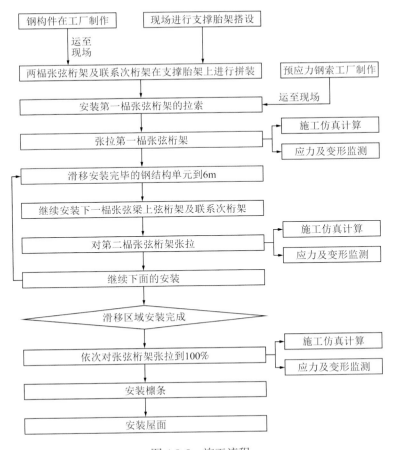

图 4.8-5 施工流程

3）施工过程图示

根据施工流程，绘制单榀张弦拱壳施工过程图见图 4.8-6～图 4.8-8。

①张弦拱壳累积滑移及拉索第一级张拉

屋面张弦拱壳工期仅为 60d，需采用由中间向两侧同时累积滑移，滑移 6m 后进行第一级索张拉。屋面拱壳滑移顺序如图 4.8-6 所示。

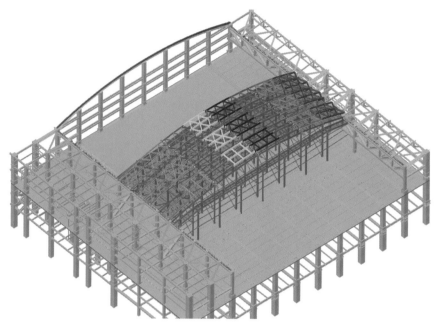

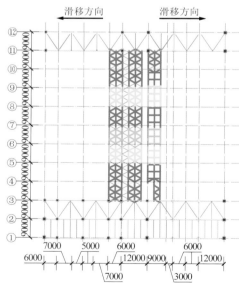

图 4.8-6　屋面拱壳滑移顺序图

②拉索第二级张拉

安装支座就位后，从中间往两端依次进行第二级张拉（图 4.8-7）。

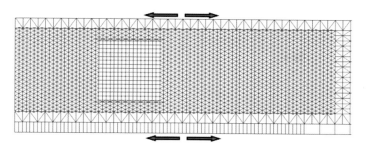

图 4.8-7 拉索第二级张拉顺序示意图

(a) 15m 起步段

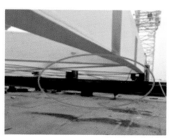

(b)倒链辅助

(c)滑移过程实时测控

图 4.8-8 屋面拱壳滑移

4. 工程图片

图 4.8-9 拉索张拉

图 4.8-10 滑移进行中

参考文献

[1] 于东晖, 高晋栋, 尧金金, 等. 国家会议中心二期屋盖预应力拉索施工关键技术研究 [J]. 建筑技术, 2021, 52(5): 534-536.

撰稿人：北京市建筑工程研究院有限责任公司 鲍 敏 尧金金 王泽强

4.9 成都露天音乐广场主舞台屋盖
——马鞍形单层索网

设 计 单 位：中国建筑西南设计研究院有限公司
总 包 单 位：中国五冶集团有限公司
钢结构安装单位：中国五冶集团有限公司钢结构及装配式工程分公司
索结构施工单位：北京市建筑工程研究院有限责任公司
索 具 类 型：坚宜佳·高钒拉索
竣 工 时 间：2019 年

1. 概况

成都露天音乐广场是中国唯一一座以露天音乐为主题，青春、激情、动感的地标性城市公园，是成都市打造音乐之都的重要载体，不仅是成都市首个极具现代特色的大型露天音乐广场，同时兼具大型聚会、旅游观光、文化演艺的综合城市公园功能。露天音乐广场位于凤凰山片区，三环路以北、北星大道以东、熊猫大道以南，占地 39.5 万 m²。

从空中俯瞰公园，恰似一只凤凰展翼高飞。西南角翘首挺立的主舞台，就是凤凰高昂的头部，公园整体则构成了凤凰的两翼（图 4.9-1）。主舞台由高 50m、跨度达 180m 的钢结构和索膜结构组成，有着成都最大的穹顶天幕。举办大型演唱会或音乐节，可容纳 4 万余人一起观看。主舞台内可举办能容纳 10000 人的半室内音乐会和 5000 人的室内音乐会。

图 4.9-1 成都露天音乐广场

2. 索结构体系

舞台屋盖东西两侧各一道钢拱梁，在南北方向支座处相交，形成一个枣核状平面。南北两侧各一道加劲环梁，两端支承于主梁上。屋盖双斜拱承双曲抛物面索网支承于周圈的钢拱梁和加劲环梁上。加劲环梁上加设外副索，改善加劲环梁受力。钢拱梁和加劲环梁采用曲线形异形截面梁（图4.9-2）。

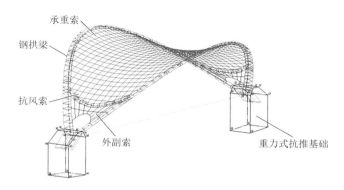

图 4.9-2　结构三维轴测图

两道钢拱梁南北向最大跨度180m，东西向最大距离约90m；东西两侧钢拱梁顶点标高均为45m。其中东西向设置的拉索为承重索，采用直径48mm的高钒索，共33根；南北向拉索为抗风索，采用直径48mm的高钒索，共21根。大部分承重索两端锚固在钢拱梁上，最大跨度约90m，有四根锚固在加劲环梁上。抗风索则一部分锚固于钢拱梁，一部分锚固于加劲环梁，最大跨度134m。外副索采用直径48mm的高钒索，共16根，一端锚固于加劲环梁，一端锚固于钢管次梁上。

舞台屋面由上下两层膜覆盖，上层膜为PVDF膜，下层为网格膜，两层膜投影面积约为13800m²。

屋盖结构索网分为承重索、抗风索和加劲环梁外副索，均采用高钒索，极限抗拉强度1670MPa，弹性模量 $1.6 \times 10^5 \text{N/mm}^2$。拉索规格及数量列于表4.9-1。

拉索规格及数量　　　　　　　　　　　　　表 4.9-1

位置	规格	类型	单根长度/m	数量/根	索头
承重索	D48	高钒索	32.3～92.2	33	两端可调
抗风索	D48	高钒索	60.4～141.4	21	两端可调
外副索	D48	高钒索	4.4～24	16	单端可调

3. 索结构施工

索结构采用在地面组装，然后分批提升就位的安装工艺。施工流程如图4.9-3所示。

1）索网牵引提升

该工程拉索数量较多，而且音乐广场一侧是看台，场地空间受限，索网在地面组装完成后的整体牵引提升是一大难点。根据场地的具体条件，研究了一种施工空间受限的双斜拱承双曲抛物面索网结构施工方法。该方法的要点是：在施工场地地面上铺放索网；安装提升工装和提升钢绞线；索网结构下方的施工场地A侧有障碍物，在B侧单面提升承重索，A侧辅助提升，待提升过程中索网整体偏心至能够突破受限空间时，A侧也开始进行提升，承重索由一侧提升为主转为两侧同时提升；在A侧的承重索提升的过程中，在空中组装剩余索网结构，通过索夹将抗风索与承重索连接；承重索提升到位后，整体张拉；整体同步提升抗风索；然后整体同步张拉抗风索并固定。该方法将地面组装与高空组装相结合，单面偏心提升承重索，承重索先就位再张拉抗风索使索网成形，施工简便高效（表4.9-2）。

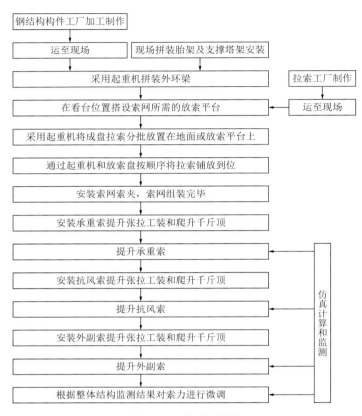

图 4.9-3 施工流程图

索网提升就位过程   表 4.9-2

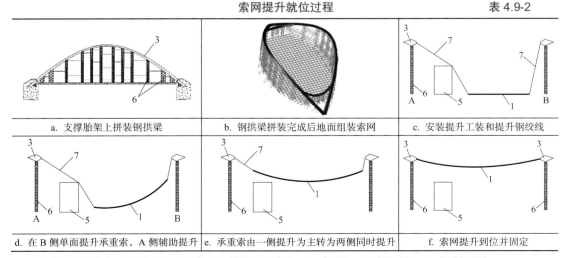

注：附图标记为1—承重索；2—抗风索；3—拱梁；4—索夹；5—障碍物；6—支撑胎架；7—提升钢绞线。

2）预应力施加的步骤

该工程预应力施加仿真分析采用 MIDAS Gen 软件进行了分析（图 4.9-4）。整个拉索提升张拉过程主要分为五个阶段：

第一步：外环梁拼装；

第二步：承重索提升到位并张拉；

第三步：拆除部分胎架（保留左右中间各两个胎架）；

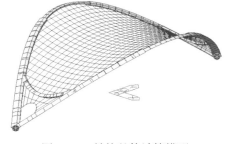

图 4.9-4　结构整体计算模型

第四步：抗风索提升到位并张拉（中间胎架自动卸载）；

第五步：外副索张拉，根据实际监测结果调整索力。

4. 工程图片

图 4.9-5　索网地面组装

图 4.9-6　索网牵引提升

图 4.9-7　索网提升就位

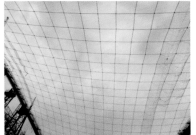

图 4.9-8　索网张拉完成

参考文献

[1] 鲍敏, 司波, 尧金金, 等. 施工空间受限的双斜拱承双曲抛物面索网结构施工方法[P]. 中国专利: CN111101600B. 2021-04-02.

撰稿人：北京市建筑工程研究院有限责任公司　鲍　敏　王泽强

4.10 天津鼎峰中心大堂——单索支承体系

设　计　单　位：北京清尚建筑设计研究院有限公司
总　包　单　位：中国新兴建设集团有限公司
钢结构安装单位：北京振兴同创钢结构工程有限公司
索结构施工单位：北京市建筑工程研究院有限责任公司
索　具　类　型：竖宜佳·高钒拉索
竣　工　时　间：2020年

1. 概况

天津鼎峰中心大堂连接东面4号楼和西面5号主楼，屋面尺寸为27.4m×17.9m，采用单索体系支承钢梁。同时，大堂南面和北面的立面均采用竖向单索幕墙，即整个大堂由柔性单索支承。结构三维示意图见图4.10-1。

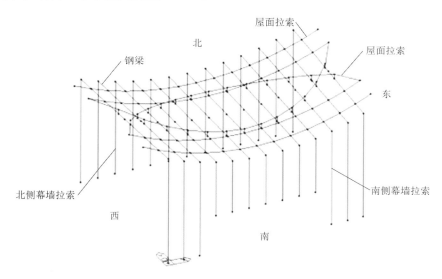

图4.10-1　天津鼎峰中心大堂结构三维示意图

2. 索结构体系

大堂屋面采用轻质屋面。屋面设置南北向13榀钢梁，支承在六根东西向拉索上。其中4根主索是用来承重并抵抗吸风、压风的缆风索（编号WMXS1、WMXS2、WMXS3、WMXS4），另外两根分别向南、北方向凸起的拉索LFS2、LFS1是用来抵抗南、北方向水平风荷载，所有拉索锚固端均在4号楼和5号楼的混凝土墙体预埋件上。大堂屋盖结构平面见图4.10-2。钢索包括$\phi22$、$\phi46$和$\phi65$三种型号索，规格见表4.10-1。

拉索规格   表 4.10-1

索类型	位置	直径/mm	最小破断力/kN	截面积/mm²	弹性模量/10⁵MPa
高钒	幕墙拉索	22	413	281	1.60
高钒	LFS1、LFS2	46	1850	1260	1.60
高钒	WMXS1~4	65	3600	2450	1.60

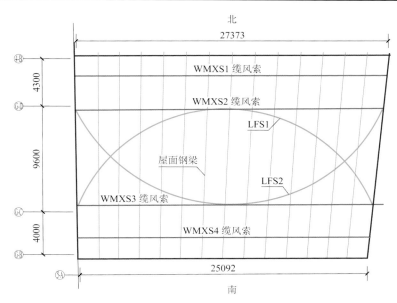

图 4.10-2 大堂屋盖结构平面图

3. 索结构施工

1）施工流程（图 4.10-3）

2）张拉点布置及平台要求

主索采用单端张拉，每个张拉点均需搭设张拉平台，平台形式为矩形平面，尺寸不小于 1.5m×1.5m，平台距张拉点的高度范围为 1.0~1.5m，单个平台的承载力不小于 400kg。平台必须满铺脚手板，需搭设爬梯，底面铺密目网和安全网，脚手架的立杆和横杆均要避开拉索位置。

3）安装及张拉顺序

拉索安装按照先上部屋面钢梁、主索及稳定索，后安装下部幕墙拉索并张拉的顺序进行。

①安装屋面钢梁、主索及稳定索

先安装大堂屋盖结构钢梁及拉索，按照先主索后稳定索的顺序进行安装，安装完毕后，拆除钢梁及上部拉索的支撑。幕墙索张拉完毕后，主索的标高要达到图纸幕墙拉索定位线立面图的要求（设计规定曲线矢高 3000mm）（图 4.10-4）。按照图纸幕墙拉索定位线立面图要求，经施工模拟计算，仅屋面钢梁、主索、缆风索（无幕墙索）自重状态下中心位置钢梁标高 g-B~g-E 四根钢梁分别需要抬高 43mm/46mm/53mm/57mm，即要达到安装状态下（无幕墙索）仅自重主索定位矢高如图 4.10-5 所示。

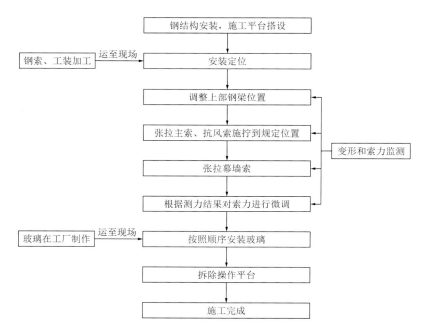

图 4.10-3　施工流程图

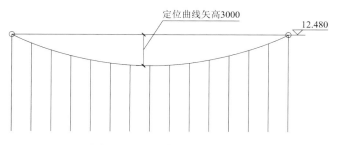

图 4.10-4　设计规定曲线矢高

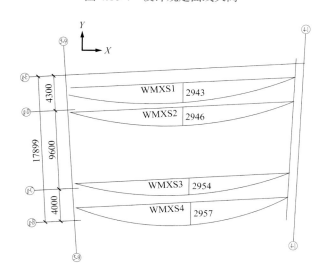

图 4.10-5　安装状态下（无幕墙索）仅自重主索定位矢高图

②安装并张拉幕墙拉索

按照图纸的定位要求及张拉力要求，对幕墙拉索进行张拉及张拉后调整，直至索力符合图纸的要求。幕墙拉索编号见图 4.10-6。张拉顺序见表 4.10-2 和表 4.10-3。

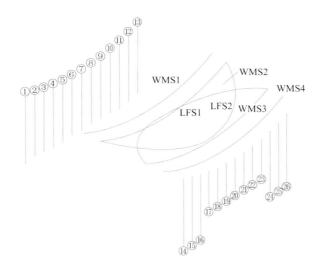

图 4.10-6　拉索编号图

<table>
<tr><td colspan="4">南立面幕墙索张拉顺序</td><td>表 4.10-2</td></tr>
</table>

第一级张拉顺序		第二级张拉顺序	
步骤	拉索编号	步骤	拉索编号
第 1 步	SS7	第 1 步	SS1、SS13
第 2 步	SS6、SS8	第 2 步	SS2、SS12
第 3 步	SS5、SS9	第 3 步	SS3、SS11
第 4 步	SS4、SS10	第 4 步	SS4、SS10
第 5 步	SS3、SS11	第 5 步	SS5、SS9
第 6 步	SS2、SS12	第 6 步	SS6、SS8
第 7 步	SS1、SS13	第 7 步	SS7

<table>
<tr><td colspan="4">北立面幕墙索张拉顺序</td><td>表 4.10-3</td></tr>
</table>

第一级张拉顺序		第二级张拉顺序	
步骤	拉索编号	步骤	拉索编号
第 1 步	SS20	第 1 步	SS14、SS26
第 2 步	SS19、SS21	第 2 步	SS15、SS25
第 3 步	SS18、SS22	第 3 步	SS16、SS24
第 4 步	SS17、SS23	第 4 步	SS17、SS23
第 5 步	SS16、SS24	第 5 步	SS18、SS22
第 6 步	SS15、SS25	第 6 步	SS19、SS21
第 7 步	SS14、SS26	第 7 步	SS20

4）张拉力表及目标索力表

张拉力表是张拉施工的重要依据，索在张拉过程中，张拉其他索时已经张拉的拉索索力会不断变化，根据理论计算最终张拉完成后索力会逐步变化到目标索力。施工过程中应监测索力的变化趋势，与理论计算的结果进行对比，当误差太大时应查找原因，并进行调整。

由于钢索张拉力之间的互相影响，张拉后部分索力可能达不到要求，需要进一步调整。调整的方法是采用测力仪对索力进行测量，对不满足要求的钢索张拉力进行调整，直到所有钢索的张拉力均满足要求为止。

张拉完成时刻的设计索力，即目标索力，同时也是张拉验收的验收索力，目标索力见表 4.10-4 和表 4.10-5。

主索目标索力　　　　　　　　　　　　　　　　　　　　表 4.10-4

索编号	张拉完成索力/kN	索编号	张拉完成索力/kN
WMS1	925	WMS3	755
WMS2	112	WMS4	879

幕墙拉索目标索力　　　　　　　　　　　　　　　　　　表 4.10-5

索编号	张拉完成索力/kN	索编号	张拉完成索力/kN
1	112	14	112
2	112	15	112
3	112	16	112
4	98	17	98
5	98	18	98
6	98	19	98
7	98	20	98
8	98	21	98
9	98	22	98
10	98	23	98
11	112	24	112
12	112	25	112
13	112	26	112

4. 工程图片

图 4.10-7　钢梁安装　　　　　图 4.10-8　屋面索安装完成　　　　　图 4.10-9　抗风索施工

撰稿人： 北京市建筑工程研究院有限责任公司　杜彦凯　胡　洋　王泽强

4.11 南昌市民中心屋盖——辐射式双层索网

设　计　单　位：同济大学建筑设计研究院

总　包　单　位：中建深圳装饰有限公司

钢结构安装单位：柯沃泰膜结构（上海）有限公司

索结构施工单位：南京东大现代预应力工程有限责任公司

索　具　类　型：坚宜佳·高钒镀层钢绞线索

竣　工　时　间：2020 年

1. 概况

南昌市民中心位于九龙大道东侧的九龙湖行政片区内，南临北龙蟠街，紧邻九龙湖，总用地面积 62201m²。南昌市民中心是南昌市市重大重点工程，项目总投资 12.6 亿元，该项目总建筑面积约 15 万 m²，由"省市行政服务中心、省市公共资源交易中心，市城市规划展示中心、市城建档案馆"四大部分组成。项目主要分为一方一圆两块，集合了三项功能。其中：圆形建筑为 5 层，主要为市民行政服务中心。方形建筑包含市公管办公共资源交易中心（6 层）及市城市规划展示中心（5 层）。行政服务中心屋盖中心区采用辐射式双层索网结构（图 4.11-1）。

图 4.11-1　南昌市民中心

2. 索结构体系

南昌市民中心行政服务中心屋盖中心区辐射式双层索网结构剖面如图 4.11-2 所示，其中阴影部分为屋面膜。该屋盖结构平面为圆形，直径 53m。屋盖主结构由承重索、脊索、谷索、混凝土外压环、中心倒锥形桁架内拉环、屋面膜材组成。承重索 15 根，采用均匀分布的布置方式。谷索 30 根，脊索 60 根，交替均匀分布，如图 4.11-3 所示，其中深褐色为谷索，蓝色为脊索。中心倒锥形桁架由钢构组焊而成，如图4.11-4所示。外压环梁为混凝土结构，通过预埋件与耳板焊接并与拉索索头相连。拉索参数见表4.11-1。

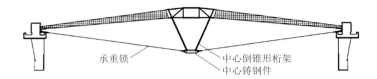

图4.11-2　屋盖结构剖面图

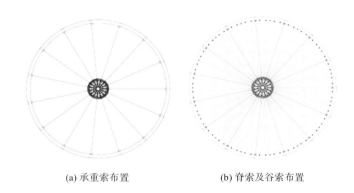

(a) 承重索布置　　　　　　　　(b) 脊索及谷索布置

图4.11-3　屋盖拉索布置

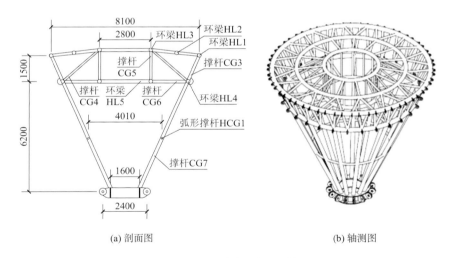

(a) 剖面图　　　　　　　　　　(b) 轴测图

图4.11-4　屋盖中心倒锥形桁架

拉索材料和规格　　　　　　　　　　　　　　　　表4.11-1

部位	材料	规格	标称破断荷载/kN
承重索	高钒镀层钢绞线索	φ71	4420
谷索	高钒镀层钢绞线索	φ42	1540
脊索	高钒镀层钢绞线索	φ26	592

3. 索结构施工

1) 施工重难点

①该工程分上层索和下层索, 拉索根数众多, 若采取整体牵引提升和张拉的方案, 则所需要的设备量大。根据结构特点及现场的布置条件, 设计了该工程的施工方案: 对称选取 5 根承重索作为提升索, 3 根谷索作为提升过程中的稳定索, 其他拉索随之提升。设置了多个关键工况, 使用非线性动力有限元法 (NDFEM 法) 对结构进行了施工过程分析, 掌握了施工过程中拉索的受力变化规律, 确定了不同工况下的工装索牵引长度和相应的结构响应。

②该工程拉索根数多, 特别是上层索布置密集, 索力相互影响非常敏感。对该结构的施工误差敏感性进行了研究, 分别针对张拉力控制方案和索长控制方案进行了独立误差分析和耦合误差分析, 确定了不同方案的误差控制指标并进行了方案对比。承重索、谷索和脊索索力均对索长误差敏感性较高。当进行索长控制张拉时, 谷索和脊索的索长误差应控制在±6mm, 承重索索长误差应控制在±9mm。当进行力控方案张拉时, 谷索和脊索的索长误差应控制在±5mm, 承重索索力误差应控制在 5%。由于索长控制方案容许误差范围较大, 该结构宜采用索长控制方案进行张拉。

2) 施工方案

根据该工程的特点, 采用施工总体步骤如下: 地面组装索网、利用周边结构作为塔架进行牵引、在高空张拉承重索使结构成形。该工程包含 15 根承重索、30 根谷索及 60 根脊索, 均为 3 的倍数, 考虑到施工过程的对称性及不同拉索的承载能力, 在 5 根对称分布的承重索上安装牵引工装索。同时, 为防止在提升过程中内拉环发生倾覆, 根据对称原则, 在 3 根谷索上安装稳定工装索。在提升过程中, 控制稳定工装索索力在一定范围内。综上, 共计牵引 8 根索。具体施工方案如下:

①在胎架上吊装中心倒锥形桁架 (内拉环), 其中胎架高度 6m。承重索、谷索、脊索均在地面组装完成 (图 4.11-6a)。其中, 在 2 轴线、8 轴线、14 轴线、20 轴线、26 轴线的 5 根承重索为牵引索。在 8 轴线、18 轴线、28 轴线的 3 根谷索为提升时的稳定索, 如图 4.11-5 所示。

②在外压环上安装牵引工装设备。

③安装牵引工装索和稳定工装索, 并与外压环连接。

④牵引设备工作, 5 根承重索托举内拉环上升, 3 根谷索维持内拉环稳定, 如图 4.11-6 (b) 所示。

⑤当达到一定提升高度后, 利用卷扬机和手拉葫芦将谷索和脊索全部与外压环销接就位, 撤去稳定工装索, 如图 4.11-6 (c) 所示。

⑥继续牵引承重索, 使承重索的外索头靠近支座耳板。

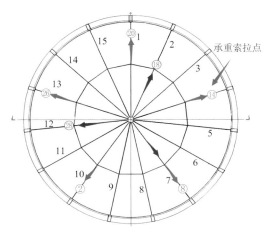

图 4.11-5 工装索位置示意图

⑦将承重索的外索头与支座耳板连接，撤去牵引工装索。

⑧利用卷扬机安装余下的 10 根承重索，并与外压环耳板连接。剩余 10 根承重索仍按照对称原则分两批张拉，每批 5 根。

⑨对称张拉承重索，使结构整体张拉成形，如图 4.11-6（d）所示。

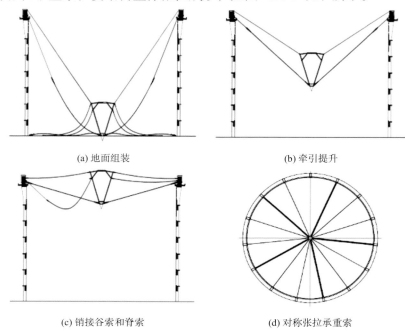

(a) 地面组装   (b) 牵引提升

(c) 销接谷索和脊索   (d) 对称张拉承重索

图 4.11-6　屋盖施工方案示意图

4. 工程图片

(a) 中心倒锥形桁架安装

(b) 承重索、谷索、脊索地面组装

图 4.11-7　南昌市民中心地面索网组装

图 4.11-8　承重索提升

图 4.11-9　谷索、脊索销接

图 4.11-10　整体张拉完成

图 4.11-11　市民中心内景

参考文献

[1]　王仲衡. 伞状张力结构施工力学分析及索网协同牵引控制系统研发[D]. 南京: 东南大学, 2020.

撰稿人： 东南大学　罗　斌

4.12 张家口跳台滑雪中心屋盖——大悬挑预应力桁架

设　计　单　位：清华大学建筑设计研究院
总　包　单　位：中铁建工集团有限责任公司
钢结构安装单位：江苏沪宁钢机有限公司
索结构施工单位：南京东大现代预应力工程有限责任公司
索　具　类　型：巨力索具·高钒镀层钢绞线索
竣　工　时　间：2020 年

1. 概况

国家跳台滑雪中心是张家口赛区冬奥场馆建设工程量最大、技术难度最高的竞赛场馆，被形象地称为"雪如意"，由顶峰俱乐部、出发区、滑道区、看台区组成，其中顶部建筑 13374m² （图 4.12-1）。"雪如意"主体结构采用钢筋混凝土框架剪力墙体系，屋顶采用预应力钢桁架结构体系，结构总高度 49m，屋顶钢结构由上下两层圆钢管正交桁架和两层间的立柱及支撑组成，通过转换桁架落在主体结构剪力墙上，用钢量约 2200t。钢结构直径为 78m，中空内圆直径为 36m。钢结构四周均为悬挑，其中两侧悬挑长度为 15.8m，后部悬挑长度 15.1m，前部悬挑长度 37.25m。上下两层正交桁架最大高度均为 3.6m，层间高度 6m。为满足建筑功能要求，层间构件只能设置在外围周边和中空内圆周边及转换桁架所在的两榀主桁架上。

图 4.12-1　张家口跳台滑雪中心

2. 索结构体系

跳台部分由钢构与预应力拉索组成。钢构部分为大悬挑结构，为进一步改善内力和变形情况，在屋面顶部布置拉索系，并通过斜索连在结构上，结构如图 4.12-2 所示。

该工程拉索的索体为 1570MPa 级锌-5%铝-混合稀土合金镀层钢丝拉索（Galfan 钢绞线索）。一端可调，锚具为热铸锚，连接件为叉耳式，见表 4.12-1。

拉索材料和规格 表 4.12-1

拉索	类型	级别/MPa	规格	索体防护	锚具	连接件	调节装置
LS1-1~2	Galfan 索	1570	$\phi95$	Galfan 涂层	热铸锚	叉耳及螺母式	两端可调
LS1-3~4	Galfan 索	1570	$\phi95$	Galfan 涂层	热铸锚	叉耳式	两端可调
LS2-1~4	Galfan 索	1570	$\phi76$	Galfan 涂层	热铸锚	叉耳式	一端可调

拉索系布置示意图如图 4.12-3 所示。

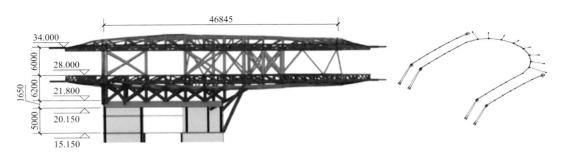

图 4.12-2 跳台结构示意图   图 4.12-3 拉索布置示意图

3. 索结构施工

1）施工重难点

该工程钢结构安装存在超重钢结构构件吊装、大跨度构件拼接、超长悬挑结构临时支撑卸载等重重难题。跳台结构位于山顶，施工现场面积狭小，且工期紧张。该工程钢构件采用分段在工厂加工后运输至现场合拢，设置临时支撑，用两台塔式起重机进行高空散装的方法安装。钢结构按照先主构件后次构件、先下后上的顺序吊装，焊接、检测完成，验收合格后卸载临时支撑。

2）结构施工总体方案

主索与钢结构的连接节点多不承担水平向剪力。主索端依靠索鞍向斜下方向锚固于结构上，径向索仅为辅助索。针对该工程悬挑跨度大、现场施工场地狭小、工期紧张、工程施工条件恶劣等特点及难点，经过多次计算模拟和方案论证，最终确定了更加节约施工工期的先进行临时支撑卸载、后进行预应力施张拉的施工方案如下：①钢构件分段在工厂加工后运输至现场后合拢，设置临时支撑，用两台塔吊进行高空散装；②钢结构部分安装完成后，进行临时支撑卸载；③对称张拉外侧平直索 1；④对称张拉内侧环索 2；⑤浇筑楼板混凝土。

3）拉索现场施工

主要包括两部分：拉索的安装和张拉。

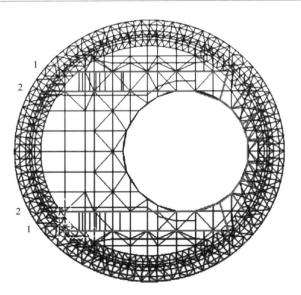

图 4.12-4　张拉顺序示意图

①拉索的安装及拉索与索夹连接

工厂里拉索在初始预张力条件下，按照有应力长度进行生产，并在索体表面标记索夹位置→拉索运输至现场→开盘放索→牵引吊装拉索→将拉索与钢结构安装的索夹进行初步连接→拉索固定端连接结构耳板→在拉索调节端张拉拉索→索夹螺栓终拧。

②拉索的张拉

张拉原则：分两次对称张拉；外侧平直拉索 1 一端张拉；内侧环索 2 两端张拉；各榀一次张拉到位。张拉顺序如图 4.12-4 所示。

单次张拉分级：同一次拉索张拉时应分五级，逐级施加拉力，预紧→20%→40%→60%→80%→100%。

4. 工程图片

图 4.12-5　钢结构拼装　　　　　　　　　图 4.12-6　环索节点

(a) 外侧平直索张拉

(b) 内侧环索张拉

图 4.12-7　拉索张拉

图 4.12-8　全景

撰稿人： 东南大学　罗　斌　阮杨捷

4.13 安庆会展中心展馆屋盖——交叉张弦桁架

设 计 单 位：华东建筑设计研究总院
总 包 单 位：安徽金鹏建设集团股份有限公司
钢结构安装单位：杭萧钢构（安徽）有限公司、山东华亿钢机股份有限公司
索结构施工单位：南京东大现代预应力工程有限责任公司、
南京合则胜建筑工程有限公司
索 具 类 型：坚宜佳·高钒索
竣 工 时 间：2020 年

1. 概况

安庆会展中心是安庆市建设现代化区域性中心城市的重要支撑。安庆会展以塔楼为山，以展厅为云，寓意"天柱流云"，展现安庆本土特色。其以"城市引擎"为设计目标，引领安庆区域发展方向；以"便捷高效"为设计原则，体现会展建筑的时代特征（图 4.13-1）。

安庆会展中心由五个展厅和一个会议中心组成。其中，单个展厅东西向长约 120m，南北向长约 54m；展厅屋顶高低起伏，采用交叉张弦桁架结构；屋脊处建筑高度为 18m，檐口处建筑高度 15.6m。展厅之间设有天窗，天窗通过橡胶隔震支座与展厅连接。

图 4.13-1 安庆会展中心

2. 索结构体系

展厅屋盖采用交叉张弦桁架结构作为屋盖的竖向承重结构。展厅两侧辅助用房，设置钢框架-屈曲约束支撑，并配合支撑屋盖的 V 柱，共同作为结构的抗侧力体系。

展厅两侧辅房钢柱采用工字形截面，钢柱之间设置屈曲约束支撑；屋盖下采用变截面箱形 V 柱；张弦桁架的弦杆及腹杆采用箱形截面；拉索为高钒索，抗拉强度 1670MPa，直径 116mm，索夹采用铸钢制作。

展厅模型示意图如图 4.13-2 所示，辅房标准层结构平面布置图如图 4.13-3 所示，桁架立面图如图 4.13-4 所示。主要构件截面如表 4.13-1 所示。

主要构件   表 4.13-1

两侧辅房构件	V 柱	弦杆、腹杆

钢柱：H350×350×20×30
   H550×500×30×50
钢梁：H600×200×11×17
   H800×300×14×26
   H1000×500×30×40
	柱顶：□400×400×25×25
	柱底：□750×750×25×25
		弦杆：□400×400×25×25
		腹杆：□200×200×18×18

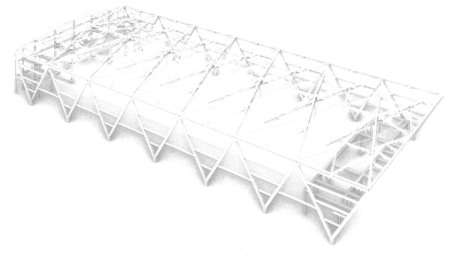

图 4.13-2 展厅模型示意图

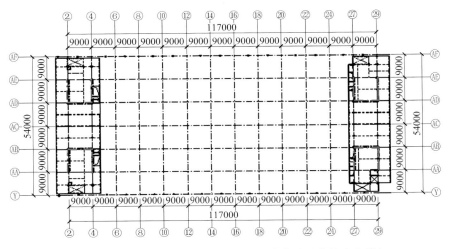

图 4.13-3 展厅标准层平面布置图（红线表示屈曲约束支撑）

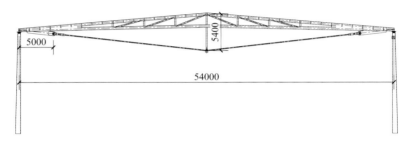

图 4.13-4　张弦桁架立面图

1）屋盖结构体系

展厅屋盖张弦桁架跨度约为 54m，矢高约为 5.4m，桁架的矢跨比约为 1∶10，结合展厅屋面的高低跨，在屋盖结构中设置交叉张弦桁架及交叉支撑（图 4.13-5）。

交叉支撑除保证屋盖的整体性外，还承担了竖向力的传递。与张弦桁架直接相连接的檩条将屋面竖向荷载直接传至张弦桁架，与屋盖交叉支撑相连的檩条，将屋面荷载先传至交叉支撑，再由交叉支撑传至张弦桁架，最后由张弦桁架传至下部主体结构。

展厅屋面屋脊处建筑高度为 18m，檐口处建筑高度约为 15.6m。因此屋面上的交叉支撑（图 4.13-5 中红线所示）形成了拱结构。在竖向荷载作用下，交叉支撑除了承受弯矩作用外，还承受了较大的压力。该项目中交叉支撑截面为 B200×400×16×16，跨度约为 28.5m，矢跨比为 1∶23。通过利用屋盖的坡度，布置交叉支撑形成拱结构，使用较小的截面，实现了更大的跨度。

交叉支撑为屋盖竖向传力的重要一环，在主桁架施工完成之后，应先施工交叉支撑，最后施工檩条等构件。如果施工完成主桁架之后，檩条及交叉支撑同步施工，则会造成檩条及屋盖支撑挠度过大，可能会影响建筑使用。

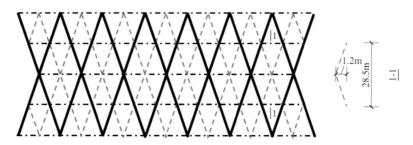

图 4.13-5　屋盖支撑布置示意图（实线为张弦桁架，虚线为交叉支撑，单点长划线为纵向支撑）

2）屋盖风洞试验

安庆会展屋面跨度较大，约 54m，且屋面结构复杂、高低起伏，为了保证结构安全，安庆会展展厅进行了风洞试验。风洞试验由同济大学防灾国家重点实验室结构风效应研究室完成。

风洞试验数据表明，在风荷载作用下，屋盖受到风吸作用为主，屋盖的两端局部存在风压作用。风荷载标准值如图 4.13-6 所示。

3）拉索索力确定

拉索拉力大小直接影响了张弦桁架的受力性能，因此对于张弦桁架选取合理的拉力是必要的。对于该结构而言，拉索未设置预拉力时，张弦桁架弯矩如图 4.13-7 中实线所示所示。拉索施加预拉力后，张弦桁架弯矩如图 4.13-7 中的虚线所示。

当张弦桁架的半跨中间弯矩等于整跨跨中弯矩时，即 $M_B = M_C = M_A$ 时，张弦桁架受力最为合理，最为经济。对于该项目，拉索初始预拉力为 1000kN。

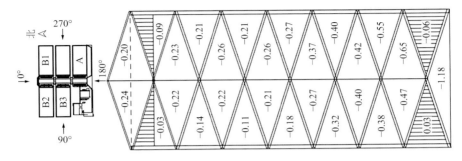

图 4.13-6 风洞试验，屋盖风荷载标准值

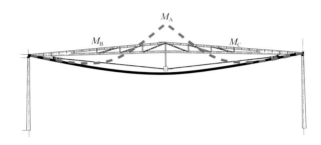

图 4.13-7 张弦桁架弯矩示意图

4）节点设计

①桁架节点

主桁架交汇处处，杆件相交数量较多，为保证建筑美观以及现场施工质量，节点采用铸钢节点（图 4.13-8），一体浇筑。

②索夹节点

安庆会展中心张弦桁架的拉索为折线形。为避免转折处拉索与索夹产生应力集中，损坏拉索，根据《Eurocode 3-design of steel structures》要求，索夹半径应大于 30 倍的拉索直径或者 400 倍的钢丝绳直径。索夹节点见图 4.13-9。

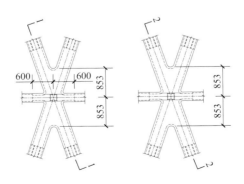

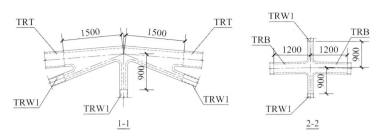

图 4.13-8　桁架节点

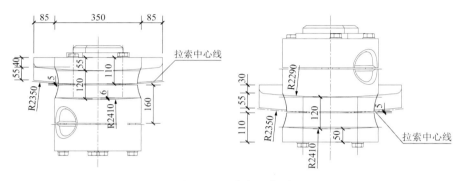

图 4.13-9　索夹示意图

③钢球铰节点

张弦桁架与下部主结构为铰接节点，采用钢球铰连接。节点示意图见图 4.13-10。

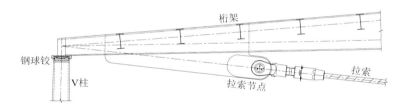

图 4.13-10　钢球铰示意图

3. 索结构施工

张弦桁架由上弦刚体、下弦拉索及其之间的撑杆构成。通过对拉索施加预应力，以达到改变结构受力状态，提高结构刚度，控制结构变形的目的。

根据安庆会展结构的特点，拉索张拉时应注意以下内容：

①安庆会展中心拉索撑杆与桁架为刚接，撑杆不可摆动，且拉索受力后不可在索夹中滑动，因此对于拉索，需两侧同时张拉。张拉设备见图 4.13-11 和图 4.13-12。

②拉索张拉顺序为由两端向中间对称张拉，见图 4.13-13。

张拉顺序：34/36 轴区间（第 1 根）→34/36 轴区间（第 2 根）→44/46 轴区间（第 1 根）→44/46 轴区间（第 2 根）→42/44 轴区间（第 1 根）→42/44 轴区间（第 2 根）→36/38 轴区间（第 1 根）→36/38 轴区间（第 2 根）→38/40 轴区间（第 1 根）→38/40 轴区间（第 2 根）→40/42 轴区间（第 1 根）→40/42 轴区间（第 2 根）。

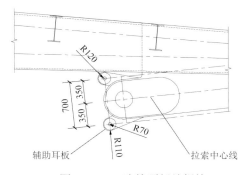

图 4.13-11 连接耳板处焊接
张拉辅助耳板

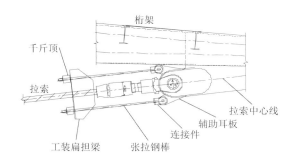

图 4.13-12 张弦梁叉耳式热铸锚
双千斤顶张拉工装

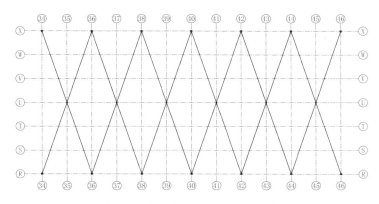

图 4.13-13 拉索张拉顺序示意图

③在成品索超张拉时，取 1 根作弹性模量试验检测，试验方法为利用超张拉检测时取得的索力与索长变化的数据，算出拉索的抗拉弹性模量。该项检测在实型索上进行，不属于型式检验，主要用于科学地指导拉索施工。

值得注意的是：施工前期的索力和撑杆轴力相对较大，随着对最后一榀的张拉，整体的索力和撑杆轴力有较为明显的下降。

4. 工程图片

图 4.13-14 安庆会展中心竣工后外景

图 4.13-15　安庆会展中心竣工内景一

图 4.13-16　安庆会展中心竣工内景二

参考文献

[1]　丁阳，岳增国，刘锡良. 大跨度张弦梁结构的地震响应分析[J]. 地震工程与工程振动，2003, 23(005): 163-168.

[2]　孙文波. 广州国际会展中心大跨度张弦梁的设计探讨[J]. 建筑结构，2002, 32(2): 54-56.

撰稿人： 华东建筑设计研究院有限公司　黄永强　闫泽升　周　健

4.14 枣庄市民中心一期外罩——异形大跨度单层索网

设　计　单　位：上海联创设计集团股份有限公司、
上海建筑设计研究院有限公司
总　包　单　位：枣庄矿业（集团）有限责任公司
钢结构安装单位：浙江东南网架股份有限公司
索结构施工单位：北京市建筑工程研究院有限责任公司
索　具　类　型：巨力索具·高钒拉索
竣　工　时　间：2022 年

1. 概况

枣庄文化中心（一期）外罩索膜结构工程位于山东省枣庄市，包括外罩钢结构和屋面索膜结构两部分，外罩平面为椭圆形，椭圆长轴 240m，短轴 188m，钢结构部分由顶部桁架环梁和支柱构成。外罩的顶部环梁内为张拉索网结构，索网上悬挂大小不等圆形膜材单元（图 4.14-1）。

图 4.14-1　枣庄文化中心（一期）外罩索膜结构

2. 索结构体系

索网结构平面布置图如图 4.14-2 所示，结构立面图如图 4.14-3 所示。

该工程拉索包括 5 个部分，分别是外围钢构里布置的拱门拉索、屋盖索膜体系里的主索、边索、联系索、锚地索。各位置拉索的规格及预应力参数如表 4.14-1 所示。

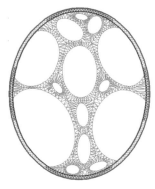

图 4.14-2　索网平面布置图　　　　　　　　图 4.14-3　结构立面图

拉索的规格　　　　　　　　　　表 4.14-1

名称	规格	拉索类型
拱门拉索	D50	高钒索
锚地索	D32	高钒索
主索	D60	高钒索
边索	D36	高钒索
联系索	D36	高钒索

3. 索结构施工

该工程的一大难点是：需要在既有建筑狭小空间下完成多圈环索单层索网施工。

1）施工组织总体思路

①总体思路：主索交点处搭设操作平台，高空拼装主索索网，牵引主索就位；地面组装联系索和边环索，以主索为边界，提升联系索就位；以钢环梁为边界条件，提升边环索就位。最后安装张拉锚地索对结构施加预应力。

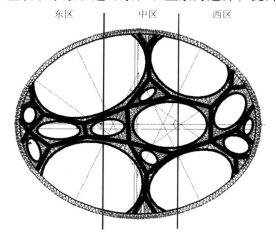

②总的施工原则：将索系作为膜结构的骨架，即先施工索系（含主索、边索、联系索、锚地索）再施工膜结构。

③施工布局：在布局上，将索系分为三大区域进行联系索和边索组装，沿着短轴（图 4.14-4 所示紫色线）将索系分为东区、中区和西区，三个区分开施工。

④主索安装思路

首先进行测量放样，将主索交接点的地面投影位置进行定位，根据定位点搭设脚手

图 4.14-4　拉索施工分区

架，搭好主索交点的操作平台后，高空拼装主索索网，采用提升千斤顶将主索网就位。

⑤边索和联系索施工思路

将部分边索在分割线位置设置连接头，在地面上将边索和联系索与主索相连，以主索系为边界提升联系索就位，以环梁为边界对边索提升就位。

⑥提升思路

先提升主索系进行牵引就位，联系索与边索地面拼装完成，将联系索和边索利用工装索加长，先提升联系索的工装索将联系索提升到指定高度和主索相连，然后提升边索工作索将边索提升到指定高度与环梁连接。

⑦撑杆安装就位

整个屋盖索系安装完成后，安装撑杆，先连接撑杆的上端点，然后连接撑杆的下端点。

⑧锚地索就位

屋盖索网张拉成形后，撑杆安装完成后，张拉锚地索就位。

2）索系安装施工方案

①主索系安装

主索系操作平台搭设。在主索系地面投影的交点处搭设操作平台，采用脚手架搭设支撑，部分架体从地面搭设。部分架体从楼面搭设。具体搭设示意于图4.14-5。

②主索系拼装并同步牵引至与环梁连接并张拉到位（图4.14-6）

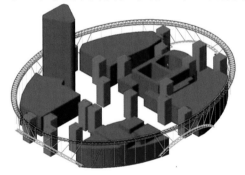 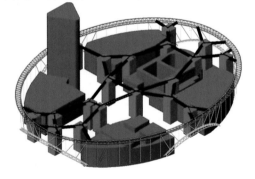

图4.14-5　主索交点处脚手架平台　　　　图4.14-6　主索系拼装并同步牵引至
　　　　　搭设示意图　　　　　　　　　　　　　与环梁连接并张拉到位

③联系索及边索地面拼装

拼装过程分三个区同时进行，局部位置在楼面进行拼装（图4.14-7）。

④提升并安装联系索及边索

先提升联系索与主索相连、同步提升边索和部分联系索于环梁相连并张拉到位（图4.14-8）。

⑤索系和环梁连接

主索提升工艺。在环梁的15个主索锚固点处设置提升装置，对主索系进行提升。自主研发的同步提升控制系统获得国家专利，并在多个重物提升、结构卸载的实际工程中得到成功应用，通过电脑控制可以大大降低施工风险，为结构安装精度提供了有效的技术保证。图4.14-9和图4.14-10为同步提升控制系统在实际工程中的应用图片以及设备图片。

⑥边索与联系索地面连接

边索与联系索在地面拼装，有局部不连续的位置搭设脚手架做支撑进行连接，地面拼装分三个区进行，然后在分界点对边索连接到位（图 4.14-11）。

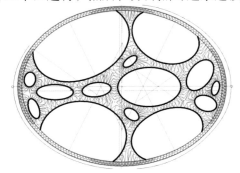 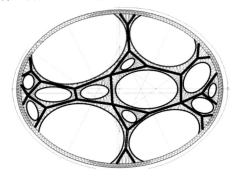

图 4.14-7　联系索及边索地面拼装　　　　图 4.14-8　提升并安装联系索及边索

图 4.14-9　提升端　　　　　　　　　　图 4.14-10　泵站

在东区和中区交界处，以及中区和西区交界处有部分边索和联系索断开，此时需要借助起重机在高空将边索和联系索连接。

⑦主索张拉

拉索连接完毕以后，需要对主索进行张拉，以调整结构的位形，张拉工艺采用油泵、张拉工装和千斤顶进行。

每次同时张拉 15 根拉索，共有 30 个千斤顶同时张拉，因此控制张拉的同步是保证结构受力均匀的重要措施。控制张拉同步有两个步骤：首先在张拉前调整索体到安装节点板的距离，使距离相同，即初始张拉位置相同；第二在张拉过程中将每级的张拉力在张拉过程中再次细分为小级，在每小级中尽量使千斤顶给油速度同步，在张拉完成每小级后，所有千斤顶停止给油，测量索体与节点板间的距离值。如果索体的距离值不同，则在下一级提升张拉的时候，距离大的拉索首先张拉出这个差值，然后对其余索再给油。如此通过每一个小级停顿调整的方法来达到同步的效果。

撑杆和锚地索的作用是使索系呈现高低起伏的结构形态，并使结构产生有效的预应力以抵抗外荷载。该工程锚地索一共 4 根，利用放索盘进行放索，利用起重机进行安装，最后通过油泵、千斤顶和张拉工装进行张拉。4 根锚地索同时张拉，张拉工艺同主索张拉。

拱门拉索从 16～24m 不等，距离地面高度 6～15m 不等，拉索规格 ϕ50，可以利用起重机配合倒链进行安装。张拉可以采用对称张拉的方式，一次张拉对称位置的 2 根拉索，每个拱门拉索分 4 批张拉完成（图 4.14-12）。

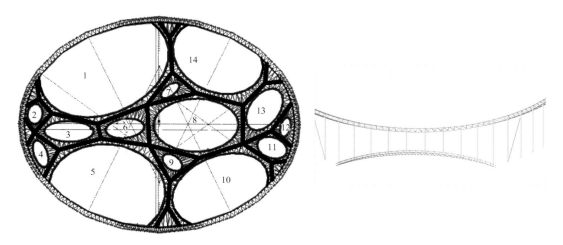

图 4.14-11 边索与联系索地面连接　　　图 4.14-12 拉索安装与对称张拉

4. 工程图片

图 4.14-13 拉索张拉完成一　　图 4.14-14 拉索张拉完成二

图 4.14-15 外罩全景

参考文献

[1] 袁英战, 章一平, 尧金金, 等. 枣庄市市民中心一期工程单层索网结构深化设计及施工技术[C]//第十七届空间结构学术会议论文集, 2018.

撰稿人: 北京市建筑工程研究院有限责任公司　鲍　敏　王泽强

5

环保封闭建筑

我国煤矿、火力发电厂、冶金、焦化、煤炭发运站、铁路货场等企业煤场、料场曾经普遍是露天状态，扬尘导致的周边区域大气污染物排放总量居高不下，不仅造成大量的物料损失，同时也污染了周边环境，成为舆论及民众关注的焦点，威胁人民群众身体健康。

2013年国务院印发的《大气污染防治行动计划》（国发〔2013〕37号）中第一条第二款明确指出"深化面源污染治理。大型煤堆、料堆要实现封闭储存或建设防风抑尘设施"。此后曾经推行了一段时间的防风网建设，但效果欠佳。于是对煤场、料场实行封闭的建筑需求大增。

一段时间里，球面网壳和三心圆柱面网壳成为料场封闭大棚的主流，跨度已做到120~140m。然而，现实中在用的煤场尺寸要大得多，而且往往不能停工，更不用说留出场地进行基础施工。于是，合理地引入拉索，探索适合更大跨度料场封闭的结构形式成为必然。

近年的工程实践中，张弦拱桁架成为主要的应用形式，已经成功地进行了单跨跨度超过240m、双跨跨度超过330m的工程实践。随着布索方式的不同，还有多阶次预应力拱桁架、索拱桁架等做法的创新。由于跨度超大，施工中吊装技术、累积滑移技术、预应力张拉技术也在工程实践中有了巨大的进步。

本章收录的项目虽不多，已经能够涵盖近年建成的有特色的大型环保封闭建筑的工程实践。

5.1 方家庄电厂干煤棚——张弦拱桁架

设　计　单　位：哈尔滨工业大学建筑设计研究院有限公司
总　包　单　位：江苏恒久钢构有限公司
钢结构安装单位：江苏恒久钢构有限公司
索结构施工单位：江苏恒久钢构有限公司
索　具　类　型：巨力索具·外包 PE 镀锌钢丝索
竣　工　时　间：2018 年

1. 概况

　　方家庄电厂超大跨度干煤棚位于灵武市东南约 48km、宁东镇以南约 37km、马家滩镇西北 11.35km 处（图 5.1-1）。干煤棚结构由主受力预应力拱桁架、横向联系桁架、支撑和山墙桁架组成。主桁架采用单向张弦拱桁架结构，其最大跨度为 229m，桁架间距 15m。桁架最高点 51.3m，沿拱平面外设置 9 道纵向联系桁架和 5 道支撑，用来增加拱桁架的侧向刚度，并提高结构的整体刚度。山墙桁架最高点标高 51.3m，与拱桁架共同形成封闭的煤棚结构受力体系。拉索采用 1670 级，主体结构管材采用 Q355B。围护结构为彩色涂层钢板，设有屋面采光带。

图 5.1-1　方家庄电厂干煤棚

2. 索结构体系

　　张弦拱桁架结构基本受力概念来源于张弦梁结构，其基本原理是将上弦抗弯刚度较大的刚性构件通过撑杆与下弦高强度拉索组合在一起，形成自平衡的受力体系，自重较轻，可以跨越很大空间，是一种大跨度预应力空间结构体系，也是混合结构体系发展中一个成功的创造。张弦梁结构最初是由"将弦进行张拉，与梁组合"这一基本形式而得名。随着对张弦梁结构的深入理解及对其受力特点的探究，也出现其他形式的张弦梁结构。但各种形式张弦梁结构在组成上具有共同点，那就是均通过撑杆连接抗弯受压构件（如梁、拱）和抗拉构件（如弦）。所以张弦梁结构暂定义为：用撑杆连接抗弯受压构件和抗拉构件，通过在抗拉构件上施加预应力，减轻压弯构件负担的自平衡体系。

传统的干煤棚结构多采用三心圆断面，这种体型较为符合堆煤的外形需求和大跨度结构受力要求，比平板形和折拱形更适合用于干煤棚结构。随着跨度的不断增大，三心圆构造则会导致煤棚跨中断面的高度过高而造成空间上的浪费，而且会增加侧向风荷载作用，因此跨中断面需要变得更加扁平，仅仅满足屋面排水需求即可，但过于扁平的屋面将使得结构利用形状将弯曲作用转化为拱面内受力的能力减弱，竖向刚度不足，这时如引入预应力拉索，利用撑杆与上部刚性桁架相连，提供弹性支撑作用，将会显著改善竖向刚度，提高承载力，同时预应力拉索也将平衡一部分支座反力。而在风荷载作用下，水平索也可以兼顾抗风索的作用，起到事半功倍的效果。张弦拱架的传力路径如图 5.1-2 所示。

恒、活荷载作用下　　　　　　　　　　　　　风荷载作用下

图 5.1-2　张弦拱桁架传力路径

当干煤棚的水平抗侧刚度较弱，风荷载易占主导作用时，往往可以增加斜向的预应力拉索，拉索的布置方式很像翻绳游戏，施加了预应力的钢索，能够同时提高原结构在竖向和水平向的承载力。同时也可以将风荷载作用通过斜向预应力拉索传递给桁架柱，缩短力流的传递路径，使得结构受力更为简洁。

超大跨度三心圆张弦拱桁架干煤棚结构普遍采用三角形或四边形立体空间桁架，或者两者的组合形式。在拱形桁架反弯点附近增加弧形或直线形预应力拉索，拉索与桁架间通过撑杆连接，上部的拱形桁架由上、下层弦杆及腹杆组成，弦杆又称主管，腹杆又称支管，杆件一般采用圆管截面，在节点处采用钢管直接焊接的相贯节点，具有节点形式简单，外形简洁、大方等优点，也能有效减少管材接头，其耗钢量可接近网架结构；这种节点形式目前施工与加工技术成熟，相贯线切割采用数控机床，切割精度高、现场安装定位准确、便捷，多榀桁架的连接相互之间不受施工顺序和场地的影响，可有效提高施工效率。主管直径较粗且连通，便于支管相贯焊接，尽量避免相邻支管间焊接线相碰，也有利于防锈与清洁维护；钢管结构的另一方面优点是圆管的对称截面，有利于单一杆件的稳定设计，而且管形截面的抗扭性能好，抗弯刚度也比较大；钢管的外表面积相对同样承载性能的开口截面钢构件往往要小，这就减少了防腐、防火涂层的材料消耗和涂装工作量。对于拱形桁架，圆管的冷弯成形也比较容易，便于曲线形桁架的加工。此外，管结构的计算设计也较为简便，节点种类较少，便于利用解析公式求解节点承载力。

干煤棚一般平面呈矩形布置，因此可采用主体预应力张弦拱桁架和纵向正交联系桁架结构组成，两者均为主要受力系统，发挥空间结构整体受力作用。当煤棚内需要布置多台斗轮机同步工作，结构的跨度较大时，需要有更大的竖向刚度和水平刚度，而一味增加截面高度和管件截面则非常不经济，此时，结构体系中除水平拉索外，也可以增加斜向拉索。

针对该项目的特点与难点，同时考虑到结构的经济性与施工的复杂性，充分利用网壳结构的性能特点，将索拱结构与网架结构结合，利用了拉索受拉性能优异和拱结构良好的受压和抗侧能力。结构组成示意图见图 5.1-3，剖面示意图见图 5.1-4。主桁架构件截面由支座的四肢管桁架在拉索处变为三肢管桁架（图 5.1-5）。张拉节点见图 5.1-6。各关键节点示意见图 5.1-7，结构主要构件材质与数量见表 5.1-1。

主要构件材质与数量　　　　　　　　　　　　　表 5.1-1

构件	材质	单位	数量
主桁架、次桁架	Q355-B	t	3590
支撑	Q355-B 圆钢拉杆	t	61.3
拉索	双 PE 拉索抗拉强度不小于 1670N/mm²，接头及锚具防腐采用热浸锌处理	t	54.9
合计			3706.2

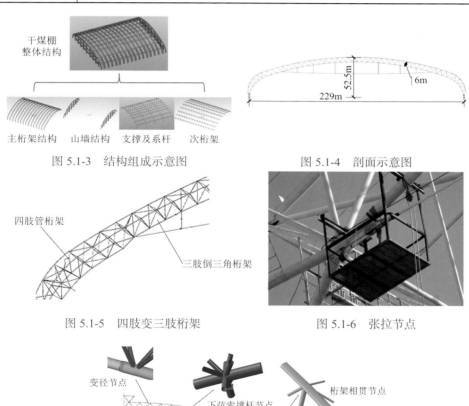

图 5.1-3　结构组成示意图　　　　　　　图 5.1-4　剖面示意图

图 5.1-5　四肢变三肢桁架　　　　　　图 5.1-6　张拉节点

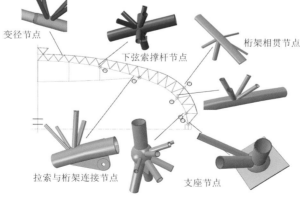

图 5.1-7　关键节点示意图

该结构跨度大，对风荷载作用敏感，采用风洞试验确定其风压系数。采用 MIDAS Gen、

ANSYS、ABAQUS、3D3S 等多种结构计算软件进行对比分析（部分计算结果见图 5.1-8）。主要计算内容包括：①静力及多遇地震组合分析；②小震作用反应谱分析；③整体稳定分析；④断索分析；⑤结构实体有限元分析；⑥罕遇地震动力弹塑性时程分析等。

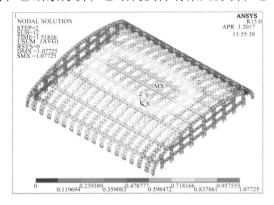

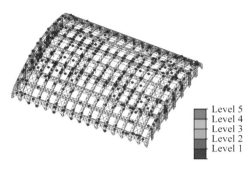

(a) 整体稳定分析（恒＋活荷载作用下极限状态位移）　　　(b) 大震作用下塑性铰分布图

(c) 风洞试验模型　　　(d) 节点有限元分析

图 5.1-8　部分计算结果

3. 索结构施工

该工程的张弦拱桁架采用原位分段拼装张拉的施工方法。按自一端向另一端拼装张拉，即由 18 轴线向 1 轴线拼装；张弦拱桁架分为五段吊装，于拼装位置下方设置支撑架，支撑架为双肢，均设置于张弦拱桁架的上弦杆处，每榀张弦拱桁架作为一个张拉单元（图 5.1-9）。

(a) 主桁架分五段拼装　　　(b) 自一端向另一端逐榀拼装张拉并拆除支撑

图 5.1-9　施工张拉方案示意

为了减小相邻张弦拱桁架间张拉时的相互影响，相邻两个单元之间在张拉前只是将端部的纵向桁架相连且纵向桁架主弦杆不进行满焊，张拉完毕后再进行满焊，这样在张拉时纵向桁架只对张弦拱桁架侧向稳定提供支撑，不约束桁架张拉过程中的竖向变形，也减少了相邻两榀间的互相影响。中间的三道纵向桁架需等两个单元均张拉完毕后再相连。

在张拉完一个单元以后即拆除这个张拉单元的支撑架，待张拉完四榀桁架后就开始安装屋面檩条，屋面檩条待每榀张拉完成以后并且两榀之间的纵向桁架安装好以后再安装。

4. 工程图片

图 5.1-10　主结构安装

图 5.1-11　山墙安装

图 5.1-12　屋面板安装

参考文献

[1] 曹正罡, 韩华锋, 刘海峰, 等. 超大跨预应力钢结构干煤棚设计理论与应用技术[C]//空间结构分会第七届会员代表大会暨第十六届全国空间结构技术交流会特邀报告. 中国钢结构协会空间结构分会, 2019.5, 北京.

[2] 曹正罡. 干煤棚网格结构设计与施工技术历史回顾与展望[C]//首届全国网架结构产业技术交流会特邀报告. 山西省土木建筑学会钢结构与空间结构专业委员会, 山西省钢结构协会, 汾阳市政府, 2019.11, 山西汾阳.

撰稿人： 哈尔滨工业大学建筑设计研究院有限公司　　刘海峰　毛小东
哈尔滨工业大学土木工程学院　　　　　　　　曹正罡　武　岳

5.2 钦州电厂二期封闭煤棚——多阶次预应力拱桁架

设 计 单 位：中国航空规划设计研究总院有限公司

总 包 单 位：浙江东南网架股份有限公司

钢结构安装单位：浙江东南网架股份有限公司

索结构施工单位：北京市建筑工程研究院有限责任公司

索 具 类 型：巨力索具·高钒拉索

竣 工 时 间：2018 年

1. 概况

广西钦州电厂二期扩建工程（2×1000MW）封闭煤场钢结构工程为当时国内最大跨度的煤棚，设计采用技术先进的预应力拱桁架结构方案，结构跨度达到 199m（支座间净跨191m），桁架间距 30m，单榀预应力拱桁架重量达 450t。封闭式煤场纵向长度 252m，建筑面积约 4.8 万 m²，建筑总高度约 58m。主结构采用四边形拱桁架共 9 榀，桁架上弦宽度为 6m，下弦宽度为 4m。桁架下部设置预应力张弦索及斜拉索，通过 V 形撑杆相互连接，张弦索最大垂高 12m，张弦索、斜拉索与拱桁架共同作用，形成多阶次预应力结构体系（图 5.2-1）。

图 5.2-1　钦州电厂煤棚

2. 索结构体系

该工程结构平面、剖面及三维轴测图见图 5.2-2～图 5.2-4。

①该工程拉索沿着主桁架下弦布置，主要作用为平衡张弦桁架对两侧柱子的推力，由于张弦桁架两侧的支座为固定铰支座，设计方对支座的抗剪、抗拉、抗压提出了明确的要求，因此预应力的施加需满足设计意图，即减小张弦桁架对支座的推力，以改善结构的受力性能。

②该工程钢结构采用"分段吊装＋分区提升"的施工方案，施工过程分为桁架拼装、

同步提升、拉索张拉、屋面施工等几个状态。拉索索力在各个状态各不相同,为达到设计要求的结构位形、结构内力、支座位置及受力,预应力的施加是一个关键工序,因此需要对施工全过程进行施工仿真计算并在施工中进行全过程施工监测确保施工过程的安全和质量。

③该工程结构最大跨度191m,张拉施工过程中需保证结构为稳定的受力单元,防止张拉时结构失稳。

④提升区桁架提升时,须对张弦索进行预紧,以保证桁架能够准确就位。

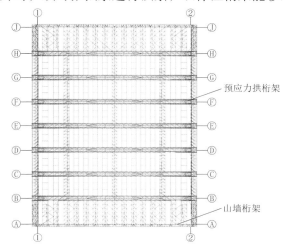

图 5.2-2　结构平面桁架布置图

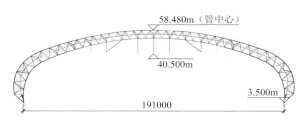

图 5.2-3　预应力拱桁架剖面图

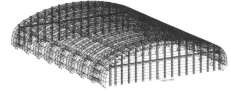

图 5.2-4　整体结构三维轴测图

3. 索结构施工

1)总体思路

拉索安装和张拉施工穿插在钢结构的安装过程中,总体思路为:提升区桁架安装过程中安装桁架下方双索及次桁架拉索,提升区桁架全部安装完成形成稳定单元后,对张弦主索及次桁架拉索进行预紧,接着提升桁架;待桁架提升并连接就位后安装主桁架下方斜拉索,结构全部焊接完成后,进行第二次张拉,每次张拉一榀,最后张拉次桁架水平拉索。

对于1区钢结构的施工结构分区如图5.2-5所示,2区钢结构的施工流程同1区。1区、2区钢结构安装完成后进行后补区桁架安装,接着安装1区、2区山墙次桁架,最后张拉次桁架水平拉索。

2)张拉分级及分批

拉索张拉施工分两个过程:提升过程和张拉成形过程。

提升前，对提升区主桁架拉索和次桁架拉索进行预紧，通过与主桁架提升点的共同作用，保证提升区桁架端部杆件与吊装区桁架杆件准确拼接，也即提升过程中桁架端部的水平位移基本为零。

各区结构拼装完毕且焊接检验合格以后，对张弦主索、斜拉索和联系索张拉至设计初拉力。

根据设计要求，与斜拉索相对应的张弦腹杆（F19）需在张弦主索张拉完成后再安装，故首先张拉张弦主索，再张拉斜拉索，最后张拉次桁架水平拉索至设计内力，所有张拉均一级张拉到位。提升区中部吊点卸载后，应根据索力监测结果对张弦主索内力进行调整。

提升过程中，提升 1 区张弦桁架拉索自 E-E 轴到 H-H 轴逐榀预紧，提升 2 区张弦桁架拉索自 B-B 轴到 D-D 轴逐榀预紧。

结构张拉成形过程中，张弦主索和斜拉索分区进行张拉。1 区结构自 E-E 轴到 H-H 轴逐榀张拉，2 区结构自 B-B 轴到 D-D 轴逐榀张拉。

结构张拉成形过程中，次桁架拉索张拉中部水平拉索，两侧斜向拉索被动受力。次桁架水平拉索张拉顺序（图 5.2-6）：吊装 1 区→吊装 2 区→吊装 1'区→吊装 2'区→提升 1 区→提升 2 区→提升 1-2 区。

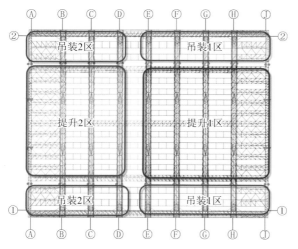

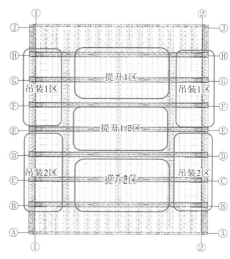

图 5.2-5　结构分区示意图　　　　　图 5.2-6　次桁架拉索安装重新分区

4. 工程图片

图 5.2-7　钢结构提升

图 5.2-8 钢结构提升就位

图 5.2-9 预应力主桁架逐榀张拉成形

参考文献

[1] 周烽炜, 沈晓飞. 广西钦州电厂二期扩建工程封闭煤场预应力拉索钢桁架施工关键技术 [C]//第七届全国钢结构工程技术交流会论文集, 2018. 8: 322-326.

撰稿人: 北京市建筑工程研究院有限责任公司　鲍　敏　王泽强

5.3 迪拜哈翔电厂封闭储煤棚——索拱桁架

设　计　单　位：哈工大建筑设计研究院
总　包　单　位：中建科工集团有限公司
钢结构安装单位：中建科工集团有限公司
索结构施工单位：南京东大现代预应力工程有限责任公司
索　具　类　型：坚宜佳·PE 钢丝束索
竣　工　时　间：2018 年

1. 概况

迪拜哈翔清洁燃煤电厂 1 号干煤棚长度 677m，跨度 122m，占地面积约 8.3 万 m^2，相当于 12 座标准足球场的面积。单座煤场储煤量 57 万 t，能够至少满足 2 台 60 万千瓦机组连续满负荷运行 45 天，是世界同类电站当中，单体面积最大的封闭储煤棚。该工程能够提供迪拜地区 1/3 的电力供应，进一步促进当地经济的发展。按照国际标准和环保要求，煤棚采用三角形管桁架加下拉索的索拱桁架形式，结构轻盈美观，用钢量约 8100t，总重与巴黎埃菲尔铁塔相当，高强度钢拉索全长达 7800m。见图 5.3-1。

图 5.3-1　迪拜哈翔电厂封闭储煤棚

2. 索结构体系

1）结构整体概况

屋盖索拱桁架结构由上部拱桁架、下弦索及其之间的拉杆构成（图 5.3-2、图 5.3-3）。通过布置和张拉下弦索，优化结构内力状态，提高结构刚度，平衡支座全部或部分推力，控制结构外形尺寸（矢高或跨度等）。由于索拱桁架为对称结构，每一榀索拱桁架由 3 种 6 个索节点与 5 根索节点间的拉索构成。拉索材料和规格见表 5.3-1。

图 5.3-2　索拱桁架结构正视图　　　　图 5.3-3　迪拜煤棚钢结构三维图

拉索材料和规格   表 5.3-1

构件	材料	规格	标称破断荷载/kN
下弦索	PESϕ5 × 151 半平行钢丝束索	ϕ83	4591

2）结构重难点

①拱桁架结构的特点是结构跨度大、弦杆应力分布不均、水平支座反力大，同时由于储煤结构对净空有要求，布索位置不能过低。为减小拱桁架挠度、提高刚度及整体稳定性，降低支座水平反力，同时使杆件内力分布更趋均匀、材料强度得到充分利用，该工程采用落地索拱结构，与传统的张弦梁结构相比，受力性能指标最优且最为美观，能够克服大跨度钢拱结构截面较大、用钢量偏高的缺点，同时又能满足轻巧明快、简洁通透的建筑效果，保持较高的室内净空。

②该工程下弦索单根长度和重量都较大，且位于高空，这给下弦索安装带来较大的不便。下弦索安装通过卷扬机和起重机将地面展开的下弦索牵引提升至高空，与撑杆底端和端头锚固节点连接。钢结构拼装胎架应与下弦索安装工艺协调，采用双塔架，以保证双塔架之间的空档（≥1.0m）便于拉索从地面升至高空。为保证下弦索张拉时上弦拱桁架的侧向稳定性，相邻两榀拱桁架及其纵向联系全部安装后，同时张拉两榀下弦索。

3. 索结构施工

1）总体施工顺序

总体施工顺序为自中间向两侧分步依次施工，每一步同时安装对称的四榀桁架，保证 B/C 区同步施工，A/D 区同步施工，见图 5.3-4～图 5.3-13。每一施工分步包括：

①搭设支撑胎架，吊装上弦拱桁架、撑杆，并随钢构拼装安装下弦索。下弦索安装采用汽车起重机和举人车，分别将三根拉索安装至设计位置，并将索头与耳板连接，见图 5.3-4。

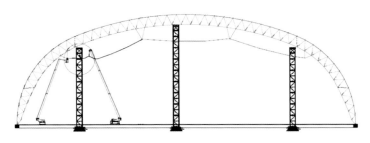

图 5.3-4　下弦三索安装示意图

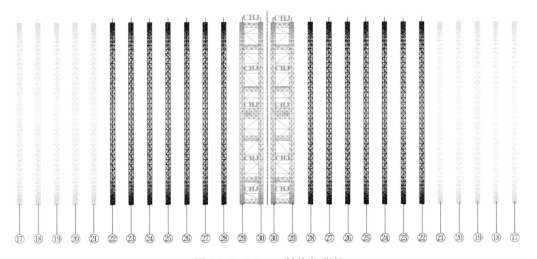

图 5.3-5　29、30 轴桁架张拉

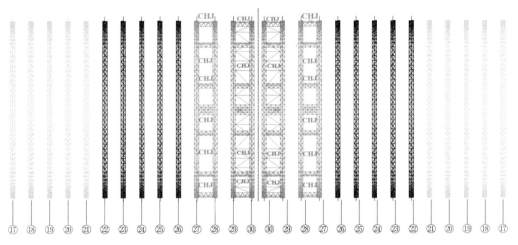

图 5.3-6　27、28 轴桁架张拉，29、30 轴胎架拆除

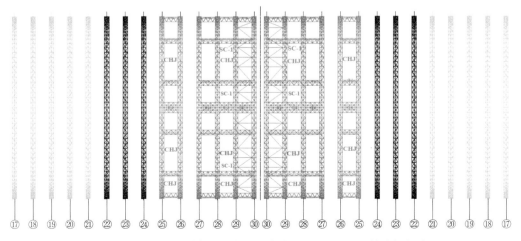

图 5.3-7　25、26 轴桁架张拉及次桁架预留，27、28 轴胎架拆除

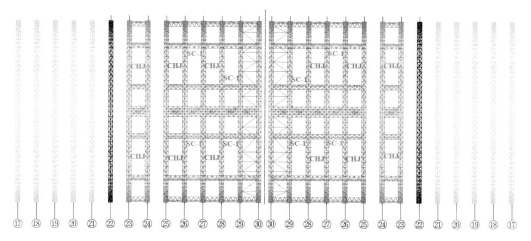

图 5.3-8 23、24 轴桁架张拉及次桁架预留，25、26 轴胎架拆除

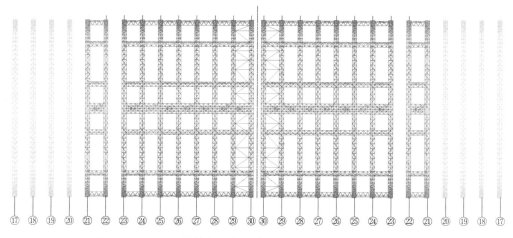

图 5.3-9 21、22 轴桁架张拉及次桁架预留，23、24 轴胎架拆除

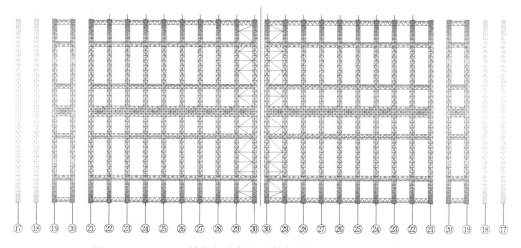

图 5.3-10 19、20 轴桁架张拉及次桁架预留，21、22 轴胎架拆除

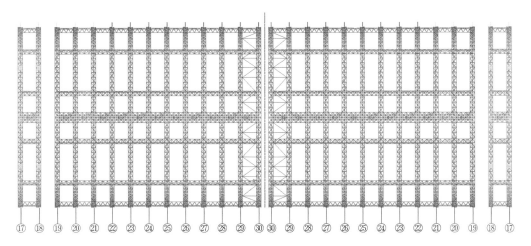

图 5.3-11　17、18 轴桁架张拉及次桁架预留，19、20 轴胎架拆除

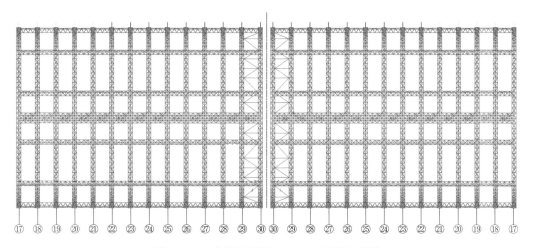

图 5.3-12　次桁架预留，17、18 轴胎架拆除

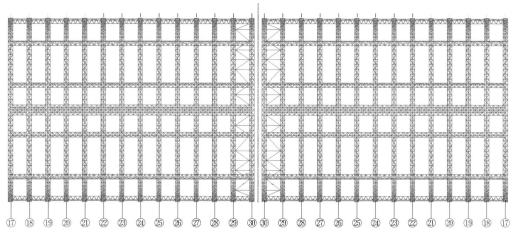

图 5.3-13　次桁架预留

②进行下弦索第一阶段张拉，卸载胎架。

③进行下弦索第二阶段张拉，拆除支撑胎架。

④安装纵向联系次桁架。

⑤安装屋面檩条等。

2）下弦索张拉方法

①张拉方案：中间两个下弦索节点采用索夹形式，两端节点仍采用节点板。张拉方案为两侧下弦索一端张拉，中间下弦索两端张拉。

②张拉时机：钢构件和支座全部安装到位之后，分两阶段张拉：

第一阶段：在胎架上张拉（张拉力根据施工过程分析确定）；

第二阶段：胎架卸载后张拉至设计索力。

③张拉要求：同一拼装单元内的2榀共6根索同步分级张拉。

④下弦索张拉控制项目及其目标

下弦索张拉控制采用双控原则：控制索力和变形，以控制索力为主。

控制目标为：张拉锚固后的索力达到施工分析理论张拉力。

4. 工程图片

图 5.3-14 上部拱桁架安装

图 5.3-15 下弦索安装现场

图 5.3-16 张拉完成

参考文献

[1] 杨大彬，张毅刚，吴金志. 新型落地索拱结构及其力学性能分析[J]. 建筑结构学报，2011(8): 51-58.

撰稿人：东南大学　罗　斌

5.4 曹妃甸球团料场封闭大棚——张弦拱桁架

设 计 单 位：北京首钢国际工程技术有限公司
总 包 单 位：北京首钢国际工程技术有限公司
钢结构安装单位：北京首钢建设集团有限公司
索结构施工单位：北京首钢建设集团有限公司
索 具 类 型：巨力索具·半平行钢丝束外包PE索
竣 工 时 间：2020年

1. 概况

首钢京唐钢铁联合有限责任公司球团料场改造封闭工程位于河北省曹妃甸工业区。项目从节能环保、绿色生产等设计理念出发，通过在首钢京唐钢铁联合有限责任公司厂区内露天原料厂上方新建拱形钢结构大棚，实现物料的全封闭生产管理，控制粉尘污染。大棚主体结构采用张弦拱桁架结构体系，圆钢管桁架主体截面为三角形，拉索采用半平行钢丝束外包PE，支座采用球形铰支座。项目整体跨度为245m，长度650m，最高标高约为63.7m，项目建成后成为当时世界最大单跨跨度的张弦拱桁架建筑，被称为"世界第一跨"。见图5.4-1。

图 5.4-1 曹妃甸球团料场张弦拱桁架封闭大棚

2. 索结构体系

①该工程拉索采用半平行钢丝束钢索，钢丝为强度级别 1670MPa 的低松弛热镀锌钢丝，钢索采用冷铸锚，双层护套。

②由于该工程钢桁架跨度超大，且结构体量较大，拱形桁架所承受的竖向荷载和水平推力较大，基于结构稳定、施工安全等方面考虑，拉索安装点距按照191m超大拉索距进行设计，突破常规大、中跨预应力钢桁架结构150m以内的拉索设计范围。见图5.4-2～图5.4-5。
主要构件见表5.4-1。

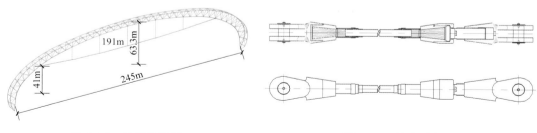

图 5.4-2　拉索位置图　　　　　　　　　　图 5.4-3　拉索示意图

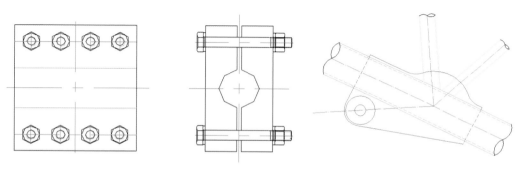

图 5.4-4　拉索索夹示意图　　　　　　　图 5.4-5　拉索安装节点示意图

主要构件　　　　　　　　　　　　　　表 5.4-1

桁架弦杆	材质	类型
P402 × 16	Q355B	弯管
P500 × 25	Q355B	弯管
P650 × 36	Q355B	弯管

3. 索结构施工

1）拉索应力值计算

综合考虑桁架结构特点及桁架滑移施工工艺特点，为保证施工过程中桁架结构的稳定性及作业安全性，施工前期采用 MIDAS Gen 有限元模拟分析技术（图 5.4-6），对桁架施工过程结构变形及拉索应力变化情况进行模拟分析，确定桁架拉索最佳张拉力值。

2）高空作业支撑系统搭设

针对特大跨度张弦拱桁架结构的安装施工，保证桁架高空作业安全性、便捷性及桁架滑移出胎稳定性，研发了一种集成同步滑移装置的多功能支撑系统（图 5.4-7）。该支撑系统集安全通道、高空作业平台、同步滑移装置、拉索安装平台等用途于一体。拉索施工时，可利用支撑系统顶部的1.5m外伸悬挑平台（图 5.4-8），进行索体的高空牵引安装及原位张拉作业。

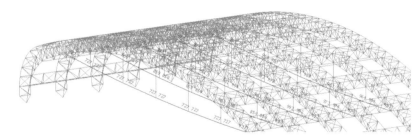

图 5.4-6　拉索张拉验算模型图

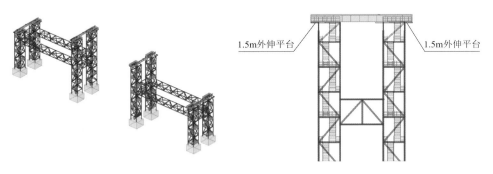

图 5.4-7　多功能支撑系统示意图　　　　图 5.4-8　1.5m 外伸平台结构示意图

3）拉索高空安装

该工程桁架创新应用双向组合滑移施工工艺进行安装，桁架结构在支撑系统上拼装完成后，滑移至 1.5m 外伸悬挑平台位置进行拉索的安装施工。采用拉索高空牵引安装技术，施工时，通过采用卷扬机、放索盘及桁架下弦杆拉设的钢丝绳、滑轮组等装置，将拉索由一端向另一端进行高空牵引安装（图 5.4-9），安装过程中注意防止索体与支撑系统的碰撞。

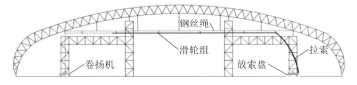

图 5.4-9　拉索牵引安装示意图

4）拉索高空张拉

采用拉索高空原位张拉技术，根据拉索的仿真验算应力值，配合采用张拉设备，在支撑系统顶部 1.5m 外伸悬挑平台位置进行拉索的高空张拉（图 5.4-10）。张拉前，检查索张拉所用的设备与仪表是否在有效的计量标定期内，张拉设备形心与拉索形心是否重合，以保证预应力拉索在张拉时不产生偏心。拉索的张拉作业分两级进行，一级张拉至设计值的 70%，二级张拉达到拉索设计拉力时超张拉 5%。同时确保张拉完成后，索力偏差不大于设计索力的 5%。

图 5.4-10　拉索高空张拉施工

5) 施工过程监测

拉索的安装、张拉施工根据桁架的组装、滑移进度, 逐榀在支撑系统上进行操作施工, 为确保桁架结构出胎后的稳定性, 采用数字全站仪对施工全过程进行跟踪测量, 通过观测桁架下弦 5 个点位的下挠情况, 实时与设计允许偏差值进行比对, 确保整体结构的安装精度与稳定性 (图 5.4-11)。

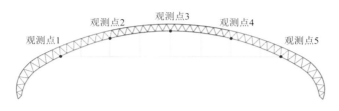

图 5.4-11　桁架下挠观测点位布置示意图

4. 工程图片

图 5.4-12　拉索安装节点图

图 5.4-13　拉索施工图

参考文献

[1] 吴晓龙, 张渊. 245m 超大跨度拱形预应力张弦桁架结构设计与施工[J]. 建筑科学, 2022, 38(7): 141-149.

[2] 李卫学, 李文松, 吴晓龙, 等. 逆向累积滑移法在预应力管桁架中的应用[J]. 山西建筑, 2021, 47(1): 43-45.

撰稿人：北京首钢建设集团有限公司　阮新伟
　　　　北京工业大学　　　　　　　吴金志

5.5　大唐神头输煤系统煤场封闭——张弦拱桁架

设　计　单　位：	山西建筑工程集团有限公司
总　包　单　位：	中国电建集团贵州电力设计研究院有限公司
钢结构安装单位：	山西建筑工程集团有限公司
索结构施工单位：	巨力索具股份有限公司
技术咨询单位：	太原理工大学
索　具　类　型：	巨力索具·Galfan 索
竣　工　时　间：	2021 年

1. 概况

山西大唐国际神头发电有限责任公司输煤系统煤场封闭改造工程项目（图 5.5-1），采用张弦立体拱桁架结构体系，跨度为 174.40m（支座间距），矢高为 49.69m，拉索设在比支座高 31.16m 位置处。结构总长度 225m（两侧山墙外弦杆中心线距离），整体结构由 14 榀主桁架和 9 道纵向次桁架组成，总覆盖面积约为 39240m²。钢材采用 Q355D 钢，张拉索采用高钒索(锌-铝(5%)-混合稀土合金镀层高强度钢丝扭绞型钢绞线)，结构总用钢量约为 3000t。

图 5.5-1　大唐国际神头发电有限责任公司输煤系统煤场封闭改造工程

2. 结构体系

煤场封闭工程采用张弦立体钢管拱桁架结构体系，如图 5.5-2～图 5.5-4 所示。

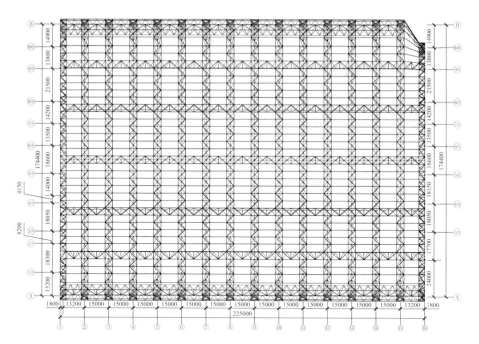

图 5.5-2 张弦立体拱桁架结构平面布置图

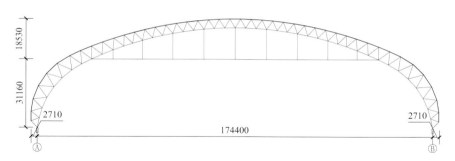

图 5.5-3 张弦立体拱桁架剖面图

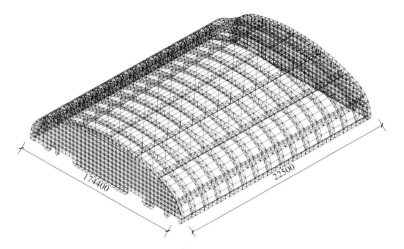

图 5.5-4 张弦立体拱桁架结构三维示意图

立体拱桁架外形为三心圆弧，截面为三角形，跨中厚度为 3.99m，两侧 1/4 圆弧处最大厚度 6.46m。横向拱桁架与纵向次桁架均采用相贯节点连接。立体拱桁架的支座节点均采用热压成形空心半球支座，如图 5.5-5 所示。

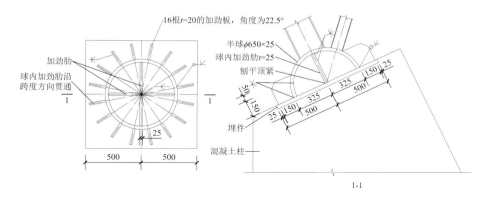

图 5.5-5　立体拱桁架支座图

张弦拉索与立体拱桁架间通过圆钢管竖向撑杆连接，撑杆上端设置双耳板通过直径为 50mm 的销轴与立体拱桁架下弦杆连接（图 5.5-6），下端通过索夹与拉索连接（图 5.5-7）。

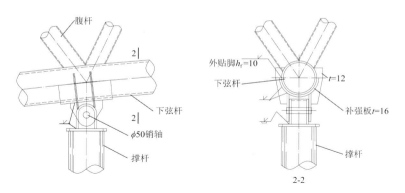

图 5.5-6　撑杆与立体拱桁架连接节点图

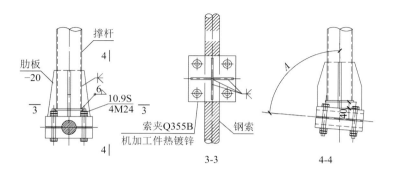

图 5.5-7　撑杆与拉索连接节点图

山墙竖向封闭结构为焊接球网架。主要构件如表 5.5-1 所示。

主要构件　　　　　　　　　　　　　　　　　　表 5.5-1

桁架		焊接球	拉索
D114×4 D140×4 D180×6 D219×6 D219×8 D219×10	D219×14 D245×15.5 D351×20 D377×20 D406×24	WS300×8 WSR350×10 WSR400×12 WSR450×14 WSR500×20 WSR600×25 WSR700×28	1670 级　φ56 高钒索

3. 拉索的安装与张拉

根据煤棚运行不停工、施工场地有限的条件，屋盖结构采用累积滑移法施工。单榀立体拱桁架采用分段地面制作＋分段吊装＋高空对接成榀，完成两榀后连接纵向支撑形成空间稳定体系，接着进行拉索的安装与张拉，随后开始累积滑移施工。由于现场条件所限，每榀立体拱桁架吊装完成后随即进行拉索的安装与张拉。拉索一端固定、一端通过操作平台进行张拉，采用一次张拉到位，张拉完成后进行滑移。为了减小相邻立体拱桁架张拉时的相互影响，相邻两榀立体拱桁架之间的纵向支撑桁架仅连接上弦杆，与下弦杆脱开，张拉完成后再补接。这种做法既保证了张拉时纵向桁架对立体拱桁架侧向稳定性的支撑作用，也不会影响张拉过程中立体拱桁架的竖向位形变化。拉索的安装与张拉的主要工序如下：

1）放索、牵引设备固定安装（图 5.5-8）

第一步：展索、牵引及安装就位。

第二步：将拉索置于选定的放索点，首先由起重机协助，展开拉索张拉端。

第三步：张拉端拉索展开后，将卷扬机牵引绳与拉索锚头连接进行牵引操作。

第四步：牵引过程中，由起重机在放索处配合防止拉索刮到料条机。

2）索夹安装

图 5.5-8　放索、牵引现场

该工程索夹安装是在拉索索头就位完成后进行，采用起重机挂吊篮提供索夹安装操作平台的安装方法（图 5.5-9），安装顺序如下：

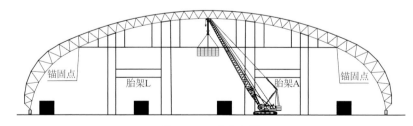

图 5.5-9　索夹安装

第一步：在索体上画好辅助标记线，因索材出厂时仅在索夹中心位置进行标记，中心标记点在索夹安放后被遮挡，故在对应索夹边缘位置进行辅助标记（图 5.5-10），以便安装。

第二步：拉索两端锚固稳定后，使用挂篮将两名操作人员吊至索夹处，按从两边至中间的顺序，将拉索扣入索夹中。

第三步：将索夹盖板螺栓进行初拧，初拧力值不大于设计力值的 40%。安装过程中把索张紧，使索夹定位点处于索夹设计位置。

图 5.5-10　索体标记点

3）索头提升就位

张拉端索头大样如图 5.5-11 所示，采用爬升式千斤顶进行张拉端索头的就位。具体步骤如下：

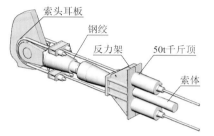

图 5.5-11　张拉工装

第一步：安装爬升式千斤顶。

第二步：通过卷扬机和起重机配合把索头吊到爬升式千斤顶位置。

第三步：施工人员在操作平台上控制油泵，利用爬升式千斤顶对索头进行提升就位。

4）张拉

根据工程特点采用拉索一端固定、一端通过操作平台进行张拉的方式进行预应力施加，利用油泵将油压传给千斤顶，然后调节自身的调节套筒达到所要施加的预拉力值。

4. 工程图片

图 5.5-12　固定端拉索锚固节点　　　图 5.5-13　张弦索张拉操作平台

图 5.5-14　张弦索张拉施工　　　图 5.5-15　主体结构完成

撰稿人： 太原理工大学、山西省钢结构协会　　李海旺　杜雷鸣

山西建筑工程集团有限公司　　　　　姚方育　杨秀习

5.6　芜湖新兴铸管有限责任公司综合料场封闭
——带中柱的张弦拱桁架结构

設　計　单　位：中冶华天南京工程技术有限公司
总　包　单　位：陕西建工机械施工集团有限公司
钢结构安装单位：陕西建工机械施工集团有限公司
索结构施工单位：陕西省建筑科学研究院有限公司
索　具　类　型：巨力索具·高钒拉索
竣　工　时　间：2021年

1. 概况

芜湖新兴铸管有限责任公司综合料场封闭工程位于芜湖市三山区，该厂区综合料场总面积 124300m²，是集厂内烧结、高炉供料为一体的机械化综合料场（图 5.6-1）。

该工程平面尺寸约为 330m×300m，纵向轴距 30m，主体大棚采用张弦拱桁架结构形式，为国内目前跨度最大料场封闭工程。主跨共九跨，东西山墙各一跨，大棚最高点 60m，跨中设管桁架 Y 形中柱，中柱高度 48m，中柱以下 12m 为钢筋混凝土柱。主桁架柱脚及中柱柱脚均为球铰支座，围护结构主檩条采用方管，次檩条采用 C 形镀锌檩条，封闭板采用 0.7mm 厚镀铝锌氟碳漆彩色压型钢板，采光板采用 2mm 厚 FRP 采光板。

图 5.6-1　芜湖新兴铸管有限责任公司综合料场封闭大棚

2. 索结构体系

该工程采用技术先进的预应力拉索管桁架结构，主跨桁架下部中柱两侧对称设置预应力拉索，通过 V 形双撑杆连接，拉索索夹与撑杆连接采用刚接。拉索与钢桁架共同作用，形成多阶次预应力结构体系，从而降低钢结构内力峰值，调整结构内力合理分布，增加结构刚度。结构三维示意图、主跨桁架拉索布置图、带索次桁架拉索布置图如图 5.6-2、图 5.6-3 及图 5.6-4 所示。

　　主跨桁架之间联系桁架、屋面交叉水平杆件均采用了预应力拉索。次桁架采用刚柔相间的组合形式，间隔布置，柔性连接设置拉索，屋面设置水平拉索，拉索张拉节点如图 5.6-5 所示。拉索均采用锌-5%铝-混合稀土合金镀层（高钒）拉索，拉索的规格范围为 D26～D70，详见表 5.6-1。

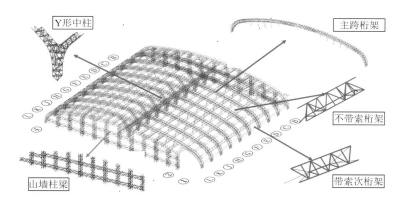

图 5.6-2　结构三维示意图

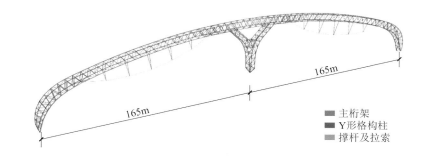

图 5.6-3　主跨桁架拉索布置图

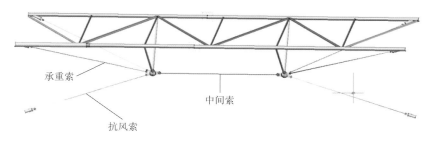

图 5.6-4　带索次桁架拉索布置图

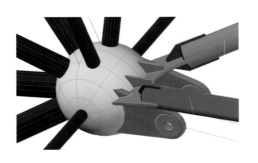

(a) 拉索与钢结构连接节点

(b) 拉索与撑杆连接节点

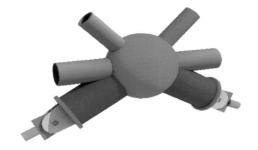

(c) 屋面水平交叉拉杆中间点与桁架连接节点

(d) 次桁架拉索相交连接节点

图 5.6-5　节点示意图

主要拉索规格与数量　　　　　　　　　　　　　　　　表 5.6-1

名称	直径/mm	材质	长度/m	数量/根	锚具形式
主桁架拉索	60/70（双索）	高钒索 （极限抗拉强度 1670MPa）	103.0	8/28	两端可调
上弦交叉索	44		26.4～27.5	144	一端可调，一端固定
承重索	26		9.2	240	一端可调，一端固定
中间索	40		8.3	60	一端可调，一端固定
抗风索	32		8.8	120	一端可调，一端固定

3. 索结构施工

该工程所涉及的预应力双索同步对称张拉技术与传统预应力张拉施工相比精度要求更高，施工难度更大，通过对拉索布设形式、索结构节点形式、索与撑杆连接形式进行改进，同时在张拉过程中采取可靠的监测手段，对钢结构的变形和预应力拉索的受力进行实时监测，确保结构左右两侧受力均匀。

主跨桁架与带索次桁架拉索的施工是该工程质量保证的关键工序。施工前必须经过精密的计算与策划，施工安装与张拉过程每个环节均须做到细致无误，最终确保拉索与钢结构达到完美的共同受力设计状态。索结构施工工艺流程见图 5.6-6。

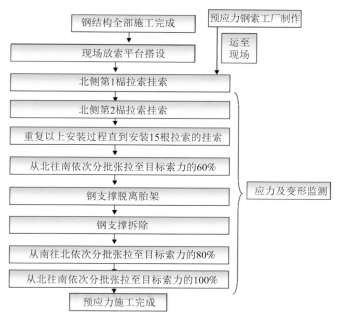

图 5.6-6　索结构施工工艺流程图

1）导向牵引高空装索

①施工准备

制作悬挑结构的支撑架，预留装索空间，使装索过程与主桁架吊装能够同步进行。

②导向钢绞线安装

安装导向钢绞线时将钢绞线自桁架锚固端的耳板穿入，在桁架张拉端设置一个手拉葫芦作为导向装置，将钢绞线拉至桁架张拉端的耳板；在桁架锚固端的耳板处安装张拉锚具，在桁架张拉端安装张拉千斤顶；在张拉千斤顶安装就位后，张拉导向钢绞线。

③牵引绳穿索

采用放索盘进行放索，在导向钢绞线上安装滑轮组作为牵引装置，牵引绳一端与索头连接固定，用卷扬机带动牵引绳通过滑轮组将钢索牵引到位；在牵引过程中，将钢索从悬挑下方穿过，以跨度中间的索夹位置为控制目标，在牵引到位后使用扣索夹对索体进行固定，待牵引端的索头穿入张拉端穿索管后将锚固端索头进行锚固，至此整个穿索过程完成。

2）高空张拉预应力索的基本要求

①张拉时对位移和索力进行双控，控制节点位移和拉索内力，使之在允许误差范围内；钢索的张拉端保持可调节的状态，钢索的拉力能够进行调整。

②检查验收

张拉力按标定的数值进行，用伸长值和压力传感器数值进行校核；实测伸长值与计算伸长值相差超过允许误差时，停止张拉，找出产生误差的原因后再进行张拉。

③锚固索头、放张

当张拉力达到设计要求的数值后，记录测得压力和钢结构变形数据，与结构施工仿真进行对比。将张拉端索头进行锚固后拆除包括钢绞线、压力设备和千斤顶在内的工装。

3）主跨桁架拉索张拉

①每榀主桁架两根索统一进行张拉，分级张拉，同步控制，每级同步张拉设计索力的20%～30%。

②主跨桁架索张拉控制以主桁架张拉点、跨中点等典型控制点实际变形为主，以索力控制为辅。

③主跨桁架索张拉80%设计索力后或达到设计控制变形值后，进行高空支撑架的卸载和拆除工作。

④当每榀试滑移停止后，进行每榀主桁架的变形复测，对因滑移移动引起的主桁架应力释放和支座位移，通过张拉索力调整控制。

⑤上述各步完成时，进行主次桁架的变形观测检查。设置各步完成时为停检点，检查主体结构、工装、支撑架、加强桁架、滑轨、滑轨下灌浆料等处变形、应力无问题并静止20min后进行下步作业。

4）带索次桁架拉索张拉

①带索次桁架索张拉时机为主桁架安装完成后，主桁架支撑架卸载和主索张拉前，带索次桁架索可单独进行张拉。

②带索次桁架索一次张拉到位，张拉控制以次桁架实际变形为主，以索力控制为辅。

③当每幅试滑移停止后，进行每榀次桁架的变形复测，对因滑移引起的次桁架变形，通过次索张拉调整次桁架形态。

图 5.6-7 给出了拉索安装与张拉示意图。

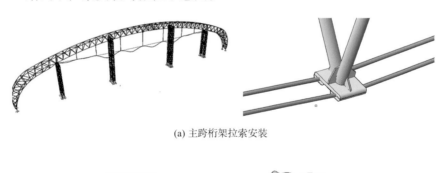

(a) 主跨桁架拉索安装

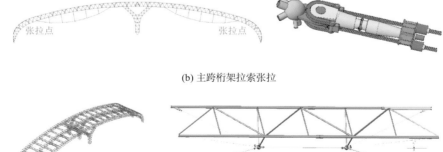

(b) 主跨桁架拉索张拉

(c) 带索次桁架索张拉

图 5.6-7　拉索安装与张拉

4. 工程图片

(a) 拉索安装与张拉

(b) 结构滑移　　　　　　　　　　　(c) 安装完成

图 5.6-8　施工过程照片

参考文献

[1] 党伟, 沈祺, 胡宁. 影响大跨度张弦拱管桁架同步滑移技术关键因素分析[C]//2021 年工业建筑学术交流会论文集, 2021: 804-807.

[2] 马海军, 吴亚军, 王校丰. 大跨度管桁架预应力拉索张拉施工技术[C]//第八届全国钢结构工程技术交流会论文集, 2020: 319-321.

撰稿人： 陕西省建筑科学研究院有限公司　柳明亮　杨　晓

5.7 鲅鱼圈料棚——连续跨张弦拱桁架

设　计　单　位：哈尔滨工业大学建筑设计研究院有限公司
总　包　单　位：鞍钢集团工程技术有限公司
钢结构安装单位：江苏蓝化建设有限公司
索结构施工单位：江苏蓝化建设有限公司
索　具　类　型：坚宜佳·外包 PE 镀锌钢丝索
竣　工　时　间：2022 年

1. 概况

鞍钢股份鲅鱼圈钢铁分公司矿石料场和混合料厂棚化项目（以下简称鲅鱼圈料棚）位于鞍山钢铁鲅鱼圈厂区。该工程长度约 616m，宽度约 582m，总建筑面积约 35 万 m²。为满足工程实际使用需求，料棚沿宽度方向设置为三跨相连的空间结构，分别为 246m 跨与197m 跨张弦拱桁架，以及 112.5m 跨双层螺栓球节点网壳。结构整体呈现出 3 跨柱面形式（图 5.7-1），各跨高度分别为 62m、55m 和 38m。料棚边部及山墙钢结构支承于混凝土短柱上，中间部分钢结构支承于钢结构桁架柱上，拉索采用 1670 级 PE 索，主体结构管材材质均为 Q355B，围护结构为彩色涂层钢板 + 采光带。

图 5.7-1　鲅鱼圈料棚全景

2. 索结构体系

鲅鱼圈料棚覆盖范围包括主原料条、副原料条和混合料条三种类型共 9 条料条，料条内有斗轮机数十台，料棚建筑面积达 35 万 m²，为目前已有的覆盖面积最大的料场棚化项目。为保证料场最大存储空间及生产运行的便利性，要求尽可能少地在料条中设置柱或隔断。因此设计了最大结构跨度达到 246m 的连续三跨空间结构。目前，国内外可借鉴的封闭结构最大跨度在 200m 以内，且为单跨结构，相关工程项目经验少。鲅鱼圈料棚结构的跨度大，导致上部结构产生的水平推力也很大。因此，如何合理地设置下部结构及基础，也成为该项目设计的一个难点。此外，金属屋面系统在寒冷地区如何采取有效措施防止积雪的大面积滑落，并防止雨水产生过大冲击，是该项目的又一个难点。

针对该项目的特点与难点，同时考虑结构的经济性与施工的复杂性，将张弦拱桁架与网壳结构结合，利用了拉索受拉性能优异和拱结构良好的受压和抗侧能力，设计 2 跨张弦拱桁架 + 1 跨网壳的结构方案（图 5.7-2）。246m 跨度桁架高度 62m，肩部厚度 6.8m，中间厚度 5m；197m 跨度桁架高度 55m，肩部厚度 5.4m，中间厚度 4m；网壳高度 38m，厚度 3m（图 5.7-3）。为合理设置支座，各跨相接处支承于钢结构桁架柱上（图 5.7-4），山墙钢结构及边跨支承于混凝土短柱上（图 5.7-5）。为防止冬季屋面积雪大面积滑落及雨水过大冲击，屋面位置设置挡雪栏杆（图 5.7-6）。结构主要构件用量见表 5.7-1。

主要构件用量表　　　　　　　　　　　表 5.7-1

序号	构件	材质	用量/t
1	管桁架（主桁架、副桁架）	Q355-B	14696.91
2	网架	Q355-B	3255.80
3	支座	G20Mn5N	180.00
4	镀锌檩条	Q355-B	4894.48
5	支撑构件	PE 索及配套索具	108.00
6	马道	Q235-B	333.00
7	拉索及索具	锌-5%铝-稀土合金镀层钢索，抗拉强度不小于 1670N/mm²，接头及锚具防腐采用热浸锌处理	227.00
8	节点板	Q355-B	553.00
9	钢管柱（含滑移支撑系统）	Q355-B	2339.80
合计			26587.99

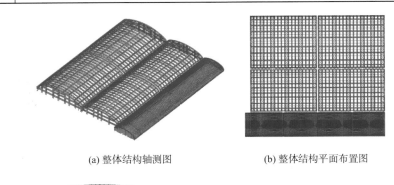

(a) 整体结构轴测图　　　　　　　(b) 整体结构平面布置图

(c) 料场山墙布置图

(d) 典型剖面图

图 5.7-2　结构方案示意图

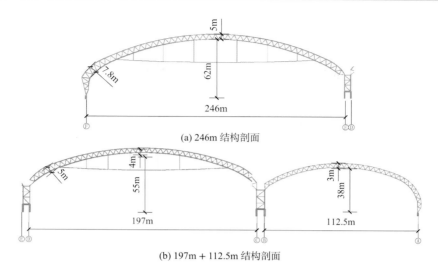

(a) 246m 结构剖面

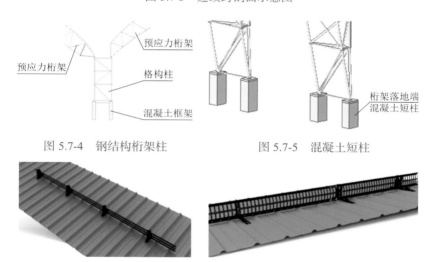

(b) 197m + 112.5m 结构剖面

图 5.7-3　连续跨剖面示意图

图 5.7-4　钢结构桁架柱　　　　　图 5.7-5　混凝土短柱

图 5.7-6　挡雪栏杆

　　该结构跨度大，体型复杂，对风荷载作用敏感，采用风洞试验确定其风压系数。采用 MIDAS Gen、ANSYS、ABAQUS、3D3S 等多种结构计算软件进行对比分析（图 5.7-7）。主要计算内容包括：①静力及多遇地震组合分析；②小震作用反应谱分析；③整体稳定分析；④断索分析；⑤结构实体有限元分析；⑥罕遇地震动力弹塑性时程分析等。

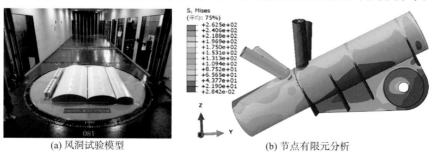

(a) 风洞试验模型　　　　　　　　(b) 节点有限元分析

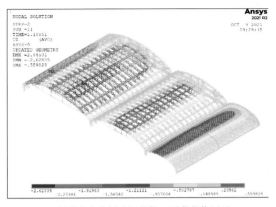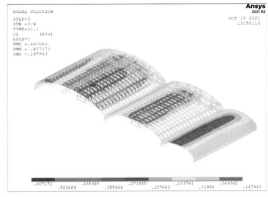

(c) 整体稳定分析（恒荷载 + 活荷载作用下
极限状态位移）

(d) 断索后结构位移图

图 5.7-7　部分计算结果

3. 索结构施工

张弦拱桁架的安装采用地面分段拼装，高空分段吊装，主桁架拉索张拉，从南往北累计滑移的施工安装方案。由于主桁架跨度大，在地面分 5 段组装，然后分段吊装至临时胎架拼装（图 5.7-8）。拉索采用$\phi7 \times 55$PE 外包 PE 镀锌钢丝索，长度为 186m，单根拉索总重约 4.64t。拉索长度较长，重量较大，为了保证成形后吊索的位置，且保证两端拉索外漏螺杆长度一致，采用两端张拉的方式（张拉位置设于两低端支撑架上）（图 5.7-9）。张拉过程中采用拉力传感器及全站仪记录钢结构变形及索内力，对结构进行张拉全过程监测。

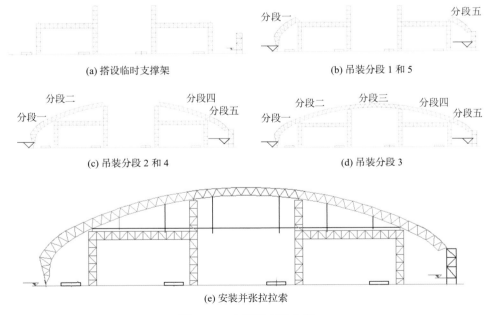

(a) 搭设临时支撑架　　(b) 吊装分段 1 和 5

(c) 吊装分段 2 和 4　　(d) 吊装分段 3

(e) 安装并张拉拉索

图 5.7-8　主桁架安装方案

图 5.7-9 拉索张拉端

滑移操作步骤为：架设滑移轨道→架设高空安装支架平台→吊装第一、第二榀主桁架
→吊装次桁架、水平撑杆等次构件→完成一个滑移单元吊装、焊接→卸载→拉索张拉→滑
移→吊装下一榀主桁架→完成屋面钢结构安装→卸载就位（图 5.7-10）。

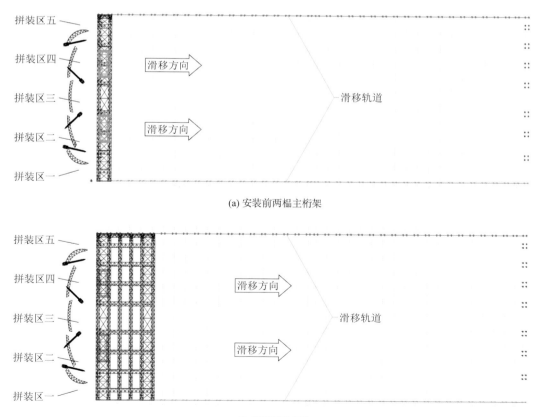

拼装区五

拼装区四

拼装区三

拼装区二

拼装区一

滑移方向

滑移方向

滑移轨道

(a) 安装前两榀主桁架

拼装区五

拼装区四

拼装区三

拼装区二

拼装区一

滑移方向

滑移方向

滑移轨道

(b) 桁架滑移安装

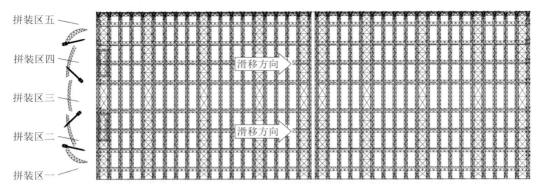

(c) 主桁架安装完成

图 5.7-10　滑移操作方案

4. 工程图片

图 5.7-11　主结构安装

图 5.7-12　山墙安装

图 5.7-13　屋面板安装

撰稿人： 哈尔滨工业大学　武　岳

北京工业大学　　吴金志

6

景观建筑

›››››››››››

　　近年来最热的景观建筑当属玻璃景观平台和玻璃人行桥，让人们在体会"险"的同时欣赏秀美的风景。这就要求这些平台和人行桥既要能够保证安全，又要能够体现出索结构的合理受力和美观，对设计和施工工程师们提出了更高的要求。本章收录的工程实践包括悬索体系、单边悬索体系、单侧斜拉拱梁体系、斜拉式悬挑体系和倒置芬克式索桁架体系等，许多体系是国内首次应用，充分展现了工程师们的聪明才智。

　　摩天轮一度也是景观建筑的热点，本章收录了两个典型的纯拉索轮辐摩天轮。

　　另外，本章还收录了一个基于异形斜交双层索网的景观作品，很好地体现了索结构的特点，值得欣赏。

　　景观建筑应该也是拓展索结构应用领域的一个重要方面，如何把拉索应用得既巧妙又合理，在充分展现索结构美的同时，体现出工程师们的创新与实践能力。

6.1 上海星愿公园奇缘桥——空间曲面单侧悬挂体系

设　计　单　位：华东建筑设计研究院有限公司/RFR

总　包　单　位：上海建工集团股份有限公司

钢结构安装单位：上海市基础工程集团有限公司

索结构施工单位：广东坚朗五金制品有限公司

索　具　类　型：坚宜佳·高钒防腐涂层封闭索

竣　工　时　间：2016 年

1. 概况

奇缘桥为上海迪士尼主题乐园旁附属星愿公园中最大的一座桥,起到了连接湖泊东西端头的重要交通作用（图 6.1-1）。该桥为国内首座单侧悬挂的双桥面人行桥,整体桥型突出趣味性；结构体系可细分为悬索体系、主桥和环索体系、内侧副桥体系三部分。主桥桥面中心线位于 $R = 46.75\mathrm{m}$ 的圆曲线上,总长 120m,桥面宽 6m,采用钢箱梁一体成形；副桥桥面中心线位于 $R = 42.75\mathrm{m}$ 的圆曲线上,内侧主梁全长 103.9m,桥面宽 3m,采用全玻璃桥面,由 Y 形钢臂悬挂在主桥和环索上；全桥悬索体系由两根对称索塔分为三跨,中跨主缆跨径 $L_1 = 75\mathrm{m}$,边跨跨径 $L_2 = 45\mathrm{m}$。桥面纵向坡度为 1%～4%。

图 6.1-1　上海星愿公园奇缘桥

2. 索结构体系

1）索结构体系组成及受力特点

计算采用 OASYS 公司的 GSA 软件进行计算,同时采用了 MIDAS Civil 2010 进行对比计算，并采用大型有限元分析软件 ANSYS 进行了整体复算和局部节点分析。

①索体系组成

奇缘桥整桥有四个支点，分别为两侧对称的桥台和索塔。索体系主要分为悬索体系和环索体系两部分。其中悬索体系由主缆、吊索和背索组成，为被动索，主要作用是为主桥箱梁外侧提供单侧悬挂支点；环索体系由下环索和配套法向索组成，其中下环索为主动索，法向索为被动索，主要作用是将副桥单侧悬挂在主桥和环索上，且通过法向索、Y 形臂与主桥和环索的连接提供空间刚度。如图 6.1-2～图 6.1-4 所示。

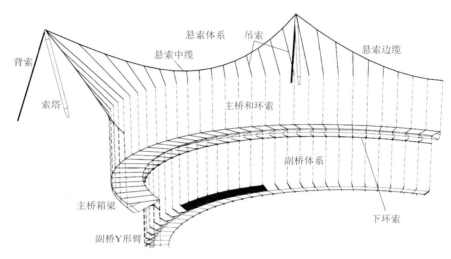

图 6.1-2　奇缘桥结构体系分解图

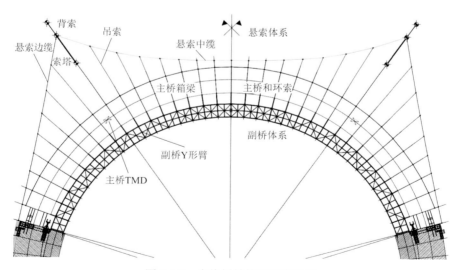

图 6.1-3　奇缘桥结构平面布置图

②索体系的受力特点

该桥最大的受力特点是主桥采用外侧单侧悬挂形成整体扭矩。为了在竖向受力上成立，主桥平面采用圆弧布置，通过任意三个支点的不共线布置来平衡扭矩，从而达到释放端部抗扭约束的目的。悬索体系还采用了倾角设计，通过减小吊索延长线与钢梁质心的距离来减小整体扭矩。这样设计的同时也在钢箱梁上形成较大的水平推力，通过支座设计斜桩来平衡。

　　分析表明，该桥跨径较大，结构轻柔，初步动力分析表明其基频仅为 1.3031Hz，采用在主桥 1/4 跨以及 3/4 跨箱梁内部安装质量为 1715.8kg 的 TMD 以及在副桥跨中安装质量为 434kg 的 TMD 来改善。通过在跨中增强主副桥联系，在副桥中部和端部增加 X 形柔性水平支撑，增强主副桥间的法向联系索等措施，进一步提高了整体刚度。

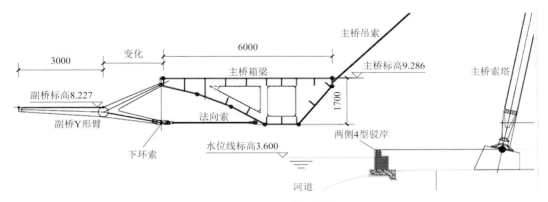

图 6.1-4　奇缘桥典型横剖面

③索体系的截面规格

　　GLAFEN 镀层的延展性和可变性极强，可以将索夹直接夹持在裸索上，在夹持时不会损坏镀层，从而具有良好的抗滑移性能和抗扭转性能，使索夹节点设计美观简洁。索头采用合金灌注锚固方式，索头尺寸比 PE 索更小。同时也不会出现变色、老化、龟裂等影响美观的问题。针对索夹滑移的问题，该项目通过内衬锌膜与调整索夹内部细纹，提升抗滑性能。主要缆索截面规格见表 6.1-1。

主要缆索截面规格 表 6.1-1

构件部位	尺寸与材质	理论破断力/kN	设计索力/kN
主缆（中跨和边跨）	φ115 GLFAN 防腐涂层封闭索	13300	5797
背索（双索）	φ115 GLFAN 防腐涂层封闭索	13300	12870
索塔吊索	φ63 GLFAN 防腐涂层封闭索	3324	1547
其他吊索	φ38 GLFAN 防腐涂层封闭索	1205	574
下环索（主动索）	φ115 GLFAN 防腐涂层封闭索	13300	7019
法向索（联系索）	φ38 GLFAN 防腐涂层封闭索	1205	508

　　索用量统计（理论索长，扣除节点板尺寸）：

　　悬索系统：边索 47.050m×2 根、中缆 79.656m、背索 19.372m×4 根、φ63 吊索 21.985m×2 根、φ38 吊索 193.482m；环索系统：下环索 111.112m、法向索 3.340m×33 根。

钢结构用量统计（理论用量，含三维放样出的节点板）：

主桥钢箱梁 300t；副桥 Y 形臂 18.15t；索塔 63t。

2）缆索找形分析

缆索体系为自平衡系统，主缆位于主桥板外侧，并按照轴心对称的关系设置两个索塔将其分解为三段式，每个索塔布置两根平行背索，背索与主跨、边跨主缆一起，保证成桥时索塔顶部的整体平衡。吊索共 33 条，间距 4.0m，采用销轴铰接于主桥板外侧，并通过锁夹固定在悬索主缆上。通过索缆找形确保吊索受力的均匀性和最终的成桥形态。

主缆的初始索形为水平索，找形的主要目的是找到整体结构在静力作用下的最优结构方案，最重要的是主缆空间悬链线几何形状的确定。找形分为四步（图 6.1-5）：

第一步设置一组辅助竖向拉索，通过约束竖向自由度求出施加竖向荷载工况下吊索的竖向力分量，通过吊索角度求得一组吊索的确定索力。第二步考虑到索塔采用上下铰接的摇摆柱设计，因此需要通过调整主缆和背索的索力，使主塔顶端位移最小，从而得到最合理的主缆线形。此时主缆线形有多解，需要由索夹节点的设计角度、主缆和吊索的内力分布均匀性以及索塔的顶点变形等因素综合确定。第三步通过调整吊索索力使主梁和吊索的几何位移最小。吊索为吊挂在主缆上的 33 个吊点，由于搁置在主缆的位置不同，吊索提供的弹性刚度不同，其中对应索塔位置，与背索对应的两根吊索刚度最大，此处吊索进行了加强。第四步将各步骤中确定的各部件的形状和位置组装起来，形成确定的总体模型。

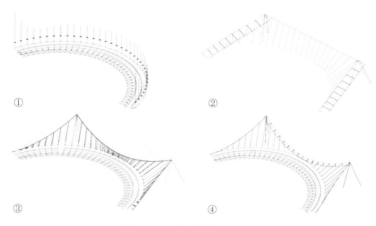

图 6.1-5　找形分析示意图

3. 索结构施工

1）施工方案比选

根据该桥的结构形式，成桥方案比选了"主塔就位，曲梁落架""曲梁就位，主塔顶升"和"曲梁就位，背索张拉"三种。

"主塔就位，曲梁落架"的优势在于，从理论上讲，如果落架出现问题，可以退回到前一个工况，曲梁有支架保护，较为安全；而且方便进行分阶段控制。缺点在于如果落架的位移过大，容易造成成桥前索缆安装困难，部分吊挂点无法安装，甚至成桥之后支座反力偏小，导致背索索力增大。

"曲梁就位，主塔顶升"的优势在于避免了"主塔就位，曲梁落架"方案中的问题。缺点在于千斤顶定位稳定性较差，需要辅助安全措施；所需千斤顶的吨位较大。

"曲梁就位，背索张拉"的优势在于同样避免了"主塔就位，曲梁落架"方案中的不足。缺点在于所需千斤顶吨位较大，对张拉设备要求较高；若采用压顶，还需辅助张拉器具；张拉空间比较小。

经过项目建设单位组织设计方、咨询方、审核方、施工方与制造厂商反复分析讨论研究，确定的"落架成桥"方案确保在成桥过程中全桥始终处于由支架承重并受控的状况，且随时可以复位到上一个工况，以策安全。

2）施工阶段划分

拼装主、副桥→安装背索＋主缆→对称安装吊索（由索塔连接轴向两侧对称安装）→环索张拉与落架过程→总落架 26cm＋预拱度→成桥→二期恒荷载。见图 6.1-6。

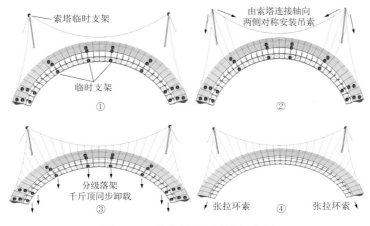

图 6.1-6　奇缘桥施工阶段划分图

3）施工关键问题

①主缆成桥结果

选取三个关键阶段的主缆线形进行分析：安装主缆、吊索安装完成、成桥阶段，主缆坐标曲线详见图 6.1-7～图 6.1-9。吊索安装完成阶段主缆X方向线形与成桥阶段接近，仅边跨主缆X方向相对成桥阶段往主桥外侧方向偏移；成桥阶段，由于吊索受力张拉，中跨主缆Y向相对吊索安装完成阶段往主桥内侧方向偏移，偏移量在 0.4～0.5m 范围内；成桥阶段，中跨主缆Z向相对吊索安装完成阶段下降 0.1～0.2m。

②施工后调索

计算和施工监测表明：主塔附近的吊索由于与主塔、背索形成了一个刚性体系，索内力分布与索长误差较敏感。成桥后，为了使得吊索的内力分布与理论计算规律一致，施工利用吊索上预留的调节器（±10cm）来调节安装和制造带来的误差（表 6.1-2）。

吊索调索前后内力变化表 表 6.1-2

轴号	调索前/kN	调索后/kN	轴号	调索前/kN	调索后/kN
10 轴	176.3	178.7	10′轴	160.3	163.3
9 轴	192.4	205.0	9′轴	190.3	193.6
8 轴	583.0	477.2	8′轴	415.7	375.6
7 轴	222.6	229.4	7′轴	181.4	182.8
6 轴	197.9	204.8	6′轴	196.7	199.2

注：吊索编号从中间至两侧分别左右对称编号 1、1′…；其中索塔对应 8 轴和 8′轴。

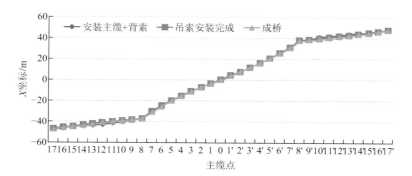

图 6.1-7　主缆施工X坐标曲线

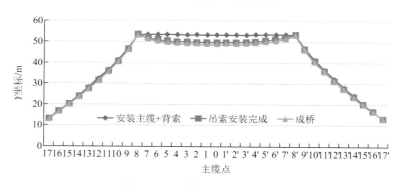

图 6.1-8　主缆施工Y坐标曲线

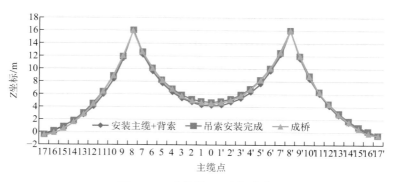

图 6.1-9　主缆施工Z坐标曲线

4. 工程图片

图 6.1-10 索塔顶部销轴节点

图 6.1-11 主缆与桥台穿心节点

图 6.1-12 环索与桥台销轴节点

图 6.1-13 吊索与主缆索夹节点

图 6.1-14 主缆安装就位未张拉

图 6.1-15　主缆安装就位张拉后

参考文献

[1] 李怀翠, 况中华, 吕晓天, 等. 空间曲梁单边悬索桥大跨度预应力钢结构卸载过程分析[J]. 建筑施工, 2015(12): 1362-1363.

[2] 崔鑫. 空间曲梁单边悬索桥的施工形态监测与分析[J]. 建筑施工, 2015(12): 1364-1365.

[3] 谭长建, 崔鑫. 空间曲梁单边悬索桥静载试验中的索力测试[J]. 建筑施工, 2015(12): 1371-1373.

撰稿人： 华东建筑设计研究院有限公司　花炳灿　于军峰　周　健

6.2 北京石林峡观景平台——斜拉式悬挑体系

设　计　单　位：北京龙安华诚建筑设计有限公司

总　包　单　位：北京龙安华诚建筑设计有限公司

钢结构安装单位：北京龙安华诚建筑设计有限公司

索结构施工单位：北京市建筑工程研究院有限责任公司

索　具　类　型：竖宜佳·高钒拉索

竣　工　时　间：2016 年

1. 概况

北京京东石林峡景区观景平台坐落在景区主峰海拔 627m 位置上。石林峡观景平台是一个斜拉式的悬挑结构，平台利用山体顶部有限的岩体作为基础支撑，搭设拱式门架，以拱底桁架作为起始位置，向山体外侧铺设悬挑钢梁，钛合金框架的玻璃平台便落座在悬挑钢梁上（图 6.2-1）。

图 6.2-1　北京石林峡景区观景平台

2. 结构体系

石林峡景区观景平台由主拱、主梁、观景平台、拉索、混凝土基础和锚碇六部分组成。主塔在正负零标高处分上、下两部分。上部呈二分之一椭圆拱形钢架（简称主拱），短轴半径 13.8m，长轴半径 24m。主拱由四根 600mm×800mm 钢柱组成，随高度变化逐渐向中心点收紧，至顶部形成一根 1000mm×800mm 的变截面弧形主梁。主塔下部东侧柱高 9m，西侧柱高 13.7m，东西两侧柱间距离为 27.6m，中间由一组桁架连接组成。桁架上、下弦杆

421

距离 4.3m，水平距离 3.6m。在桁架上部布置两道 H 形主梁，断面尺寸 1000mm×500mm，长为 52.9m。观景平台则固定在主梁上部 2.1m 处，由 16 根短柱支承。

观景平台主体材料全部采用航天钛合金材料。外圆直径 25.2m，内圆直径 18m。平台地面材料采用 30mm 厚防弹钢化玻璃。平台栏板高度为 1.35m，采用不锈钢栏杆和 16mm 厚钢化玻璃。

在主拱上部至悬挑大梁设四道拉索（前拉索和后拉索），主拱上部至北端山体基岩设置两道拉索（后背索）。在主悬挑大梁下部也分别设置两道拉索与下部山体基础锚固（抗风索）。钢材采用 Q345D，拉索为高钒索，规格包括 $\phi60$、$\phi50$、$\phi42$ 和 $\phi30$ 四种。该项目总跨 51m，悬挑 31m，平台面积 316m²，是世界最大的钛合金观景平台。观景平台钢结构平面图、立面图、三维结构示意图见图 6.2-2～图 6.2-4。

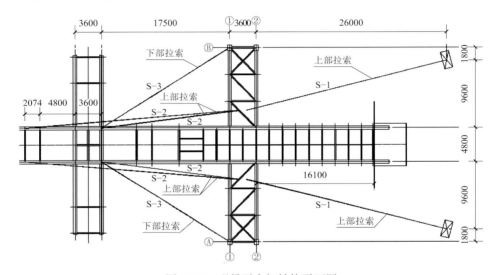

图 6.2-2　观景平台钢结构平面图

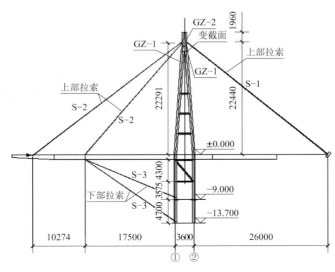

图 6.2-3　观景平台立面图

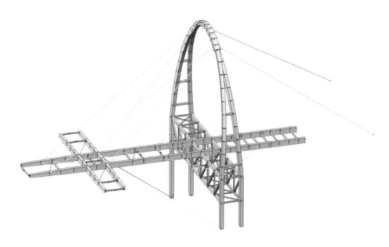

图 6.2-4　景观平台三维结构示意图

其中后背索规格ϕ60，单根长度约 33m，共 2 根；前拉索规格ϕ50，单根长度约 29m，共 2 根；后拉索规格ϕ50，单根长度约 37m，共 2 根；抗风索规格ϕ42，单根长度约为 23m 和 26m；稳定索规格ϕ20，共 4 根。

3. 索结构施工

1）索结构施工工艺流程（图 6.2-5）

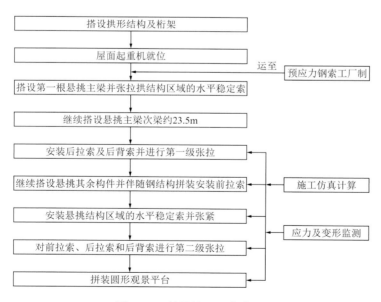

图 6.2-5　结构施工工艺流程

2）张拉顺序及张拉力

拉索位置及编号见图 6.2-6。根据钢结构的施工顺序，现场安装的顺序是后背索→后拉索→抗风索→前拉索，见表 6.2-1。拉索张拉力见表 6.2-2。

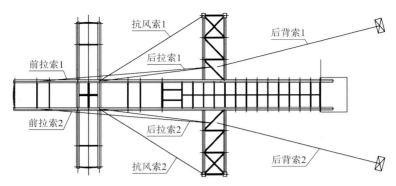

图 6.2-6　拉索位置及编号图示

拉索张拉顺序　　　　　　　　　　　　　　　　　　表 6.2-1

第一阶段		第二阶段	
第 1 步	后背索 1/后背索 2	第 1 步	后背索 1/后背索 2
第 2 步	后拉索 1/后拉索 2	第 2 步	后拉索 1/后拉索 2
		第 3 步	前拉索 1/前拉索 2

拉索张拉力　　　　　　　　　　　　　　　　　　　表 6.2-2

第一阶段/kN		第二阶段/kN	
后背索 1	284	后背索 1	605
后拉索 2	299	后拉索 2	605
后拉索 1	196	后拉索 1	475
后拉索 2	196	后拉索 2	454
		前拉索 1	173
		前拉索 2	161

4. 工程图片

图 6.2-7　石林峡景区观景平台施工现场之一

图 6.2-8　石林峡景区观景平台施工现场之二

参考文献

[1]　刘振文，黄兆纬，胡雪瀛，等. 石林峡观景台结构分析[J]. 建筑结构，2019, 49(4): 33-37.

撰稿人：北京市建筑工程研究院有限责任公司　杜彦凯　胡　洋　王泽强

6.3 平山红崖谷景区人行玻璃桥——悬索体系

设 计 单 位：上海国康联同桥梁建筑设计有限公司
总 包 单 位：巨力索具股份有限公司
钢结构安装单位：巨力索具股份有限公司
索结构施工单位：巨力索具股份有限公司
设计顾问单位：中国建研院中建研科技股份有限公司
索 具 类 型：巨力索具·高钒索
竣 工 时 间：2017 年

1. 概况

红崖谷人行悬索桥，坐落在平山县温塘镇红崖谷风景区内，采用索承式结构体系，主跨跨径 442m，垂跨比 1/20，在同类桥梁中跨度排名世界第一（图 6.3-1）。结构形式新颖、视野更为通透，游客体验更为刺激。主桥总宽 4m，桥面净宽 2m。桥梁从西北至东南方向跨越 U 形山谷，主缆西北入口比东南方向入口高 19.5m，桥面距离谷底最深处约 132m。桥面由通透的玻璃构成，沿主缆曲线铺设，在桥两端缆索较陡处，玻璃桥面按阶梯铺设，桥跨中央平坦位置则水平铺设。桥两侧均为悬崖峭壁，两侧均设置有抗风缆。

图 6.3-1 河北省平山县红崖谷景区的人行玻璃悬索桥

2. 索结构体系

1）索结构特点

红崖谷人行悬索桥采用索承式结构体系，玻璃直接铺设于主缆之上，实现了主缆与桥面的一体化设计。平立面及剖面图见图 6.3-2 和图 6.3-3。

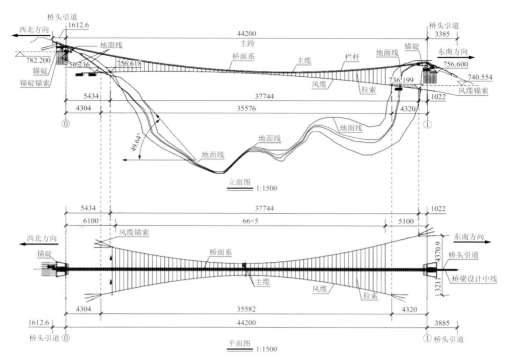

图 6.3-2 人行悬索桥平立面布置图

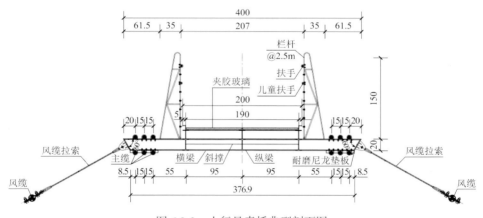

图 6.3-3 人行悬索桥典型剖面图

红崖谷人行悬索桥两端采用无塔柱重力式锚碇，主缆分置于桥面两侧，垂跨比约 1/20。每侧主缆由 6 根 $\phi62$ 高钒索构成，6 根索分散布置于横梁上下侧。在鞍座处两层主缆汇集叠置，通过索鞍散开后锚固在锚碇上。全桥沿桥两侧设两根抗风缆，每根抗风缆由三根 $\phi50$ 钢丝绳组成。抗风缆为三维空间线形，竖向矢跨比 1/40，横向矢跨比 1/10，每根钢丝绳通过锚索锚固在岩体中。

2）装配化的桥面系设计

由于该工程距离谷底较高，为方便施工安装，桥面系构件设计尽可能地采用了装配化思路，节点设计均采用螺接、销接的形式。

桥面主要由纵向长度 5m、横向长度 4.14m 的装配式桥面单元互连拼接而成（图 6.3-4），一个装配式桥面单元由中横梁、边横梁、纵梁、斜撑构成。中横梁与主缆连接采用索夹形式（图 6.3-5），边横梁与主缆则采用可以相对滑动的定位 U 形卡扣连接（图 6.3-6），相邻两个装配单元的边横梁采用安装螺栓临时固定（成桥后拆除），该种连接方式可有效释放型钢纵梁的纵向拉力。

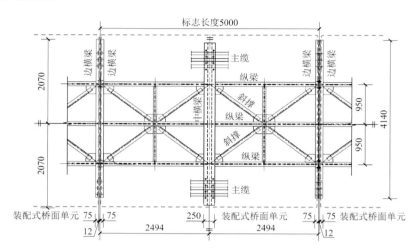

图 6.3-4　装配式桥面单元

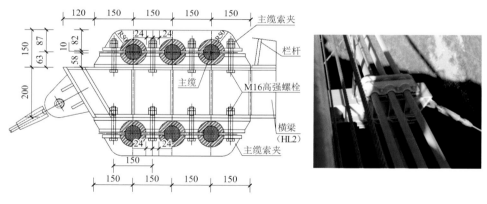

图 6.3-5　中横梁与主缆的连接节点

图 6.3-6　装配桥面单元之间的边横梁与主缆连接节点

3. 索结构施工

该工程因地处山谷，施工条件极为受限，主要具有如下特点：

①因施工场地在海拔 780m 左右的山顶，材料和机械都不能直接到达施工现场，只能通过一个运输能力仅为 2t 的货索或者人工将施工用的所有材料倒运到山顶。主缆的架设由货索与猫道协同完成。

②锚碇施工方面，该工程选用了国内最大的地泵进行混凝土的泵送，泵管布设长度约 1100m，其中包括陡坡段、悬崖垂直断、平直段和猫道段。该工程混凝土的泵送长度、施工技术难度当属世界之最。

③主结构安装包括货索施工、猫道安装、主索安装、主缆架设、主桁架制作及安装、抗风缆拉索安装、玻璃铺装等几大部分（图 6.3-7～图 6.3-12）。

图 6.3-7　混凝土泵管安装　　　图 6.3-8　猫道安装　　　图 6.3-9　钢结构运输

图 6.3-10　钢结构安装　　　图 6.3-11　抗风缆索安装　　　图 6.3-12　玻璃面板安装

4. 人致振动测试

1）人行悬索桥的自振频率及阻尼比

大跨度的人行桥人致振动的分析和舒适度评价是人行悬索桥设计关注的重点，国内外对人行悬索桥人致振动方面的研究是比较少的，该工程采用现场实测与有限元模拟相结合的方式，研究人行悬索桥人致振动响应的规律。

首先，通过考虑几何非线性的找形分析，得到结构在恒荷载＋预应力荷载下的初始平衡态，即为成桥状态。考虑桥梁在恒荷载＋预应力作用下的模态分析，计算得到的第 1 阶振型为横桥向（图 6.3-13），自振频率为 0.262Hz；第 2 阶振型为竖向反对称振动（图 6.3-14），自振频率为 0.279Hz。可见结构横向及竖向自振频率均非常低。结构的自振频率低是大跨人行悬索桥的一个显著特点，在特定的行人激励下，桥面容易产生显著的振动响应。

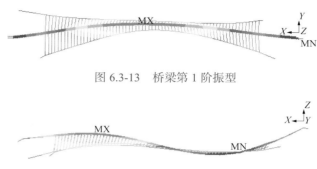

图 6.3-13　桥梁第 1 阶振型

图 6.3-14　桥梁第 2 阶振型

为获得测试桥梁的阻尼比，在周围较安静、风速较小时（风速均低于 5m/s），进行了三次多人跳跃激励后的自由衰减振动测试。根据测得的振动信号，采用包络线拟合法和 INV 阻尼计法确定的阻尼比约为 0.15%，可见，在正常使用状态下，人行悬索桥的阻尼比非常低。

2）人致振动实测

对桥梁开展了 35 个人致振动工况实测（图 6.3-15）。其中原地踏步激励持续时间为 1min，原地跳跃激励持续时间为 15s，水平摇晃激励持续时间为 30s。测试人员按节拍器设置的频率前进，其中行走激励频率分别为 1.5Hz（每分钟 90 步）、2.0Hz（每分钟 120 步）和 2.5Hz（每分钟 150 步），奔跑和跳跃激励频率为 3.0Hz 和 3.5Hz。

所有行走工况中，最大竖向峰值加速度发生在 15 人 2.5Hz 行走通过工况，为 0.863m/s^2；最大水平峰值加速度发生在 15 人 2.0Hz 行走通过工况，为 0.080m/s^2。

3）结论

开展人致振动模拟分析与振动实测结果对比研究，可以得到如下结论：

①人致振动模拟分析结果基本能够反映并包络实测结果，工程设计中，可以通过设计阶段对峰值加速度计算值的控制来保证最终人行悬索桥的实际舒适度情况；

②加速度响应与激励人数呈正相关，在相同测试人数下，行走激励的加速度响应随行走频率的增加而增大；

③人群附加质量对桥梁人致振动的影响不可忽略，宜根据桥梁的设计承载人数合理选择相应的人群密度并构造振动激励，同时按与激励人数保持一致的原则确定桥面人群附加质量；

④对于全桥人群激励分析，当激励频率与自振频率足够接近时，结构会产生显著的整体振动；当激励分布的对称形式与激励频率附近的结构自振振型一致时，更容易激发出结

构对应振型的整体振动。

(a) 桥面步点标记   (b) 阶梯段桥面

(c) 原地踏步测试   (d) 移动行走测试

图 6.3-15　人致振动实测现场

5. 工程图片

图 6.3-16　人行桥纵向全景

图 6.3-17　人行桥跨度方向全景

图 6.3-18　空中俯视人行桥

参考文献

[1]　秦格，刘枫，马明，等. 大跨度人行悬索桥结构设计关键技术[J]. 建筑结构, 2021, 51(7): 115-120, 84.

[2]　刘枫，秦格，马明，等. 人行悬索桥人致振动分析与实测研究[J]. 建筑结构学报, 2023, 44(9): 72-82.

撰稿人：中建研科技股份有限公司　刘　枫　张　强　马　明
　　　　　巨力索具股份有限公司　　　　　　　　　　　宁艳池

6.4 淄博潭溪山风景区景观人行桥——单侧斜拉拱梁

设　计　单　位：同济大学建筑设计研究院（集团）有限公司
总　包　单　位：扬州建安彩钢结构工程有限公司
钢结构安装单位：扬州建安彩钢结构工程有限公司
索结构施工单位：上海同磊土木工程技术有限公司
索　具　类　型：巨力索具·外包 PE 镀锌钢丝索
竣　工　时　间：2018 年

1. 概况

潭溪山玻璃景观人行桥位于山东省淄博市淄川区，是潭溪山风景区的标志性项目（图 6.4-1），
2018 年 6 月开放运营。景观桥跨越潭溪山 2 个山嘴悬崖，结构形式为单侧斜拉拱梁体系，主拱
中心曲线为抛物线，跨度 109m，高 25m，拱平面与水平面夹角 60°，拱截面 $\phi 2000 \times 30$，拱脚处
放大为 $\phi (2000 \sim 4000) \times 30$ 长圆形；桥面截面为 1m 高钢箱梁，箱形梁中心线为圆弧，半径 85m，
矢高 20m，桥面宽度 2.4m，桥面梁与拱之间设 15 根 $\phi 45$ 的 PE 索。

图 6.4-1　潭溪山玻璃景观人行桥

2. 索结构体系

该项目设计的难点之一是岩体的稳定性问题。如图 6.4-2（a）所示，设计中应用了三
维激光扫描定位技术，设置了 6 个扫描站点对悬崖岩体全貌进行了扫描，通过点云拼接、

去噪处理，构建了崖体、桥墩及基础的三维数值计算模型，通过数值计算与分析，确保了悬崖岩体的稳定性。三维激光扫描还同时解决了桥墩定位、桩基及桩体定位、桥面与支承拱架制作尺寸的精确性问题。

该项目设计的难点之二是设计目标的可实现性问题。采用设计—制作—施工全过程一体化设计理念，在充分考虑预应力张拉、桥面和拱架安装的可实施性及避免危险高空作业的目标下，进行结构的预应力初始状态设计与计算。考虑斜拉索的初始预应力由拱架和桥面自重的相互作用产生，通过调整拉索原长及预应力值使得初始状态下桥面中点起拱600mm左右，在人行荷载下，桥面不产生向下的挠度（图6.4-2b）。这样的设计理念，避免了在桥面上布置张拉工装、进行危险的高空作业。

主要构件见表6.4-1。

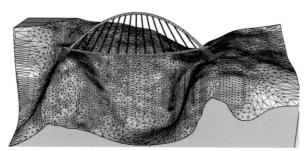
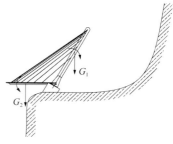

(a) 桥梁和岩体三维模型　　　　　　　　　　(b) 拱和桥面的平衡

图 6.4-2　设计要点示意

主要构件　　　　　　　　　　　　　　　　表 6.4-1

拱截面	桥面梁	拉索
$\phi2000\times30$ 拱脚处放大至$\phi(2000\sim4000)\times30$	$\square1000\times800\times25\times25$	$\phi45$

3. 索结构施工

1）平移和旋转施工方案

景区运输条件很差，桥面和拱架只能小段工厂制作、运输到现场安装。但现场场地狭小，采用自悬崖底部搭设脚手架或支撑柱的方案，或者悬崖底部拼接、整体提升的方案，代价极大、危险性较高。而一体化设计理念实现的条件是桥面和拱架需布置在一定的位置、连接斜拉索的两端后由桥面和拱架的自重导入预应力。而只有将桥面和拱架放置在其夹角小于120°的位置上，才能连接无应力的长度为原长的斜拉索。综合以上因素，采用旋转桥面和拱架的安装方法，施工过程如图6.4-3所示。

因为施工现场场地狭小，拱架拼接时在悬崖顶部附近的台阶处搭设了支承胎架。桥面矢高小于拱架，因无场地同时搭设桥面的支承胎架，实际施工时设置了滑移轨道，将桥面置于拱架上部拼接，然后将桥面整体平移至其位置后旋转。

(a) 桥面梁旋转

(b) 整体旋转

图 6.4-3　叠合拼装、滑移、旋转施工现场

2）临时旋转铰接节点构造

桥面与拱架的拱脚设计均为刚接连接，为了实现旋转施工，如图 6.4-4（a）和（b）所示，设置临时的旋转铰接节点，旋转到位后再固定和封装节点。临时铰接节点采用简单的销轴连接方式，两拱脚处销轴位于拱脚连线上，销轴节点必须满足大角度旋转的要求。

3）拱推力主动平衡装置

拱在水平位置拱脚无推力，而拱在旋转过程中，拱脚会产生随与地面夹角变化的推力。这一推力会使临时旋转节点上的钢板抵紧而产生摩擦力，当摩擦力很大时会使拱无法旋转。所以设置抵抗拱脚推力的平衡装置，如图 6.4-4（d）所示，实际施工时，在平衡索的两端各设置了一套张拉工装，通过液压千斤顶提供相应的平衡力，实现了拱脚水平力的主动平衡。

4）摇摆柱及爬升装置

为拱的旋转提供推力是旋转施工实施的关键。如图6.4-4（c）所示，在跨度的1/3处两个位置各设置一根摇摆柱，摇摆柱的基础为铰接连接，可以360°旋转。摇摆柱中设置爬升装置，爬升装置由一组液压千斤顶和钢套筒组成。钢套筒在千斤顶推力下可以沿摇摆柱爬升、停止爬升后可予以定位。千斤顶顶升推力根据施工过程的数值计算随拱旋转角度输入。

当桥面拱旋转角度小于90°时，摇摆柱承受压力。当桥面拱旋转至90°附近时，摇摆柱轴力会产生由压至拉的很大变化，在设计摇摆柱基础时必须考虑最大的拉压力。

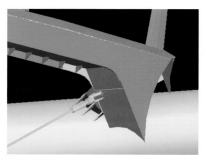

(a) 桥面临时旋转铰接节点

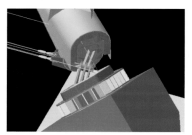

(b) 拱架临时旋转铰接节点

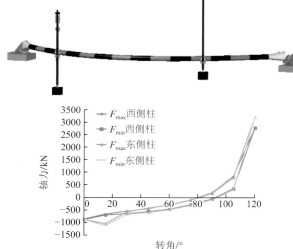

(c) 爬升装置设计、内力施工过程分析

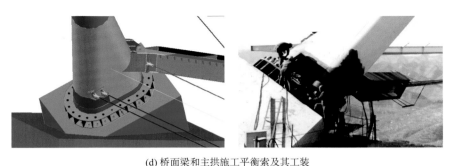

(d) 桥面梁和主拱施工平衡索及其工装

图 6.4-4 施工方案设计要点

索结构的景观人行桥运行过程中的舒适度是必须考虑的问题。如图 6.4-5 所示,计算分析表明,谭溪山景观人行桥的舒适度为 CL4 不可接受类别。所以在工程中设置了 30 个 TMD,使桥梁舒适度达到了 CL1 最好类别。施工完成后、TMD 安装前的人行现场实测证明了数值计算与分析的正确性。

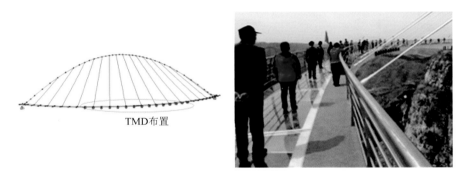

TMD布置

图 6.4-5 TMD 布置及现场实测

为了确保景观人行桥在运行期特别是节假日高峰运行期的安全性,如图 6.4-6 所示,对人行桥建立了运营期全寿命健康监测系统。对每根索布置了 EM 索力传感器,在桥面上布置了三个三向加速度仪。如果加速度值超过设定的预警阈值,系统将自动向人行桥运行管理部门和负责人报警。

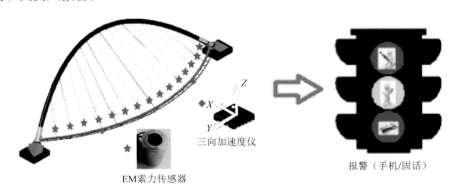

三向加速度仪

EM索力传感器

报警(手机/固话)

图 6.4-6 传感器和健康监测系统

4. 工程图片

图 6.4-7　日景

图 6.4-8　夜景

图 6.4-9　全景

图 6.4-10　远眺

图 6.4-11　俯瞰

撰稿人： 同济大学　罗晓群

6.5 上海张家塘港人行桥——倒置芬克式索桁架

设 计 单 位：SBP 施莱希工程设计咨询有限公司
华东建筑设计研究院有限公司

总 包 单 位：中铁大桥局

钢结构安装单位：上海绿地建设（集团）有限公司

索结构施工单位：广东坚宜佳五金制品有限公司

索 具 类 型：瑞士法策·高钒镀层的全封闭紧锁钢丝束

竣 工 时 间：2018 年

1. 概况

张家塘港人行桥平面上微微弯曲，是上海黄浦江两岸开发和修复工程的一部分。大桥横跨 40m 宽的黄浦江支流张家塘港河道，旨在为人们提供不间断的沿江步行体验。桥梁总长 130m，由 80m 长的中央主桥和连接北端（18m）和南端（32m）的引桥组成。

这是中国第一座以拉杆为索的倒置芬克式桁架桥，整座桥形是对结构力流的充分展示（图 6.5-1）。立于桥墩支座的两组缆索支撑索塔如同悬臂起重机将桥梁中部荷载拉向端部桥梁支墩，中部索塔支承于端部索塔单元，依次将桥梁中部荷载向端部传递。创新和高效的结构系统主要组成部分集中设置在桥身断面中央，将缓慢的慢步行人道与快速的自行车道分隔开。视觉上暴露的桥梁细节吸引着观察者驻足观赏，并从桥梁结构可读的力流中获得灵感。

图 6.5-1 张家塘港人行桥

2. 索结构体系

1）体系原理

桥梁主结构由 6 组索塔和位于桥面中部的纵向主梁构成倒置的芬克式索桁架，承重体系分为三个不同的三角形体系（图 6.5-2）。最外侧的 1 号结构单元受力最大、高度也最高，它的受力形式类似于起重机的吊臂受力，桥塔处承受轴压力，而背部斜拉索下的支座承担轴拉力。2 号的结构单元受力和 1 号结构单元一样，唯一不同的是，2 号结构单元不是支承在桥墩之上，而是支承在 1 号单元上。同理 3 号结构单元受力最小，结构高度也最小，其支承在 2 号结构单元之上。3 种类型的 6 个结构单元相互连接，形成了一个有效而且活泼的受力体系。蓝色的杆件受拉采用高强钢丝束，红色的杆件受压采用钢箱形截面，主要构件截面和材质见表 6.5-1。

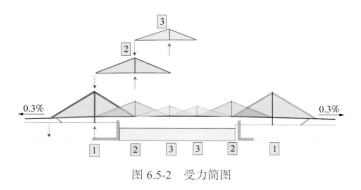

图 6.5-2　受力简图

主要构件　　　　　　　　　　　表 6.5-1

构件	截面规格	材质
纵向主梁	□2000×1000～600×20～60 焊接异形箱梁	Q345C
悬挑梁	□80×450～150×10×14	Q345C
桅杆	大：□300～500×300～970×30×60～80 中：□225～375×270～660×20×40～60 小：□188～300×250～540×14×20～40	Q345C
拉索	大：3ϕ65 中：2ϕ65 小：1ϕ65	高钒镀层的全封闭紧锁钢丝束（FLC） 最小破断拉力 $F_B = 4220$ kN

2）桥墩支座

人行桥在河岸的两侧每侧设置两个支座，靠近河岸的一侧为桥塔的支座，外侧的支座为斜拉索支座，如图 6.5-3 所示。

桥两端的支座需要承担横桥向的水平力以及竖向拔力，采用了独特的双销轴支座形式。两根高强不锈钢销轴插入不锈钢套筒中，这样的连接方式有效地释放了不利的顺桥向的支座反力，使其成为纵向滑动支座，节点详图如图 6.5-4 所示。

　　索塔下的支座需要承担顺桥向的水平力、横桥向的水平力、竖向压力以及扭矩，采用了承压支座和拉杆的组合形式。索塔传下来的支座压力（约 4000kN）直接传递到下部的球铰支座上，球铰支座在承担竖向压力的同时还可以承担两个方向的水平力。

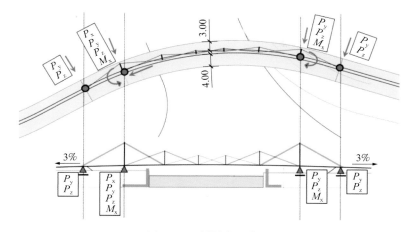

图 6.5-3　桥墩支座布置

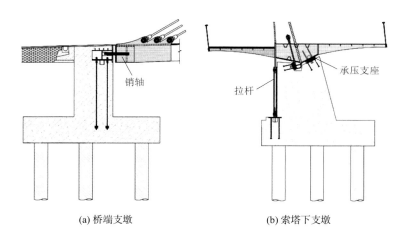

(a) 桥端支墩　　　　　　　　　　(b) 索塔下支墩

图 6.5-4　桥墩支座节点

3. 索结构施工

　　张家塘港桥为跨越河道的人行桥，采取的施工方案应尽可能地保证桥梁建设周期短，并且将对水面交通及两侧河岸交通的影响降至最低。桥梁（包括桥面涂层、灯光线槽以及各种配件）在工厂制作完毕后通过河运运至现场吊装。为降低整体吊装的浮吊吨位和几何尺寸，桥梁施工采用三段式分段吊装：南侧的端部三角形单元、北侧的端部三角形单元、中部两个三角形单元。主要安装分为以下几个步骤：

　　1）基础施工

　　首先施工桥梁的基础以及桥梁支座，给吊装提供良好的支承条件（图 6.5-5）。

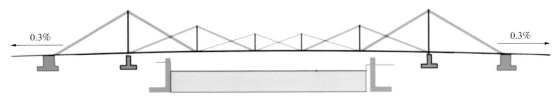

图 6.5-5　基础施工

2）端部单元吊装

在工厂将两个 64t 重的端部单元加工完成,通过浮吊运输至安装场地并吊装(图 6.5-6)。

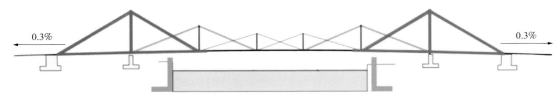

图 6.5-6　端部单元的吊装

3）中部单元吊装

在工厂将 75t 重的中部单元加工完成，通过浮吊运输至安装场地并吊装。由于端部单元和中部单元的连接点位于第二个索塔之外，安装时设置临时的工装索（ 图 6.5-7 中紫色索）保持中部单元的稳定性。同时，在已经安装的端部单元上安装中部索塔及其背部拉杆。

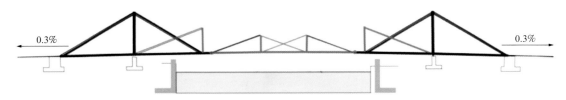

图 6.5-7　中部单元吊装

4）剩余部分安装

中部单元就位后，安装中部索塔的剩余拉杆，使桥梁形成稳定的体系。在中部的索塔、剩余的钢拉杆以及桥面板安装完成后,安装中部的钢拉杆,并拆除临时的工装索(图 6.5-8)。

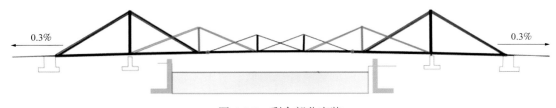

图 6.5-8　剩余部分安装

5）安装栏板及地面铺装等附属体系

桥梁主体结构已经安装完成，并可以有效受力。在完成的桥梁结构体系上安装栏板及地面铺装等附属体系。

4. 工程图片

图 6.5-9 人行桥俯瞰

图 6.5-10 索塔细部

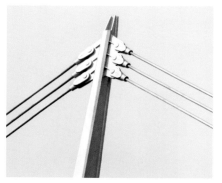

图 6.5-11 索头节点

撰稿人: 华东建筑设计研究院有限公司 包联进 刘 康 陈建兴 周 健

6.6 西宁 108m 摩天轮——跨河大立架纯拉索轮辐

设　计　单　位：浙江巨马游艺机有限公司
总　包　单　位：浙江巨马游艺机有限公司
钢结构安装单位：浙江巨马游艺机有限公司
索结构施工单位：浙江巨马游艺机有限公司
索　具　类　型：巨力索具·半平行钢丝束拉索
竣　工　时　间：2018 年

1. 概况

108m 摩天轮位于青海省西宁市，人字架结构横跨黄河的支流湟水河（跨度为 70m）（图 6.6-1）。该摩天轮采用人字大立架结构、三管轮缘纯拉索式转盘、56 个八人球舱设计，总高度 108m，转盘回转直径 88m，转盘直径 93.8m，主轴中心高 58.5m。

摩天轮在河流中间设置登舱平台，乘客在登舱平台上下客。登舱平台横跨河流两岸，类似桥梁结构。

图 6.6-1　西宁 108m 摩天轮

2. 索结构体系

摩天轮结构示意图见图 6.6-2，大立架结构示意图见图 6.6-3。

转盘径向拉索主要承受轮缘、球舱等转盘荷载，该拉索在预紧力下工作，在转盘旋转过程中承受较大的疲劳荷载。

大立架稳定索连接大立架的底部和顶部，主要承受摩天轮侧向风荷载。摩天轮侧向荷载对大立架中间节点的强度影响很大，增加稳定索后，大大减小立架中间连接节点的弯矩。

大立架平衡索连接人字大立架底部两侧，主要平衡大立架两侧侧向力引起的荷载。人字架结构与水平夹角很小，摩天轮自重及风荷载作用会对柱脚基础荷载进行放大，尤其是弯矩很大。增加平衡索后，会平衡两侧柱脚的弯矩和侧向力，减小柱脚基础荷载，降低土建建造成本。另外该平衡索还能缓和河流两侧土建沉降及滑移影响。

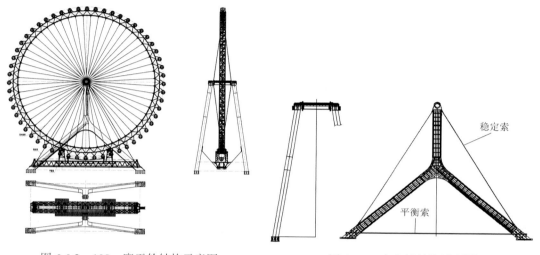

图 6.6-2 108m摩天轮结构示意图   图 6.6-3 大立架结构示意图

1）拉索规格

该摩天轮采用 3 种拉索结构（图 6.6-4），拉索规格如下：

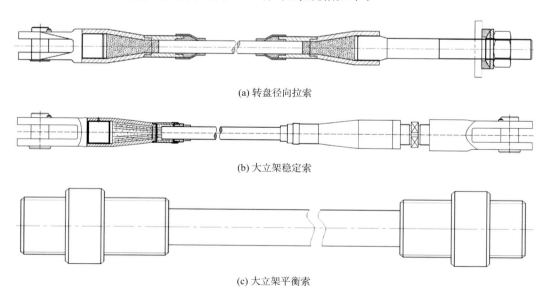

(a) 转盘径向拉索

(b) 大立架稳定索

(c) 大立架平衡索

图 6.6-4 三种拉索结构示意图

①径向拉索$\phi 5 \times 31$（可调整设计，叉耳结构），破断荷载 1017kN（1670 级），锚具与

索体采用锌铜合金固定；

②大立架稳定索ϕ5×91（可调整设计，叉耳结构），破断荷载 2984kN（1670 级），锚具与索体采用锌铜合金固定；

③大立架平衡索ϕ7×109（可调整设计，锚杯结构），破断荷载 7005kN（1670 级），锚具与索体采用锌铜合金固定。

2）拉索技术要求

①螺纹杆及 U 形接头表面镀锌，镀锌层厚度 10～30μm。其余锚具表面热镀锌，镀锌层厚度不小于 70μm；

②安装完成后，由施工单位进行二次涂装，涂装方法同钢结构；

③拉索采用双护层，内层黑色，外层白色；

④锚具和销轴、调节螺杆、浇铸接头、U 形接头等构件需进行 100%目视检测（GB/T 34370.2）、100%磁粉探伤（GB/T 34370.3，Ⅰ级）、100%超声波探伤（GB/T 34370.5，技术等级不低于 B 级，合格等级为Ⅱ级）；

⑤拉索遵循标准为：《斜拉桥热挤聚乙烯高强钢丝拉索》GB/T 18365—2018。

3. 索结构施工

轮缘与拉索安装按照以下步骤进行，安装过程示意见图 6.6-5。

①首先利用主起重机安装临时支撑，临时支撑（1 号轮缘与 1 号临时支撑提前地面拼装成整体）与主轴对位连接。此时起重机缓慢松钩，使临时支撑成自由竖直状态。

②在现场布置卷扬机、滑车组等牵引装置，并且与轮缘连接牢固。启动卷扬机，使牵引绳为受力状态。

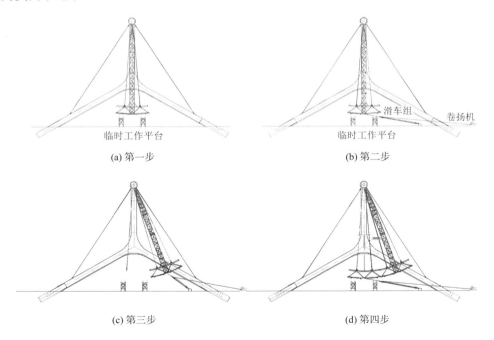

(a) 第一步   (b) 第二步

(c) 第三步   (d) 第四步

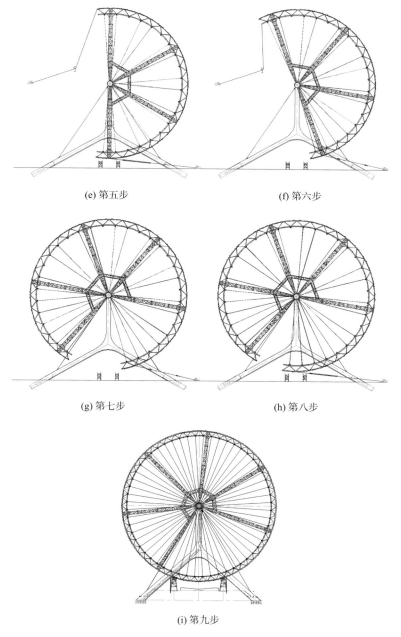

(e) 第五步 (f) 第六步

(g) 第七步 (h) 第八步

(i) 第九步

图 6.6-5 摩天轮轮缘及拉索安装步骤示意图

③启动卷扬机，使已安装转盘部分绕主轴转动，转至满足 2 号轮缘安装的角度。牵引系统收紧锁死，防止转盘整体摆动。利用起重机安装 2 号轮缘，与 1 号轮缘法兰对接，并安装对应的转盘拉索。

④利用另外一台卷扬机系统（2 号），旋转一段轮缘的角度，此时 1 号卷扬机系统已拆除，再增加一段轮缘及相应的拉索。以下安装步骤以此类推，注意每一步都必须调整拉索长度。保证轮缘的径向偏差和端面偏差精度。注意当转盘拼装超过 1/2 圆时，为防止转盘

摆动，需要做双向保险，增加一组滑车使塔架立柱与临时支撑连接。

⑤合拢时，由于双向保险施加拉力后最后一段轮缘间距离比自然状态下会出现伸长一小段的现象，所以最后一段轮缘安装时，需利用牵引滑车组和保险滑车组进行对拉，直至合口张大至满足最后一段轮缘的安装。

4. 工程图片

图 6.6-6　摩天轮夜景

撰稿人： 浙江巨马游艺机有限公司　黄建文　王　进

巨力索具股份有限公司　　　　　宁艳池

6.7　崇明岛花博园竹藤馆——异形斜交双层索网

设　计　单　位：华建集团上海建筑科创中心，华建集团华东建筑设计研究院
　　　　　　　　有限公司

总　包　单　位：上海建工集团股份有限公司

钢结构安装单位：上海市机械施工集团有限公司

索结构施工单位：上海市装饰集团有限公司

索　具　类　型：坚宜佳·不锈钢拉索

竣　工　时　间：2021 年

1. 概况

　　竹藤馆是中国第十届花卉博览会三个永久场馆之一，位于上海市崇明岛花博园花协展区主轴西侧的竹藤园中，以竹藤工艺品展示为主。设计从竹器中找形，结合花博主题，选取"茧"为原型，取"破茧为蝶"之意，拟编织层叠之形，彰显编织竹器自然流畅的形态与细腻丰富的肌理质感，让场馆本身成为竹园景观中的一件工艺展品。

　　竹藤馆建筑体量较小，占地面积 960m²，建筑面积 350m²，地上一层，结构最大高度为 14.5m。地下为下沉式广场，通过游廊与上部结构相连。主体建筑形态由"四环三面"组成，即四个不同高度、角度的空间椭圆环两两放样，形成三组空间异形曲面。利用参数化设计，每组曲面均采用约 200 个可再生复合竹材双向交叉编织的空间扭转编织单元，形成具有空间深度变化与强烈光影效果的空间性编织曲面，如图 6.7-1 所示。

图 6.7-1　崇明岛花博园竹藤馆（摄影：时差影像工作室）

2. 索结构体系

根据建筑效果要求，组成编织面的单个新型复合竹片单元尺寸仅为 30mm 宽、5mm 厚、2.5m 长，难以作为独立的结构构件实现约 20m 的跨越，仅作为装饰性构件。为充分将结构构件融合于建筑效果，以四个椭圆钢环和钢 V 形柱为骨架，基于与建筑表皮相同的参数化生形逻辑，在三个空间曲面上分别以编织纹理的上下边界线生成双层斜交索网，为编织竹条提供支撑，如图 6.7-2 所示。同时，为增加双层索网的竖向刚度，在每个双层索网斜交位置均设一根撑杆。

主体结构布置如图 6.7-3 所示，从上至下四个椭圆钢环分别为 GH1～GH4，其中 GH1 截面为 $\phi299 \times 20$、GH2 和 GH4 截面为 $\phi203 \times 20$、GH3 截面为 $\phi203 \times 10$；与 GH1 相连的两根分叉柱主干采用变截面锥形圆管，中间最大截面为 $\phi300 \times 30$，端部截面收至 $\phi200 \times 20$；其余钢 V 形柱截面为 $\phi168 \times 12$；钢环间的 V 形撑截面为 $\phi114 \times 10$，为达到"细柱"的建筑效果，主 V 形柱及 V 形撑两端均采用销轴铰接节点；三组索网面拉索均采用 $\phi10$ 不锈钢拉索，双层拉索间的撑杆为直径 12mm 的实心圆杆；为了保证悬挑面的稳定，将悬挑面的部分拉索替换成 $\phi83 \times 7$ 刚性杆。

图 6.7-2　典型双层索网与编织竹条单元

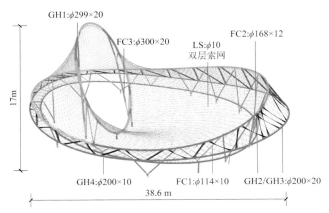

图 6.7-3　竹藤馆主体结构布置示意图

1）索网找形

建筑提供的初始几何面由两个空间椭圆直接放样生成，属于"直面"，若沿初始面布置索网，会产生较大的竖向变形，影响最终的建筑形态。采用三维推力网格法对主索网基准面找形后如图 6.7-4 所示，主网面背侧的索网找形后由直线形态变成悬链线状，前侧索网形态变化不大。经过计算，自重下找形后背侧变形比找形前减小了 200mm 左右。由于根据建筑造型形成的斜交索网面并非是完全的负高斯曲面，找形前约有 25% 的索段在竖向荷载下处于松弛状态，找形后所有索段均处于受拉状态，最大索力约为 2.7kN。图 6.7-5 是建成后的索网背侧实际效果，与找形索网面较为吻合。

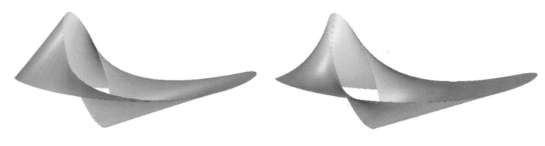

(a) 初始主索网基准面（上）　　　　　　　(b) 优化后主索网基准面（下）

图 6.7-4　主索网基准面优化前后对比

2）节点设计

①桁架外伸节点

为了使主体钢结构的 V 形支撑构件不与编织面发生碰撞，设置了锥形管，将钢 V 形撑和椭圆管的连接节点外移，如图 6.7-6 所示。

②索夹节点

竹藤馆斜交索网的索夹节点如图 6.7-7 所示，斜交索网采用圆盘索夹节点进行固定，可随索网斜交的不同角度进行灵活调节。双层索网对应两个索盘节点之间通过支撑杆连接，使得双层索网节点间的空间相对关系固定下来，保证了索网实际成形效果。

图 6.7-5　竹藤馆建成后背侧优化曲面实际效果　　　图 6.7-6　典型杆端销轴外伸节点

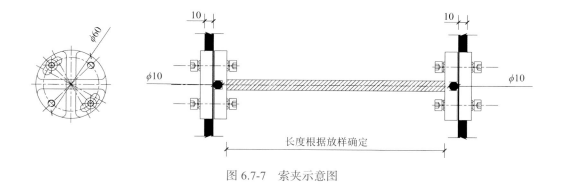

图 6.7-7　索夹示意图

3. 索结构施工

根据建筑造型的要求，双层索网采用了与三维扭转的编织曲面相同的建构逻辑，形成的斜交索网面并非是完全的负高斯曲面，拉索的索力分布也是非常不均匀的。若按照常规方法，通过在拉索中施加预张力的方式张拉成形会在索网局部形成鼓包或凹点，难以达到建筑师预期的效果。该项目索网系统主要承受自重荷载，且在保证整体建筑形态效果的情况下可对索网的局部变形适当放松要求。综上考虑，采用了索网在自重下自成形的方式，以索夹的位置对拉索进行标记，微调拉索端部的长度对索网系统进行张紧成形。

双层索网安装完成后，采用现场手工编织的安装方式将复合竹材片固定于双层索网之间。复合竹材片交叠安装呈现编织效果，交叉位置使用企口固定，10～14 个来回的叠加安装反复进行，安装完毕后进行校准微调，并使用螺栓进行结构连接，使建筑整体呈现出竹器编织的自然效果。

4. 工程图片

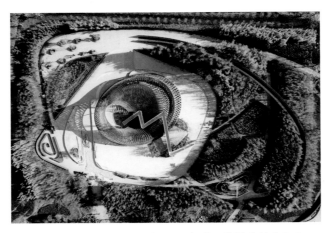

图 6.7-8　竹藤馆俯视（摄影：崇明区花博会筹备组）

图 6.7-9　竹藤馆正视（摄影：时差影像工作室）

图 6.7-10　竹藤馆夜景（摄影：时差影像工作室）

参考文献

[1]　黄永强, 张洛. 第十届中国花卉博览会竹藤馆结构设计[J]. 建筑结构, 已录用, 待刊出.

[2]　张洛, 黄永强. 超高延性混凝土无筋拱壳的结构设计与建造[J]. 建筑结构, 已录用, 待刊出.

[3]　廖桥, 余江滔, 等. 超高延性混凝土无筋拱的静力和抗冲击性能试验研究[J]. 建筑结构, 已录用, 待刊出.

撰稿人：华东建筑设计研究院有限公司　黄永强　张　洛　周　健

6.8 南京华侨城 139m 摩天轮——纯拉索轮辐

设 计 单 位：浙江巨马游艺机有限公司
总 包 单 位：浙江巨马游艺机有限公司
钢结构安装单位：浙江巨马游艺机有限公司
索结构施工单位：浙江巨马游艺机有限公司
索 具 类 型：巨力索具·半平行钢丝束拉索
竣 工 时 间：2022 年

1. 概况

南京华侨城 139m 摩天轮位于江苏省南京市长江边，扬子江大道和龙王大街交汇处。该摩天轮采用单边异形双支柱大立架结构、双管轮缘纯拉索式转盘、28 个大型椭球回转式太空舱设计，是中国首个完全国产化自主知识产权的高端摩天轮。总高度 139m，转盘回转直径 131m，转盘直径 119m，主轴中心高 73.5m，是中国最高的纯拉索摩天轮（图 6.8-1）。

图 6.8-1 南京华侨城 139m 摩天轮

2. 索结构体系

摩天轮转盘采用两种拉索规格，28 组径向拉索（每组 4 根）和 7 组切向拉索（每组 4 根）（图 6.8-2）。径向拉索长度为 57.5m，切向拉索长度为 58.2m。该转盘拉索在预紧力下工作，在转盘旋转过程中承受较大的疲劳荷载。

1）拉索节点设计

主轴节点拉索布置见图 6.8-3，轮缘节点见图 6.8-4。

图 6.8-2 径向拉索和切向拉索

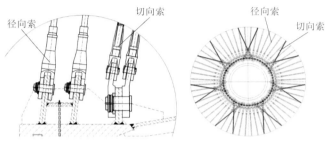

图 6.8-3 主轴节点拉索布置图

图 6.8-4 轮缘节点

摩天轮拉索锚具采用双叉耳结构，长度可调整设计，销轴端面采用特制的锁紧结构，防止拉索销轴高空坠落。

2）拉索规格

拉索结构示意图见图 6.8-5。

①径向拉索：$\phi 5 \times 73$（可调整设计，叉耳螺杆结构），破断荷载：2393kN（1670MPa级），锚具与索体采用锌铜合金固定；

②切向拉索：$\phi 5 \times 37$（可调整设计，叉耳螺杆结构），破断荷载：1285kN（1670MPa级），锚具与索体采用锌铜合金固定。

3）拉索技术要求

①螺纹杆及 U 形接头表面镀锌，镀锌层厚度 10～30μm。其余锚具表面热镀锌，镀锌层厚度不小于 70μm；

②安装完成后，由施工单位进行二次涂装，涂装方法同钢结构；

③拉索采用双护层，内层黑色，外层白色；

④锚具和销轴、调节螺杆、浇铸接头、U 形接头等构件需进行 100%目视检测（GB/T 34370.2）、100%磁粉探伤（GB/T 34370.3，Ⅰ级）、100%超声波探伤（GB/T 34370.5，技术等级不低于 B 级，合格等级为Ⅱ级）。

⑤拉索遵循《斜拉桥热挤聚乙烯高强钢丝拉索》GB/T 18365—2018。

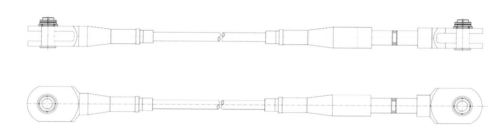

图 6.8-5　拉索结构示意图

3. 索结构施工

1）索与轮缘的安装过程

①首先利用主起重机安装第一组（1 号）临时支撑，临时支撑与主轴对位连接。下方设置两组临时工作平台。再利用起重机吊装第一组（1 号）轮缘，与临时支撑对位连接，并安装对应的拉索（临时桁架可在地面预先拼装好，与轮缘一起安装）。

②利用主起重机完成 2 号轮缘和对应临时桁架的安装。再将对应的转盘拉索（预先吊装与主轴连接好）与轮缘连接预紧，完成 2 号轮缘的安装。

③在现场布置卷扬机、滑车组等牵引装置，并且与轮缘连接牢固。启动卷扬机，使牵引绳为受力状态。

④启动卷扬机，使已安装转盘部分整体绕主轴转动，转至满足 3 号轮缘安装的角度。牵引系统收紧锁死，防止转盘整体摆动。利用起重机安装 3 号轮缘，与 2 号轮缘法兰对接，并安装对应的转盘拉索。

⑤旋转一段轮缘的角度，再增加一段轮缘及相应的拉索，以下安装步骤以此类推，注意每一步都必须调整拉索长度。保证轮缘的径向跳动和端面跳动精度。注意：当转盘拼装超过 1/2 圆时，为防止转盘摆动，需要做双向保险，增加一组滑车使塔架立柱与临时支撑

连接。

⑥转盘安装完成约 3/4 时，此时因为考虑到转盘整体受力的稳定，防止轮缘局部杆件的受力变形，停止转盘的牵引转动。利用牵引卷扬滑车将已安装完成的转盘部分整体稳固、保险。

⑦剩余 5 段轮缘，利用 2 台汽车起重机的配合，进行轮缘分段（2 段一组）上下口的对接。轮缘安装好后，按设计要求及时张拉对应拉索。

⑧合拢时，由于双向保险施加拉力后最后一段轮缘间距离比自然状态下会出现伸长一小段的现象，所以最后一段轮缘安装时，需利用牵引滑车组和保险滑车组进行对拉，直至合口张大至满足最后一段轮缘的安装。

摩天轮转盘及拉索安装全过程示意见图 6.8-6。

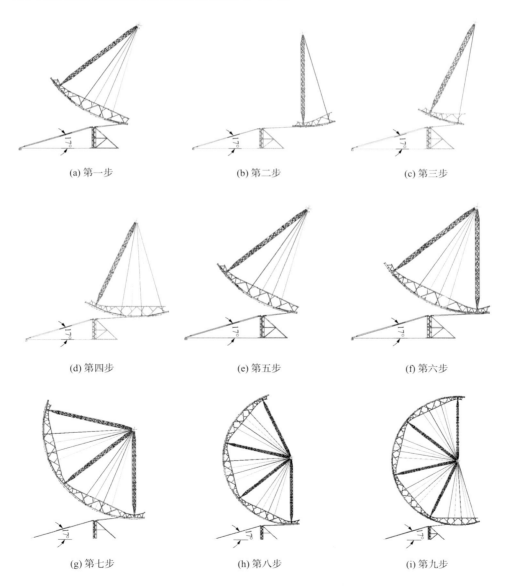

(a) 第一步　　　　　　　(b) 第二步　　　　　　　(c) 第三步

(d) 第四步　　　　　　　(e) 第五步　　　　　　　(f) 第六步

(g) 第七步　　　　　　　(h) 第八步　　　　　　　(i) 第九步

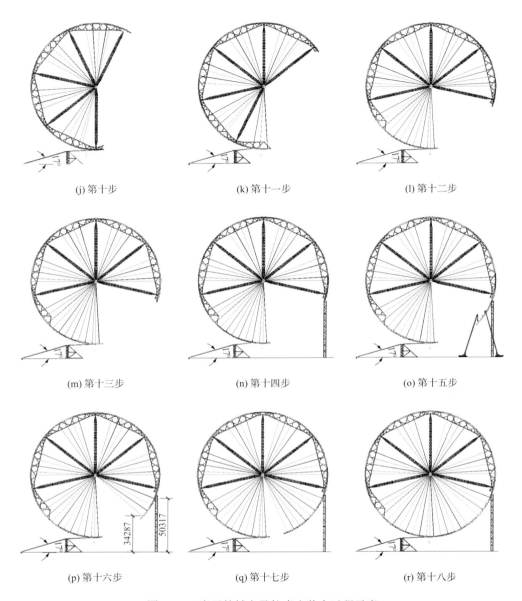

(j) 第十步　　　　　　　(k) 第十一步　　　　　　　(l) 第十二步

(m) 第十三步　　　　　　(n) 第十四步　　　　　　(o) 第十五步

(p) 第十六步　　　　　　(q) 第十七步　　　　　　(r) 第十八步

图 6.8-6　摩天轮转盘及拉索安装全过程示意

2）拉索预紧力调整

在转盘安装完成后，需要进行拉索预紧力的调整，才能具备正常使用要求。

①径向拉索调整。轿厢安装前调整，采用专用工具调整拉索预紧力，从最低位置开始调整，每次调整 2 根即可转动一次，每转动一次均可调整 2 根，大转轮转动一周全部拉索调整一次，一般情况下三至四周即可调整完毕，调整时要特别注意检测钢结构轮缘正面直径和侧面的偏差，要边调整边检测。必要时应对预紧力进行适当修正，因为各个拉索的预紧力相互影响，要尽量使其受力均衡。第一周预紧力控制在 200kN 左右；第二周预紧力控制在 350kN 左右；第三周基本达到预紧力的额定值 500kN 左右；为确保两项偏差符合要求，

最后还要进行适当微调。

②切向拉索调整。在径向索安装完成后进行，采用专用工具调整拉索预紧力，调整预紧力 200kN，同一位置的径向索荷载调整到 400kN。

4. 工程图片

图 6.8-7　轿厢

图 6.8-8　中心主轴

撰稿人： 浙江巨马游艺机有限公司　黄建文　王　进

巨力索具股份有限公司　　　　宁艳池